로켓이야기

로켓이야기

채연석 지음

승산

로켓 이야기

1판 1쇄 펴냄 2002년 10월 21일
1판 2쇄 펴냄 2005년 5월 10일

지은이 채연석
펴낸이 황승기
편　집 이진영 이선영
마케팅 송선경
펴낸곳 도서출판 승산
등　록 1998년 4월 2일, 제 16-1639
주　소 서울 강남구 역삼동 723 혜성빌딩 401호
전　화 02) 568-6111
팩　스 02) 568-6118
이메일 seungsan21@hanmail.net

ⓒ 채연석, 2002. Printed in Seoul, Korea
ISBN: 89-88907-39-6　03550

잘못 만들어진 책은 친절하게 바꿔드리겠습니다.
값은 표지에 있습니다.
도서출판 승산은 좋은 책을 만들기 위해 언제나 독자의 소리에 귀를 기울이고 있습니다.

"어제까지도 꿈이라 여겨졌던 것들이
오늘은 희망이 되고, 내일은 실현될 수도 있는 겁니다."

로버트 허친스 고다드(Robert Hutchins Goddard)

책 머리에

지난 7월 26일, 과학기술부 장관이 주재하는 모임에서 휴식시간에 누군가 나에게 인사를 건넸다. 처음보는 얼굴이었다.

이렇게 해서 첫 만남이 이뤄졌는데, 엄격하게 말하자면 우린 구면이었다. 1972년 내가 쓴 『로케트와 우주여행』의 독자와 저자로 이미 오래전에 만난 셈이었다. 자신을 서울 시립대학교의 전기전자 컴퓨터 공학부의 안도열 교수라고 밝힌 그는, 어린 시절 이 책을 읽고 과학자의 꿈을 키웠다고 말했다.

과학책을 저술하는 사람에게 있어 이보다 더 기쁘고 보람된 일은 없을 것이다. 내가 쓴 책이 훌륭한 과학자 한 사람을 이 자리에까지 올 수 있도록 기운을 북돋워주었다니 말이다.

『로케트와 우주여행』은 내가 처음 쓴 책으로, 당시 나는 겨우 대학교 2학년이었다. 이 책은 지금으로부터 딱 30년 전인 1972년 범서출판사에서 출간되었다. 범서출판사는 당시 최고의 베스트셀러 작가였던 이어령씨의 형님이 운영하는 곳으로, 이 책의 출판은 과학교육에 대한 남다른 의지를 가지고 약간의 모험을 감행한 것이었다. 대학교 2학년 학생이 쓴 원고가 책이 되었지만, 이 책은 1972년 문화공보부 우량도서로 지정되기도 했다.

그 후, 유학생활 도중에 당시 출판사를 경영하던 친구의 방문으로 나의 두 번째 로켓책의 출판 계획이 이뤄졌다. 이 약속은 내가 귀국한 지 7년이 지나서야 실행되었다. 1993년 대전 EXPO 때 우리나라의 옛 로켓인 신기전의 복원 시험에 성공하였고, 무궁화 1호 위성이 발사되던 1995년, 『눈으로 보는 우주개발 이야기』와 『눈으로 보는 로켓 이야기』가 동시 출간되었다. 의욕적으로 작업했던 책이었지만, 1997년 IMF 체제에 들어서면서 친구와 출판사는 같이 사라져 버렸다. 책이 많이 팔리면 인세를 모아 나중에 우주박물관을 세울 땅을 사준다고 약속했던 친구는 아직도 연락이 없다. 이 책들은 출판사가 사라지면서 절판되었지만, 지금도 가끔 『눈으로 보는 로켓 이야기』를 찾는 청소년들의 연락을 받곤 한다.

두 번째 로켓책이 발간되고 다시 7년이 흘렀다. 지난 몇 년 동안 우리나라의 우주개발은 많은 성장을 거두었다. 1988년 미국에서 귀국했을 때 항공우주연구소의 예산이 2~3억원이었지만 지금은 그 규모가 늘어 올해 예산이 450억원이다. 게다가 2005년, 우리 땅에서 우리위성을 발사할 우주 발사체 개발도 시작 되었으니 우리나라도 본격적인 우주개발의 과정에 들어가고 있다고 볼 수 있을 것이다.

그 동안에 있었던 일들을 모아 세 번째 책을 준비하였다. 책을 준비하는 막바지에 과학 문화재단과 동아 사이언스에서 선정하는 '닮고 싶고 되고 싶은 과학 기술자' 10인에 선정되는 아주 큰 영예를 얻었다. 아마 이것은 청소년들이 좀더 과학을 좋아하게 하도록 노력하라는 의미일 것이다.

내 이야기가 어린 시절 로켓에 대한 꿈을 갖고 NASA연구원이 되는 『시월의 하늘』 주인공과 흡사하다고 책을 보내준 것이 인연이 되어 세 번째 로켓책을 출판하게 도와주신 도서출판 승산의 황승기 사장께 고마움을 드린다.

고등학교 3학년이 되어 입시준비에 정신이 없는 착한 딸 수안이와 공부하는 누나를 옆에서 보며 벌써 고민에 빠진 착한 아들 수강이, 대학 강의와 자식들 뒷바라지에 정신이 없어 안경을 목에 걸고도 또 안경 찾느라 정신이 없는 집사람. 집안 일 어느 것에도 별로 도움이 안 되는 아빠를 그래도 가장으로 이해하려고 무던히 노력하는 모든 식구들에게 이 책으로 고마움을 대신한다.

한국의 항공우주개발 분야를 발전시키기 위해서 사명감을 갖고 열심히 연구에 몰두하는 연구원들에게, 그리고 어려움 속에서도 이 분야의 발전을 위해 많은 지원을 아끼지 않는 정부와 국민여러분들께도 연구원 중의 일원으로 감사를 드린다.

이 책이 청소년들이 과학을 좋아하게 되고 우주개발에 많은 관심을 가지고 참여하게 하는데 조금이나마 도움이 되었으면 하는 바램이다.

대덕연구단지 한국항공우주연구원 연구실에서
2002년 9월

채 연 석

차 례

책머리에

1부 로켓의 탄생
1. 중국의 로켓　15
2. 고려의 로켓　22
3. 조선의 로켓과 화차　27
4. 유럽의 초기로켓　47
5. 근대의 로켓　54

2부 우주여행의 개척자
1. 로켓열차의 지올코프스키　69
2. 우주여행이론의 창시자 오베르트　75
3. 미국 로켓의 아버지 고다드　89

3부 현대로켓 V-2의 탄생
1. 세계 최초의 로켓 클럽　105
2. 독일 육군 로켓 연구소　116
3. V-2 로켓과 응용　128

4부 러시아의 최초 위성 발사
1. 러시아의 액체추진제 로켓　155
2. 러시아의 V-2 로켓　162
3. 러시아의 우주 발사체 R-7　166

5부 미국의 첫 위성 발사

1. 미국의 V-2 로켓   177
2. 미국의 우주 발사체 뱅가드   186
3. 폰 브라운의 우주 발사체 주피터-C   200

6부 제 3국의 위성 발사

1. 프랑스   213
2. 영국   223
3. 일본   229
4. 중국   240
5. 인도   248
6. 이스라엘   257
7. 브라질   259
8. 이라크   265

7부 북한의 위성 발사

1. 북한 로켓의 종류   271
2. 대포동과 우주 발사체   278

8부 한국의 로켓과 우주개발

1. 현대식 로켓의 등장   295
2. KARI의 고체 과학로켓 개발   304
3. KARI의 액체 과학로켓 개발   318
4. 우주개발 계획   338
5. 우주센터와 우주 발사체 개발전략   340

로켓의 탄생
ROCKET

1

21세기에 우리 인류는 지금까지의 유일한 터전이었던 지구를 벗어나 우주에 새로운 도시를 건설하게 될지도 모른다. 막연한 동경의 대상으로만 머물러 있던 우주에 인간을 진출할 수 있게 만든 가장 큰 공로자는 누구일까? 그것은 바로 로켓이다. 로켓이 탄생한 후에야 인간은 비로소 우주를 꿈꿀 수 있었던 것이다.

1. 중국의 로켓
― 세계 최초의 로켓 '화전'과 '비화창'

21세기에 우리 인류는 지금까지의 유일한 터전이었던 지구를 벗어나 우주에 새로운 도시를 건설하게 될지도 모른다.

막연한 동경의 대상으로만 머물러 있던 우주에 인간을 진출할 수 있게 만든 가장 큰 공로자는 누구일까? 그것은 바로 로켓이다. 로켓이 탄생한 후에야 인간은 비로소 우주를 꿈꿀 수 있었던 것이다.

로켓의 어원

로켓(rocket)이라는 말은 '작은 실감개'라는 뜻의 이탈리아어인 로케타(rochetta)라는 말에서 유래되었다. 로켓이 처음 만들어진 나라를 찾아보려면 옛날 로켓의 추진제(로켓의 몸속에 들어 있으며 로켓이 움직이는 데 필요한 추력을 만들기 위한 물질. 보통 산소가 많이 들어 있는 산화제와 연료 등으로 혼합되어 있으며 불을 붙이면 맹렬히 타서 연소가스를 많이 발생시킴)인 흑색화약이 어느 나라에서 처음 만들어졌는가를 생각해보면 될 것이다.

　화약을 처음 만든 나라는 중국이다. 화약이 처음 어떻게 발명되었는지는 확실하지 않지만, 서기 1040년경에 중국에서 출판된 『무경총요武經總要』에 의하면, 중국 송나라(서기 960~1127년)의 강윤문, 위승 등에 의해서 발명된 화약은 화전(火箭:불화살)등 여러 가지 화약무기와 불꽃놀이 등에 이용되었다고 전해진다.

중국의 '화전'

　로켓은 중국에서 시작되었는데, 그 시조라고 할 수 있는 것이 바로 '화전(火箭)'이다. 30년 전 미국의 유명한 로켓 과학자 폰 브라운 박사가 인간을 달에 보내기 위하여 만든 새턴 로켓(Saturn Rocket)이 있다. 이것을 당시 중국 사람들은 새턴(Saturn)을 토성으로 그리고 로켓(Rocket)을 화전으로 바꿔 '토성화전(土星火箭)'이라고 불렀다. 중국에서는 지금까지도 로켓의 뜻으로 화전이라는 말을 사용하고 있다. 영어의 로켓과 한자의 화전을 같은 뜻으로 생각하며 사용하고 있는 것이다. 그렇다면 중국의 화전은 어떠한 구조를 갖추고 있었는지, 그리고 왜 로켓의 시조라고 말 할 수 있는지 좀더 자세히 살펴보기로 하자.

　화전은 글자 그대로 '불화살', 혹은 '화약을 이용한 화살'이라는 뜻이다. 화전의 종류는 크게 세 가지로 나눌 수 있으며 그 구조는 다음과 같다.

　첫째는 보통 '불화살'로 불리는 것으로 우리가 쉽게 생각할 수 있는 것이다. 이것은 인류가 화약을 발명하기 이전부터 만들어 사용해왔다. 이러한 불화살의 구조는 보통 화살의 앞부분, 즉 화살촉이 있는 부분에 솜을 뭉쳐 단 것이다. 화전은 적군의 배나 진지 등 목표물을 불태울 때 사용했으며, 발사할 때는 우선 솜에 기름을 묻히고 불을 붙여 활로 쏘았다. 그러나 이러한 종류의 화전을 로켓이라고 볼 수는 없다.

둘째는 화약이 발명되면서 화살의 앞부분에 기름 묻은 솜 대신 화약을 뭉쳐 붙인 것으로, '화약화살' 즉 '화약전(火藥箭)'이라는 뜻을 줄여서 '화전(火箭)'이라고 불렀던 종류이다.

이렇듯 '불화살'을 한자로 화전이라고만 쓰면, 그것이 화살에 화약을 단 것인지 아니면 솜을 단 것인지 확실히 알기 어렵다. 또 솜 대신 화약을 뭉쳐 단다고 해도 그것을 로켓이라고 보기는 힘들다. 왜냐하

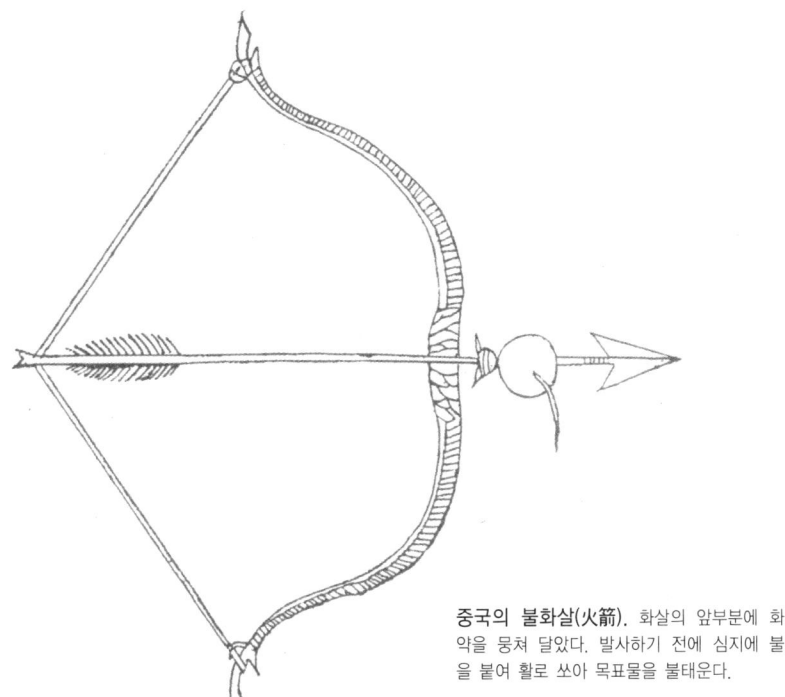

중국의 불화살(火箭). 화살의 앞부분에 화약을 뭉쳐 달았다. 발사하기 전에 심지에 불을 붙여 활로 쏘아 목표물을 불태운다.

면 화살 앞에 부착된 화약이 어떤 역할을 하였는지가 중요하기 때문이다. 즉 화살에 단 화약이 화살을 앞으로 날아가게 하는 힘을 만드는데 이용되었는지 아니면 단순히 불을 일으키는데 이용이 되었는지 하는 점이 그 화살이 로켓인지 그냥 화살인지를 구별하게 하는 중요한 기준이 된다. 이러한 기준으로 볼 때, 앞에 설명한 두 종류의 불화살은 로켓이 아니라 단순히 목표물을 불사르는 '방화용 화살'이라고 보아야 할 것이다.

셋째는 화살의 앞부분에 대나무나 종이로 만든 원통형의 통을 달고, 통 속에 화약을 채웠으며, 통의 아랫부분에는 분사구멍이 뚫려 있는 형태이다. 이러한 구조를 갖춘 화전이 바로 로켓이다. 왜냐하면 화약이 들어있는 통이 바로 로켓엔진과 같은 일을 하기 때문이다.

화약을 집어넣은 종이통(종이를 말아서 만듦)이나 대나무 통을 약통(藥筒)이라 하는데, 이는 '화약통'(火藥筒)의 줄임말이다. 이 약통 속에는 로켓의 추진제에 해당하는 흑색화약이 들어 있는데, 약선(藥線: 점화선)을 이용하여 불을 붙이면 화약이 맹렬히 타면서 만들어진 연기와 불 등의 연소가스가 약통 아래에 있는 구멍을 통하여 밖으로 분출하며 추력을 만들게 된다. 이때 화살은 약통에서 연소가스가 분출되는 반대의 방향으로 움직일 수 있는 힘이 생성된다. 물리학에서는 이 힘을 '반작용'이라고 하는데 마치 바람이 가득 들어있는 고무풍선의 주둥이를 손으로 쥐고 있다 놓으면, 공기가 풍선 밖으로 빠져 나오면서 그 반대방향으로 풍선이 날아가는 것과 같은 원리의 힘을 말한다.

약통의 아래에 나 있는 분사구멍을 로켓학 용어로는 '노즐(nozzle)'이라고 하는데 고대의 로켓에서는 이 노즐의 크기가 아주 중요했다. 그 크기가 작으면 연소가스가 밖으로 미처 다 빠져나가지 못해 커지는 압력으로 약통 자체가 터지는 원인이 되었으며, 반대로 분

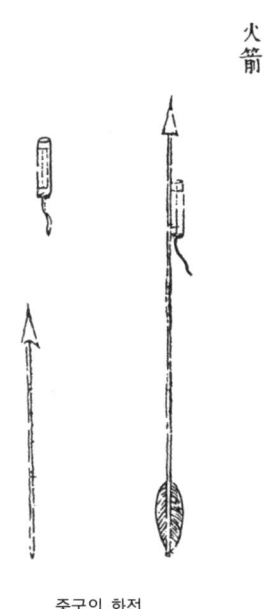

중국의 화전

사구멍의 크기가 너무 클 경우 연소가스가 빠져나가는 속도가 느려져서 로켓이 움직일 수 있을 만큼의 힘을 만들지 못하게 된다. 수도에 고무호스를 끼고 그 끝에 구멍의 크기가 다른 노즐을 달아보면 노즐의 구멍이 작을수록 고무호스의 끝에서 나오는 물줄기가 세져 물이 멀리 날아간다. 그러나 너무 작으면 수도에서 고무호스가 빠져버리게 될 것이다.

장난감 로켓은 옛날 화전의 축소형

앞에서 바람을 가득 넣은 풍선의 주둥이를 놓으면 이리저리 제멋대로 날아간다는 예를 들었는데, 만일 이 풍선을 가볍고 긴 대나무(길이 30~40㎝)의 앞부분에 실로 묶은 후 주둥이를 놓는다면 아마도 고무풍선이 달린 화살은 앞으로 똑바로 날아갈 수 있을 것이다.

이와 마찬가지 원리를 이용하여 화전은 앞으로 똑바로 날아갈 수 있게 하기 위해 긴 화살대의 앞부분에 약통을 붙이게 된다. 즉, 화살대가 로켓이 똑바로 날아갈 수 있도록 하는 안정막대의 역할을 한 것이다. 긴 막대를 이용하여 로켓이 안정하게 날아가게 한 방법은 19세기까지도 계속 이용되었다.

설이나 추석 같은 명절 때 많이 갖고 노는 놀이용 로켓, 즉 길이 30~40cm의 대나무 앞 끝에 길이 4~5cm, 지름 1cm 크기의 종이 통을 달고, 종이 통의 아랫부분에 있는 점화 선에 불을 붙여주면 20~30m쯤 날아가는 작은 로켓이 지금부터 750년 전부터 인류가 사용하던 로켓, 즉 화전의 축소형이라고 생각하면 된다.

세계 최초의 로켓, 금나라의 '비화창'

로켓에 관해 설명하고 있는 첫 기록은 중국의 『금사 金史』에 처음 등장한다.

"1232년 칭기즈칸의 셋째 아들 오고타이 왕자가 금나라의 서울인 변경에 쳐들어갔을 때 금나라 수비군이 '날아가는 불 창'이라는 뜻의 신무기인 '비화창(飛火槍)'을 사용했으며, 이때의 '비화창'은 종이를 16겹으로 말아 약통을 만들고 삼, 수지, 파라핀, 황, 분탄(가루로 된 숯이나 석탄), 초석 등을 혼합한 화약을 만들어 넣어 창 앞에 부착시킨 것이다."

이 비화창이 기록상 보이는 세계 최초의 로켓인데 이에 대한 자세한 설명이나 그림은 전해지지 않고 있다. 1621년 명나라에서 출판된 『무비지 武備志』라는 무기에 관한 책에 수록된 그림이 지금까지 남아있는 중국 로켓의 그림 중 가장 오래된 것이다.

금나라의 비화창 등 신무기는 칭기즈칸이 세계를 정복하는데 큰 힘이 되었으며 또한 이것이 중국의 로켓이 인도와 아라비아 그리고 유럽 등 전 세계로 퍼져 나가는 원인이 되었다.

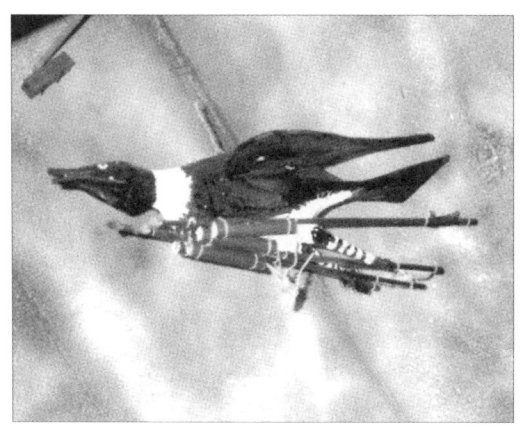

중국 명나라때 개발된 새모양의 로켓모형

2. 고려의 로켓
-최무선의 로켓 '주화'

우리나라에는 로켓이 없었을까? 우리는 우리나라에 처음으로 화약을 전파한 최무선을 기억한다. 그는 고려 말엽에 화통도감을 세우고 18가지의 첨단 신무기를 개발하였다. 그 가운데는 '주화(走火:달리는 불)'라는 신무기가 있는데 이것이 한국 최초의 로켓이다.

우리나라가 이미 고려시대부터 로켓을 만들어 사용했다는 사실을 얼마나 많은 한국 사람이 알고 있을까? 아마도 많은 사람들이 생각하지 못했을 것이다. 그러나 우리나라에도 로켓이라고 할 수 있는 신무기가 있었다.

고려의 국방과학연구소 화통도감

우리나라에서 로켓을 제일 처음 만든 사람은 최무선이다. 최무선은 고려 말엽인 1377년 왕에게 건의하여 왕립 화기연구소인 화통도감(火

桶都監)을 개성에 세우고 그곳에서 각종 화약과 화약을 이용한 무기를 연구하고 제조했는데, 당시 우리나라는 여러 분야에서 중국의 영향을 많이 받고 있었던 터라 이 역시 중국의 화기를 모방해서 만들었을 것이다. 물론 당시 중국에서는 각종 화약무기와 화약의 제조방법을 일급비밀로 취급했기 때문에, 우리나라로서는 그것을 모방한다는 것조차 쉬운 일이 아니었다.

고려의 역사를 기록하고 있는 『고려사』에는 화통도감이 세워졌던 1377년보다 몇 년 앞서서 가장 기초적인 화약무기의 일종인 '화전'을 왕이 보는 앞에서 시험 발사했다는 내용이 있기는 하나, 로켓의 추진제인 화약을 정확히 어느 해에 만들었는지는 알 수 없다. 그렇다면 우리나라 사람들이 언제부터 화약무기에 대하여 관심을 갖게 되었는지 살펴보기로 하자.

원나라 군대가 사용한 화약무기

우리나라는 중국에서 세계 최초의 로켓이 만들어지기 일 년 전인 1231년부터 30년 동안 여섯 차례에 걸친 몽고와의 항쟁과 삼별초의 난을 겪고 있었다. 그런데 그 당시 몽고군은 이미 화약을 이용한 무기

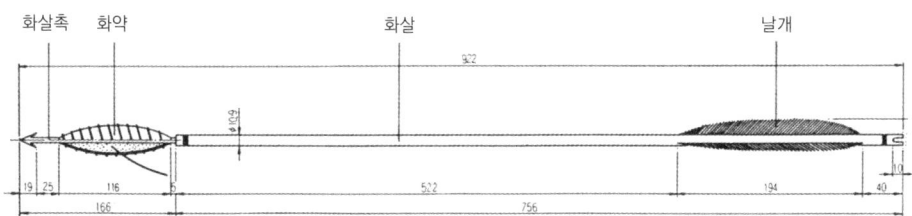

조선 세종 대 화전의 설계도

를 사용했을 것으로 추정된다. 왜냐하면 같은 무렵 유럽에 쳐들어간 몽고군이 이미 화약무기를 사용했고, 그 결과 유럽에 화약무기가 전파되었기 때문이다. 따라서 우리나라도 이때 화약무기를 접했을 것으로 여겨진다. 더욱이 고려 원종 15년인 1274년 10월에는 고려 장군 김방경과 원나라 장군 혼돈이 이끄는 고려와 원나라의 연합군 3만 명이 고려에서 제작한 900여 척의 함선을 타고 일본에 쳐들어가 쓰시마를 정벌하고, 규슈 북쪽 해안에 있는 이키 섬을 공격하여 수많은 적을 쓰러뜨렸다. 일본의 기록에 따르면, 이때 원나라 군대가 사용했던 무기를 지금의 로켓과 비슷하게 설명하고 있는 것으로 보아 일본 원정에 참가했던 당시 고려의 군사들은 원나라 군대가 왜군에게 발사했던 로켓을 볼 수 있었을 것이란 추측을 할 수 있다. 그러나 당시 원나라 군은 이런 종류의 화약무기들을 극비에 붙였기 때문에 우리로선 사용법과 제조법을 자세히 알 수는 없었다.

중국인에게 배운 화약 제조법

고려 말 왜구의 침략에 따른 약탈은 당시 조정의 큰 두통거리가 아닐 수 없었다. 최무선의 아버지는 세금을 걷는 관리였는데 왜구들이 침입하면 그 지역에서는 세금을 걷기가 어려웠다. 이를 옆에서 지켜보던 최무선은 왜구에 대항하는 효과적인 방법을 생각해 냈다. 즉 강력한 화약무기를 이용해서 왜구들을 격퇴시키는 것이었다. 그러나 신무기인 화약무기와 화약은 중국에서나 만들 수 있었던 데다가 당시 고려에서는 구하기조차 어려웠다. 그렇기 때문에 화약무기인 소총을 중국에서 사다 놓아도 화약이 없어 사용할 수가 없었다.

최무선은 우선 화약을 국내에서 만들게 된다면 왜구를 격퇴하는데 많은 도움이 될 것이라 생각했다. 그는 화약의 제조방법을 얻어내기 위해 중국에서 오는 장사꾼들을 대상으로 알아보기 시작했다. 몇 달 후 중국의 강남 지방에서 왔다는 장사꾼(어떤 기록에는 화약의 원료인 초석을 만드는 사람이라고도 했다)인 이원(李元)을 찾아, 그를 데려다 며칠 동안 성심껏 대접하였다. 화약 제조법을 알고 있던 이원은 그 정성과 끈기에 감동하여 마침내 화약 만드는 것을 도와주게 된다.

당시의 흑색화약 원료는 크게 3가지로 유황과 숯, 그리고 염초였다. 이중 유황과 숯은 자연에서 쉽게 구하여 만들 수 있으나 물질이 탈 때 잘 타도록 도와주는 산소를 공급해주는 역할을 하는 염초는 만들기가 쉽지 않았다. 그렇기 때문에 화약의 국산화에서 가장 중요한 것은 바로 염초를 만드는 일이었다. 최무선이 이원에게 배운 화약의 제조법 중 가장 중요한 것이 바로 염초의 제작법이다. 최무선의 노력의 결과 고려는 마침내 1377년 이전에 염초를 국산화하고 화약을 국내에서 생산하기에 이른다.

왜구를 소탕한 화약무기들

화약의 제조에 성공한 최무선은 화약에 대한 연구를 계속하면서 이를 이용한 간단한 무기인 화전을 만들어 왕이 화약무기에 많은 관심을 갖도록 하였다. 그리고 여러 번의 간청 끝에 왕의 허락을 얻어 1377년 우리나라 최초의 왕립화기연구소인 '화통도감(火桶都監)'을 설립하기에 이른다. 최무선은 이 화통도감에서 여러 종류의 화약무기를 만들어냈으며, 또 이를 이용해 왜구들을 무찌르는 데 큰 공을 세웠다. 그가 만든 18종의 화약무기들에 대해서는 현재 자세한 설명이 남아 있지 않아 잘 알 수 없으나 그 이름들을 조선시대 초기의 화약무기들과 비교해보면 지금의 대포, 소총, 폭탄, 로켓 무기 등과 같은 것들임을 알 수 있다.

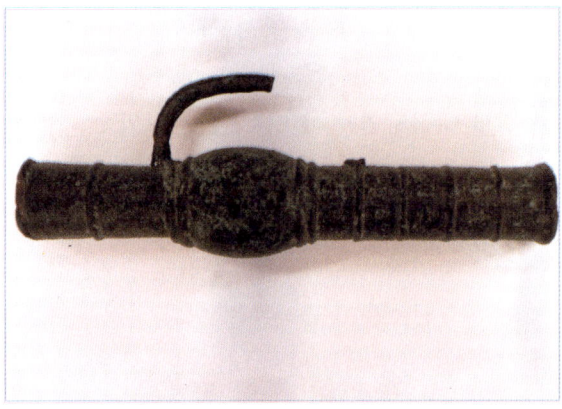

고려말 1385년 화통도감에서 개발한 총통. 고려말의 유일한 국보급 총이다.

3. 조선의 로켓과 화차

— '주화'와 '신기전'

한국 최초의 로켓으로 불리는 '주화'는 어떤 구조로 만들어졌는지 그 모습은 어떠했는지 역사책을 더듬어 한국 옛 로켓의 역사를 살펴보기로 하자.

최무선의 화전

지금부터 31년 전인 1971년 봄, 나는 한국의 고대 로켓을 본격적으로 찾아 나서기 시작했다. 그러나 실제로 우리의 옛 로켓을 찾기로 마음먹은 시기는 고등학교 시절이었다. 국사공부 도중 두꺼운 역사 참고서를 통해 최무선이 고려 말에 세운 화통도감에서 18가지의 화약 신무기를 만들었다는 사실을 알게 되었고 이 신무기 중에 '화전'이라는 것을 알게 되었다. 나는 당시에도 '중국의 화전이 세계 최초의 로켓'이라는 사실을 로켓과 우주 개발에 관한 책을 통해서 이미 습득하고 있었다. 때문에 중국과 밀접한 관계에 있었던 우리나라가 중국의 화약무기를 모방하여 화약무기를 개발하였던 점을 생각해보면 고려의 화전도 중국의 화전과 같이 로켓일 가능성이 높다고 생각했다. 그러나 우리의 화전이 실제로 로켓이었는지를 밝히는 데는 체계적인 연구에 많은 시간이 필요하다고 생각, 이 일은 대학에 입학한 후로 미루어 놓았던 것이다. 평생 동안 로켓 연구를 할 수 있기를 바라고 있던 나로서는 이 일이야 말로 제일 먼저 해야 할 일 중의 하나라고 생각했다. 당시에는 대학에 들어가서 좀더 자세히 기록된 역사책을 찾아보면, 최무선이 만든 화전이 로켓인지 아닌지를 금방 확인할 수 있을 것이라고 쉽게 생각했었는데 현실은 그렇지 못했다.

　연구는 우리나라의 화약무기관련 자료를 찾는 일에서부터 시작하였다. 대학의 사학과 교수님의 소개를 통해 『한국과학기술사』를 쓴 전상운 교수님을 찾아 목적을 말씀 드렸더니 이에 적합한 인물로 육군사관학교에 교수로 계셨던 허선도 교수님을 추천해 주셨다. 그러나 며칠 후 육군사관학교에 허선도 교수님을 찾아간 자리에는 그분 대신 국민대학교로 자리를 옮긴 이후라는 말만 듣고 돌아왔다. 또 헛걸음을 한 것이었다. 얼마 후 국민대학교에서 드디어 허 교수님을 만나 뵐 수 있었다. 교수님은 날 무척 반갑게 맞아 주시며, 내가 우리나라의 옛날 화약무기에 관심을 갖고 있는 사실만으로도 기뻐하시는 것 같았다. 그러나 교수님은 한국사를 전공하셨기 때문인지 로켓에 대해서는 알고 계시는 부분이 많지 않았다. 우리의 옛날 화약무기에 대해서 기초연구를 많이 하신 허 교수님이 옛날 우리나라에 로켓이 있었는지 없었는지 잘 모른다면 이 세상에는 아무도 최무선의 화전이 로켓인지 아닌지 알고 있는 사람도 없을 것이라는 생각이 찾아들었다. 쉽게 생각하고 시작했던 일이 처음부터 큰 벽에 부딪친 것이었다. 모든 것을 처음부터 다시 시작해야 했다.

　1972년 여름, 허선도 교수님이 주신 화기관련 논문과 책을 읽어보니 다음과 같은 글이 눈에 띠었다. "『국조오례서례 國朝五禮序例』의 「병기도설 兵器圖說」은 조선 초기의 각종 화약무기에 대하여 그림과 함께 설명되어 있는 아주 귀한 책이다."

실망 끝에 찾은 우리의 로켓

얼마 후 필자는 남산에 있는 국립 중앙도서관에서 보관하고 있는 『국조오례서례』의 「병기도설」을 볼 수 있었다. 책의 표지는 누렇게 빛이 바래 있었다. 1474년에 출판된 것이었으니 이미 나이가 5백년은 넘은 책이었다. 「병기도설」에는 조선 초기에 우리나라에서 독자적으로 개발한 30여종의 각종 화약무기에 대해서 그림과 함께 설명되어 있었다. 우선 나는 '화전'을 찾아보았고, 몇 장을 넘기다 보니 그림과 함께 찾을 수 있었다. 그림에 있는 우리나라의 조선 초기 화전은 화살의 앞부분에 긴 화살촉이 달려 있고 화살촉의 중간에 화약을 뭉쳐 붙인 단순한 불화살의 한 종류였다. 그림만 보더라도 로켓이 아닌 것이 확실했다. 이 책이 편찬된 1474년경의 화전이 단순한 불화살이라면,

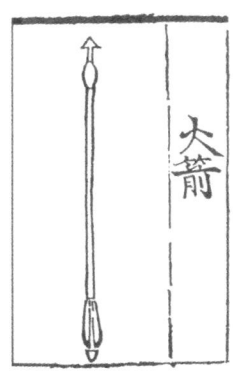

『국조오례서례 國朝五禮序例』에서의 화전(1474년 편찬)

이보다 100년 전에 만들어진 최무선의 화전도 단순한 무기일 것이다. 최무선이 만든 화전이 로켓이 아니라는 것이 자연스럽게 밝혀진 셈이었다.

　사실 나는 최무선이 만든 각종 화약무기들이 중국의 영향을 많이 받아 만들어졌기 때문에 화전 역시 중국의 화전과 같은 로켓일 것이라고 생각했다. 그리고 그 사실을 증명하여 우리나라의 옛 로켓을 찾아낼 목적으로 연구를 시작했는데, 몇 년 동안에 걸친 연구결과 최무선이 만든 화전이 중국의 것과는 달리 로켓이 아닌 단순한 방화용 화약무기로 밝혀지고 나니 온몸의 힘이 다 빠져버렸다. 그 동안 시간만 낭비한 셈이 아닌가. 이런저런 생각을 하면서 혹시 화전 이외에 다른 화약무기 중에 로켓과 비슷한 무기는 없을까 해서 다시 차근차근 살펴보았다. 얼마를 넘겼더니 중국의 화전과 비슷한 구조의 초기 로켓 그림이 설명과 함께 보였다. 그림 옆에는 '중신기전(中神機箭)'이라는 무기의 이름이 크게 쓰여 있고, 옆에는 설명이 자세히 있었다.

　"야! 이것이 바로 한국의 로켓이구나! 정말 우리나라에도 로켓이 있었구나!"

　정말이지 그때의 기쁜 마음을 어떻게 표현할 수 있을까? 아무에게나 자랑하고 싶고 목이 터져라 하늘에다 소리 지르고 싶은 그런 심정이었다. 나의 얼굴에는 함박웃음이 가득 피어있었다. 그도 그럴 것이 이 세상에서 나 혼자만이 옛날에 우리 조상들이 로켓을 만들어 사용했었다는 사실을 알고 있다고 생각하니 그 기쁨이 얼마나 컸는지 상상해 보길 바란다. 그 때의 기쁨이란 내가 이 세상을 살면서 맛본 그 어떤 기쁨보다도 컸다. 우주여행에 관심을 갖고 로켓과 우주과학에 관한 책을 읽기 시작한지 꼭 8년 후에 이러한 기쁨을 맛보게 될 줄이야 누가 생각이나 했겠는가.

　이렇게 해서 찾아낸 한국의 고대 로켓 신기전(神機箭 : 귀신같은 기계 화살)을 그 후 계속 연구, 1975년 11월의 한국 역사학회에서 「주화와 신기전의 연구 - 한국 초기(1377~1600)의 로켓에 대하여」라는 제목으로, 1983년에는 헝가리의 부다페스트에서 열린 제34차 세계우주비행연맹(International Astronautical Federation)학술회의에서는 「A Study of Early Korean Rockets(1377-1600): 한국 초기 로켓 연구」라는 제목으로 각각의 논문을 발표하게 된다. 그 후 몇몇 국

1983년 제34차 IAF에서 발표된 「한국 초기 로켓연구」 논문

제학술지에 우리의 옛 로켓이 소개되면서 14세기 말 이미 한국에는 세계적인 아주 훌륭한 로켓이 있었다는 사실을 학술적으로 인정받게 되었다.

한국 최초의 로켓, 주화

우리나라에서 로켓을 맨 처음 만든 사람은 고려 말엽, 1377년 왕립 화약무기 연구소라고 할 수 있는 화통도감을 왕에게 건의하여 세우고, 그곳에서 화약을 비롯한 18가지의 화약무기를 연구하여 제작한 최무선이다. 그가 당시에 만들었던 18가지의 무기 중에는 화전과 주화라는 것이 있다.

화전(火箭)은 '불화살'이라는 뜻으로 화살의 앞부분에 솜을 매달고

한국 최초의 로켓인 주화의 복원 발사시험

솜에 기름을 묻혀서 불을 붙인 다음 활로 쏘는 것을 말하는데, 목표물을 불태울 때라든지 적을 혼란시킬 때에 사용되었으며 사람을 죽이는 목적으로는 사용하지 않았다. 이런 불화살은 고려 말과 조선 초에 들어오면서 기름 묻은 솜 대신 화약을 사용하게 된다. 그러나 화약을 붙이는 방법이 한쪽 끝이 뚫린 원통형 통에다 화약을 담아 붙이는 것이 아니라, 그냥 덩어리로 뭉쳐 화살촉에 붙인 뒤 종이와 헝겊으로 겉을 싸고 실로 묶는 것이었다. 불화살은 화약덩어리에 달린 점화 선에 불을 붙여 쏴 화살이 날아가는 도중이나 목표물에 도착하는 즉시 화약에 불이 붙어 터지면서 목표물을 불태우거나 적을 혼란시키는 무기이므로, 로켓으로 불린 중국의 화전과는 근본적으로 구조가 다르다.

주화(走火)는 '달리는 불'이라는 뜻을 가지고 있다. 이 주화는 지금의 로켓과 같은 얼개, 같은 동작 원리를 갖추고 있기 때문에 한국 최초의 로켓인 셈이다. 주화가 이 땅에 처음으로 모습을 보인 정확한 해는 알 수 없지만, 최무선이 화통도감에서 활약한 시기를 1377년부터 화통도감이 문을 닫은 1387년까지로 본다면, 이 사이에 우리나라 최초의 로켓인 주화가 만들어졌다고 추측할 수 있다.

동서양의 같은 생각

최무선은 자기가 만든 로켓의 이름을 주화, 즉 '달리는 불'이라 하였다. 이런 이름을 붙인 까닭은 로켓의 동작과정을 눈여겨 살펴보면 쉽게 이해할 수 있다. 즉, 로켓을 발사하려면 우선 로켓을 발사대에 올려놓고 약통 속의 화약에 연결되어 약통 밖으로 나와 있는 점화선에 불을 붙여야 한다. 그러면 점화선이 타 들어가서 약통 속 화약에 불이 붙어 연소가스를 만들고, 이 연소가스는 약통 아래에 뚫려 있는 분사구멍(nozzle)을 통해 약통 밖으로 내뿜어지며 추력(미는 힘)을 만들어 낸다. 이를 옆에서 보면 화살이 불을 뿜으며 앞으로 달리는 것처럼 보이므로 '달리는 불'이라고 이름 붙였을 것이다.

한편 15세기에 유럽에서는 로켓을 '플라잉 파이어(Flying Fire)' 곧 '나는 불'이라고 불렀는데, 이 역시 로켓이 불을 뿜으며 날아가는 모습에서 따온 것이다. 이를 보면 로켓에 대한 명칭에 대한 발상은 동서양이 모두 비슷했던 것 같다.

고려의 주화는 조선시대에 접어들어 여러 가지 종류로 발전되다가 세종 때부터는 더욱 본격적이고 체계적으로 연구 개발되어, 소·중·대 세 가지 종류의 주화로 나뉘어 제작되었음이 세종 29년(1447년) 『세종실록』의 기록에서 밝혀지고 있다.

세종 대(代)는 한글과 측우기 등의 발명과 물시계 등의 제작이 말해주듯 과학·국방·사회·예술의 여러 분야에서 그 전례를 찾아볼 수 없을 만큼 큰 발전을 이룬 시기였다. 세종의 북방개척 계획에 힘입어 연구 개발된 갖가지 화약무기들을 사용하여 최윤덕과 김종서 장군 등은 압록강과 두만강 가에 이른바 4군과 6진을 개척하는 데에 눈부시게 활약할 수 있었다.

세종 29년(1447년)에는 함경도와 평안도에서 많은 수의 로켓이 사용되었다는 기록이 남아있다. 그 기록에 따르면 11월 22일과 12월 2일 두 차례에 걸쳐 함경도와 평안도에 보낸 갖가지 주화의 수가 소주화 2만4천600개, 중주화 8천840개, 대주화 90개 등 모두 3만3천530개에 이르렀다고 하니 그 규모를 봐서 당시 우리나라에서 로켓을 얼마나 많이 사용했는지, 또 얼마나 중요하게 생각했는지 충분히 짐작할 수 있을 것이다.

한국 로켓의 첫 설계도

조선일보에 게재된 신기전 삽화(91.12.11)

지금까지 한국 최초의 로켓인 주화에 대하여 살펴보았다. 그러나 고려의 주화에 대한 자세한 설명이나 그림은 전해지지 않고 있다. 그렇다면 어떻게 고려의 주화가 한국 최초의 로켓형 화약무기로 밝혀졌는지 살펴보기로 하자.

세종 30년(1448)에는 그 동안 세종대에 들어와 개량한 갖가지 총과 대포 및 화약무기와 발사물 등을 종합하여 그 크기와 제작방법 등을 함께 기록한 『총통등록銃筒謄錄』이라는 책이 편찬

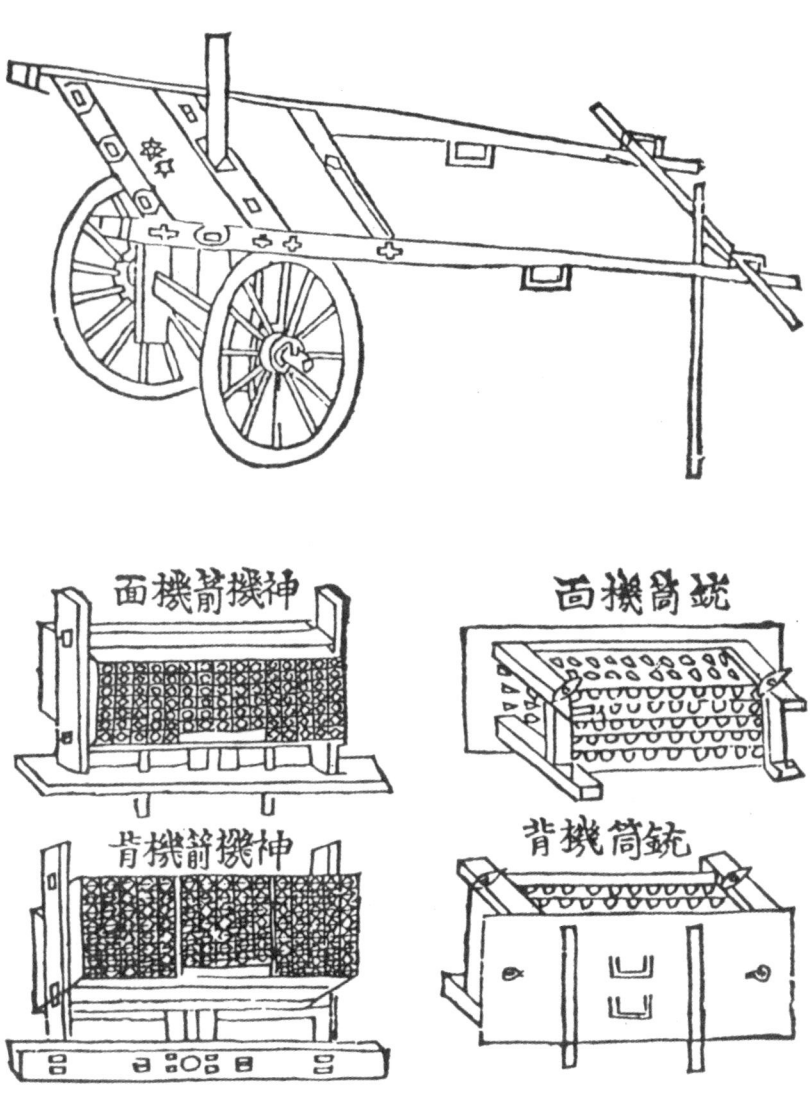

화차도(『국조오례서례』『병기도설』). 문종이 창안한 이동식 로켓 발사대

되었으나, 불행하게도 이 책은 지금까지 전해지지는 않고 있다. 그러나 불행 중 다행으로 1474년에 편찬된 『국조오례서례』의 「병기도설」에는 『총통등록』에 기록된 모든 종류의 화약무기에 대하여 그림과 함께 자세히 설명되어 있다. 여기에는 각종 총과 대포 11가지, 총과 대포에서 발사되는 대전(大箭) 등 화살 11가지, 둥근 나무그릇 속에 화약과 끝이 날카로운 쇳조각이나 쑥 따위의 물질을 넣고 적의 진지 또는 배에 던져 폭발시키는 폭탄의 일종인 질려포통(蒺藜砲筒) 3가지, 종이폭탄인 발화통(發火筒) 4가지, 지화(地火), 화차(火車), 화전, 그리고 로켓인 신기전 4가지 등 당시의 화약무기 36종이 실려 있다. 우리는 이 중에서 '신기전'에 관한 그림과 자세한 기록을 분석 연구하여 세종 때 우리의 로켓 구조를 밝힐 수 있었다. 그리고 고려의 주화와 조선의 로켓인 신기전과의 관계는 『화포식언해』라는 조선의 화약무기 책에 '주화의 약통과 신기전의 약통은 서로 같다'고 한 기록 등 여러 가지 상황들을 종합해 볼 때 신기전은 고려의 주화를 개량한 우리의 로켓이라는 사실을 알 수 있었던 것이다. 세종실록의 기록을 분석해보면 우리나라의 로켓은 『총통등록』이 출판되는 1448년을 중심으로 그 이전에는 주화라는 이름으로, 그 이후에는 신기전이란 이름으로 사용되었음을 알 수 있다.

세계 최대의 종이통 로켓, 대신기전(大神機箭)

『병기도설』에는 신기전을 4종류로 나누어 그 크기와 구조를 자세히 설명했는데, 우선 대신기전부터 살펴보자.

대신기전의 약통(추진제통)은 종이로 만들었는데, 그 길이가 2척(尺) 2촌(寸) 2분(分) 5리(釐)로 미터법으로 환산하면 69.5cm이다. 겉

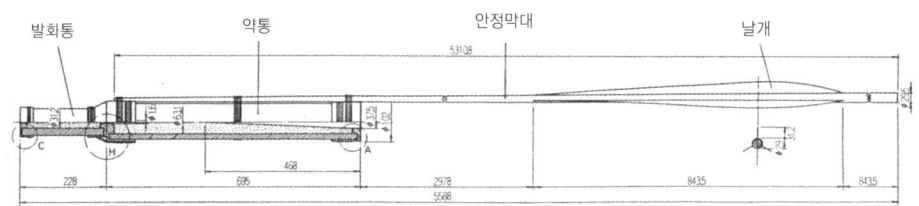

대신기전 설계도

둘레는 9촌 6분(9.55cm)이다. 약통의 양끝은 종이로 붙이고 그 위를 끈으로 묶었으며, 통 아래 바닥의 중앙에는 지름 1촌 2분(3.75cm) 크기의 구멍, 즉 분사구멍이 뚫려 있다. 약통은 길이 17척(531.08cm), 윗지름 1cm, 아래지름 2.95cm의 대나무 위 끝 부분에 묶어놓았고, 아래 끝 부분에는 깃(안정날개)을 달았다. 이 깃은 기록에는 새의 깃으로 만들었다고 하였으나, 넓이 3cm에 길이 84cm 크기의 새 깃은 없으므로 가죽으로 만들지 않았을까 추측된다. 왜냐하면 당시의 대포에서 사용한 전(箭)의 날개에도 가죽으로 만든 것이 있기 때문이다.

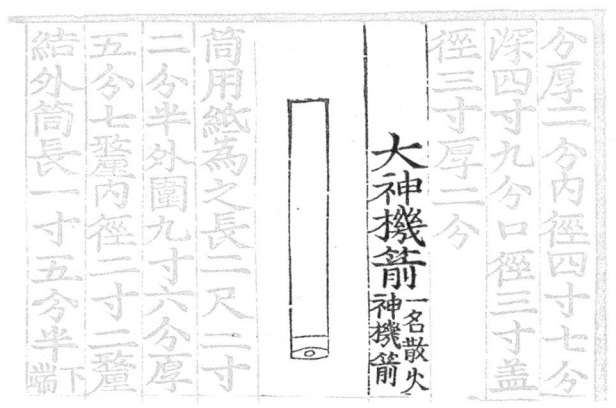

『국조오례서례』의 대신기전 약통 그림

대신기전의 약통은 종이를 말아서 만들며, 화약을 넣어 위 끝을 종이로 여러 겹 접어 막고 그 위에 종이폭탄인 '대신기전 발화통'을 올려놓는다. 약통의 윗면과 발화통의 아랫면 중앙에 각각 구멍을 뚫어 약선(도화선)으로 연결한다. 이와 같이 약통의 윗면에 발화통을 부착시켜놓고 약선으로 연결하는 것은 목표지점으로 신기전이 날아가는 도중이나 거의 다 날아갔을 즈음에 폭탄인 발화통이 자동적으로 폭발하게 하기 위해서이다. 발화통까지 포함한 대신기전의 전체 길이는 약 5.6m로 대형 로켓이다. 그 당시에 가장 큰 대포였던 '장군화통(將軍火筒)'에서 발사된 대전의 길이가 1.9m이었던 것만 보아도 대신기전의 크기가 얼마나 컸는지 쉽게 짐작할 수 있을 것이다.

대신기전은 주로 압록강 하구의 의주성에서 압록강 건너에 있는 오랑캐들을 공격하기 위해서 사용된 것으로, 압록강 하구의 물이 흐르는 넓이를 살펴봤을 때 사정거리는 1.5km에서 2km 정도로 추측된다.

외국에서 이만큼 큰 로켓은 350년쯤 후인 1805년 영국의 콘그레브(William Congreve)가 제작하여 사용한 6파운더(Pounder) 로켓이다. 이 로켓의 약통은 길이가 55cm이고, 지름이 11cm이며 안정막대를 포함한 전체 길이는 4.3m이다.

대신기전을 응용하여 '불을 흩어놓는 신기전'이라는 뜻을 가진 '산화신기전(散火神機箭)'도 만들었는데, 전체적인 크기는 대신기전과 같다. 다만 산화신기전은 '대신기전 발화통'을 사용하지 않고 약통의 윗부분을 비워놓고 그곳에 여러 개의 작은 로켓인 지화(地火)와 작은 종이폭탄인 소발화(小發火)를 서로 묶어 점화선으로 연결한 점이 다르다. 목표지점에 산화신기전이 도착할 때쯤 불이 소형로켓인 지화에 점화되어 사방으로 흩어지며 폭발하게 설계된 로켓이다.

우리의 대신기전은 종이로 로켓의 몸통(엔진)을 만든 것 중 세계 최대 규모의 로켓이었다.

중, 소 신기전

중신기전은 대나무를 이용한 길이 4척 5촌(140.6㎝)의 화살 앞부분에 길이 6촌 4분(20㎝)의 약통을 단 형태를 하고 있다. 맨 앞에는 무게 2전(약 5.5g)의 화살촉을 달았으며, 맨 끝에는 폭 5분 3리(1.7㎝), 길이 5촌 7분(17.8㎝)의 새 깃으로 만든 날개를 달고 있다. 약통의 밑에 뚫려 있는 분사구멍의 지름은 2분 3리(7.2㎜)이다. 약통의 윗부분에는 소발화라는 소형 폭탄이 장치되어 있다. 사정거리에 대한 자세한 기록은 없지만 그 크기로 보아 150~200m 정도 날아갈 수 있었던 것으로 짐작된다.

「국조오례서례」의 중신기전

소신기전은 신기전 중에서 가장 작은 것이다. 길이 100㎝의 대나무를 안정막대로 사용했으며 맨 앞에는 중신기전과 같이 쇠 촉을 달았고 촉에서 조금 뒤로 떨어진 부분에 지름 2㎝, 길이 15㎝의 약통을 달았다. 맨 아래에는 새 깃을 달았다. 약통에 뚫려 있는 분사구멍의 크기는 1분 3리(4㎜)이고 사정거리는 200m 내외로 보여진다.

과학적인 이동식 로켓 발사대, 화차

로켓의 발사틀은 여러 가지 화약무기의 발사틀 중에서는 그 구조가 가장 간단하다. 발사틀은 로켓이 날아갈 방향만 정해주면 되기 때문이다. 이러한 까닭에 당시 로켓의 발사대는 빈 화살통이나 낚싯대 걸이와 같이 로켓을 걸거나 뉘어놓을 수 있는 것이면 된다. 현대 군에서 사용하는 로켓포의 발사틀 역시 앞뒤가 뚫린 연통토막처럼 간단하게 생긴 까닭도 여기에 있다.

신기전의 발사틀이 제대로 연구 개발된 것은 문종(文宗)이 화차를 개발한 다음부터이다. 이 화차는 로켓인 신기전 100발을 차례대로 발사할 수 있게 설계된 신기전 발사틀과 지금의 총알에 해당하는 세전(細箭) 200발을 거의 동시에 발사할 수 있게 설계된 총통틀 중에서 하나를 설치하였다.

지금까지 흔히 화차는 "임진왜란 때에 변이중이 수레 위에 승자총(勝字銃) 40개를 실어 점화선을 몇 개씩 모아 계속해서 발사할 수 있도록 만든 것으로 박진이 경주 전투에서, 권율이 행주산성 전투에서 이것을 사용하여 큰 공을 세웠다"고 알려져 있는데, 사실은 이보다도 200년 앞서서 문종이 손수 연구하여 발명한 것이다.

문종은 세종의 세자로 있을 때부터 동생인 임영대군, 금성대군과 함께 화약무기의 연구를 도울 정도로 과학 분야에 뛰어난 재능을 가졌었다. 그가 만든 설계도를 보면 폭넓은 연구와 많은 실험을 거친 흔적이 뚜렷이 나타나는데, 실록(實錄)에 적힌 대로 문종화차는 문종의 독창적인 발명품임에 틀림없을 것이다. 문종은 2년이라는 짧은 기간 동안 왕위에 있었지만 '화차'라는 과학적이고 독창적인 이동식 로켓 발사대인 병기를 발명한 과학 분야에 창의성과 흥미가 가득한 왕이었다.

문종화차의 가장 큰 특징은 로켓의 발사 각도를 높일 수 있도록 고안되었다는 점이다. 세종 때의 일반적인 수레는 바퀴의 바퀴 축 위에 수레의 차체를 올려놓았다. 이에 비해 문종화차에 사용한 수레는 바퀴 축 위에 기둥을 세우고 그 위에 차체를 올려놓아, 신기전의 발사 각도를 최고 40도까지 높일 수 있게 하였다. 만일 당시의 일반적인 수레에 신기전 발사틀을 올려놓았다면 신기전의 최대 발사 각도는 기껏해야 20도 정도밖에 되지 못했을 것이다.

발사각이 40도일 때 최대로 날아갈 수 있는 거리가 100m라면 20도를 발사했을 때는 65m를 날아갈 수 있다. 그러므로 차체를 바퀴 축 위에 올려주어 발사각을 20도에서 40도로 올려줌으로써 비행거리는 1.5배나 더 날아갈 수 있게 된다. 발사각을 0에서 최대 40도까지 조절하여 로켓의 사정거리를 자유로이 조절할 수 있게 설계한 것은 문종화차만이 가지고 있는 과학적이고 독창적인 장점으로 높이 평가되어야 할 것이다.

문종화차는 1451년 처음 제작된 후 그 해에만도 총 700여 대가 제작되어 전국의 주요 해안 및 성문 앞에 배치되어 사용되었으며, 평상시에는 일반 수레로 사용되기도 하였다. 화차의 이동은 평지에서는 두 사람이 끌고, 오르막길에서는 두 사람이 끌고 한 사람이 밀면서 이동하였다.

꿈속에서 본 문종의 화차

문종화차에 대한 기록역시 『국조오례서례』의 「병기도설」에 다른 화약무기와 함께 수록되어있다. 화차의 크기는 길이가 2.3m, 폭이 2.1m, 차체의 높이가 1m이며, 차체 위에 조립되는 신기전 발사틀은 높이가 73m, 폭이 1.2m, 두께가 28cm이며, 직육면체 나무에 지름 4.7cm의 구멍이 뚫린 나무통 100개가 있어 이곳에 중·소 신기전 100발을 꽂을 수 있도록 설계되었다.

문종화차는 300여개의 부품으로 구성되어 있다. 이를 재현하려고 부품 조립을 시도하였으나, 아무리 설계도면을 그려보아도 몇 개의 부품이 남았다. 그러던 나는 화차를 연구하던 어느 봄날 문종릉이 있는 동구릉을 찾았다. 문종의 업적 중에 화차가 차지하는 것이 크기 때문에 혹시 왕릉 근처에서 화차에 관한 그림이나 자료를 찾게 될까 싶어서였다. 그러나 비석이나 여러 가지 석물을 둘러보아도 화차와 관련된 것은 보이지 않았다. 아무것도 찾지 못해 실망하고 있던 나는 마지막으로 관리인의 눈을 피해 왕릉의 봉분 위로 올라가서 머리를 대고 기도했다. 혹시 문종의 혼이 이 근처에 있다면 당신이 개발한 화차를 지금 내가 연구하고 있는데 어려움이 많으니 좀 도와주었으면 좋겠다고 소원을 빈 것이다. 그날 밤 나는 꿈속에서 어렴풋이 화차를 보았고, 이에 놀라서 깨어나 화차를 다시 설계하였는데, 신기하게도 몇 개씩 남던 화차 부품이 이번에는 완벽하게 맞아 들어가고 드디어 화차의 설계가 완성되었다.

신무기의 위력

그렇다면 신기전의 좋은 점은 무엇일까?
첫째로 신기전은 로켓이므로 화차를 이용하여 발사하면 100발의 신기전을 거의 동시에 발사할 수 있다. 한 번에 한 발의 화살밖에 쏠 수 없는 활이나 서너 발의 총알을 쏠 수 있는 총에 견주어 보면 그 차이는 엄청나다.
둘째로 신기전에는 폭탄이 붙어 있어 적을 놀라게 하거나 적의 진지를 불태울 수도 있었다. 당시 사용했던 대포는 화살의 한 종류로 나무나 대나무로 만든 전(箭)이었는데, 전의 앞에는 쇠촉이 달려 있고 가운데나 끝 부분에 쇠나 가죽이나 새털로 만든 날개가 달려 있을 뿐이어서 목표물에 충격을 주는 데에 그쳤을 뿐이고 신기전과 같이 목표물을 불태울 수는 없었다.
이와 같은 사실은 옛 기록에도 나와 있다.

발사대에 있는 대신기전 모습

"주화를 쏘면 맞는 자가 꼭 죽고, 그 날아가는 형상을 보거나 소리를 듣는 자들은 모두 두려워서 항복을 하고, 밤 싸움에 사용하면 분출가스의 빛이 하늘에 비치어 적의 사기를 먼저 빼앗는다. 복병이 있는지 의심스러운 곳에서 사용하면 연기불이 어지럽게 비쳐 적의 무리들이 놀라고 겁에 질려 자신을 숨기지 못하고 노출시킨다."

로켓의 앞쪽에는 발화통이라는 폭탄이 장치되어 있는데, 이 발화통 속의 화약에는 전체 화약 무게의 27%에 해당하는 쇳가루가 들어 있어 이 쇳가루가 발화통이 터질 때 뜨거운 파편 구실을 한다. 발화통이 터질 때 주위에 있는 적이나 말은 뜨거운 쇳가루가 몸에 박힐 것이고 이

중·소신기전의 발사시험(1993)

렇게 되면 말 위에 타고 있는 적군은 부상당하거나 말에서 떨어질 것이니 그 효과가 무척 컸을 것이다.

그래서 옛 기록에는 '신기전 응적최긴지물(神機箭 應敵最緊之物).' 즉, 신기전은 적을 맞아 싸우는데 가장 긴요한 물건이라고 하였다.

다시 살아난 신기전

나는 우리의 옛 로켓을 찾아내고 연구하면서 언젠가 기회가 오면 복원하여 발사시험을 해보고 싶었다. 로켓이란 불을 뿜으며 하늘을 날아가야만 생명력이 있는 것이기 때문이다. 종이 위에 아무리 잘 그려봐야 생명력이 없는 그림에 불과한 것이다.

'대전 엑스포 93'을 맞이하여 우리의 옛 로켓이 다시 살릴 수 있는 기회가 주어졌다. 나는 우주분야 자문위원으로 일하며 우주분야의 전시품목으로 신기전과 화차를 복원하여 시험하고 전시하는 것을 추진했다. 우리의 엑스포에 우리 조상들의 우수하고 과학적인 창의성을 전 세계 방문객들에게 보여주자는 나의 의견을 전시위원회에서 받아들였던 것이다. 이에 따라 삼성항공우주관의 건설 및 전시를 맡았던 삼성항공에서 '화차와 신기전'을 복원하여 시험하는데 필요한 연구비를 지원하기로 하였다. 1991년부터 시작된 복원작업은 1992년 12월 인천의 한화 공장에서 예비 발사시험을 성공리에 끝마쳤다. 그리고 1993년 4월 29일 엑스포 개최 100일 전 기념행사로 대전 연구단지 내의 중앙과학관 앞 갑천 고수부지에서 오명 조직위원장과 삼성항공 사장, 항공 우주 연구소 소장 등 200여명이 지켜보는 가운데 성공적으로 100발의 신기전을 발사하는 시험을 실시하였다. 이동식 발사대인 화차의 신기전 발사틀에 장착된 100발의 중·소 신기전은 점화와 동시에 100m에서 200m까지 날아가 세종 때 만들어진 지 545년 만에 그리고 필자가 우리의 옛 로켓 연구를 시작한 22년 만에 다시 살아나 대덕 연구단지 하늘을 비행을 하며 그 위력을 뽐냈다.

4. 유럽의 초기로켓

−적의 성문을 공격하던 거북이 로켓

중국에서 처음 개발된 로켓은 칭기즈칸 군대를 통해 아라비아를 거쳐 유럽에 전파되기에 이른다. 아직 원시적이지만 더욱 다양하게 나타나는 로켓의 모습을 통해 유럽에서의 발달과정을 살펴보자.

아시아에서 유럽으로

1232년 중국 금나라와의 전투에서 어렵게 로켓 기술을 배운 몽고의 칭기즈칸 군대는 세계를 정복하는 그들의 야망에 따라 유럽과 인도, 아라비아, 동남아시아 등에서 로켓을 사용하였고, 이것이 로켓을 세상에 널리 전파시키는 계기가 되었다.

몽고군이 사용한 로켓은 1249년에는 아라비아를 거쳐 이탈리아까지 전파되었고, 곧이어 유럽 각 국의 군사 전문가들은 어렵지 않게 화전이라는 로켓 신무기에 관심을 집중시키게 되었다. 특히 아라비아의

باب صفة سضا خرج وطرق على طادا ساح حديد وقوط
كرسي يهصب ع كل ساح منه تقف وتوطىه ليبادر ته بالنفط
والاخلاطات الميد وتكون فى النفط المفوق يسد عليها
يوره لطيفة وترمى بها انى يفىى وبخوج تخرف انا الله

باب عمل الطيار المحنون وشال يطلب ومبع رطل
وسبع اواق ونصف بالدمشقى يا رودائا عشركبريت
درم ونصف الاثن نخم تلكه الارابع يصن ل واحد وحل
ثم يزل نخم على با رودا ثم يصر عاما بنقل بريقد وشرنل
معده الكبريت المصعوق ياب عيارا طنا مل رطل د مش
يارود تسعه جبريت دد رهم الا ثن نخم مثله وبرد هاذكرنا م
تا يطبار يوسى الدوابه با رود احد اعشركبريت درم قد ريع
نخم تلكه الاربع وتنزل كما ذكرنا ياب بالمعماء طباء
السكران

연소하며 스스로 날아가는 달걀

핫산 알라마(Hasan al-Rammah)가 1285년부터 1295년 사이에 쓴 『병기와 기마 전투에 대한 책』에는 '연소하며 스스로 날아가는 달걀' 이라는 긴 이름의 로켓이 설명되어 있다. 알라마의 설명에 의하면 이 로켓의 구조는 납작한 두 개의 냄비를 포개놓은 모양으로 비행접시와 비슷하고 그 속에 화약 등 연소성 물질을 채웠다. 그리고 두 개의 로켓에 의해 추진되었으며, 양쪽에 꼬리 같은 막대를 두 개 부착했다. 그러나 이 로켓이 실제로 제작·사용되었다는 기록은 보이지 않는다.

1379년 이탈리아의 카이오자 성에서는 베니스와 제노아 사이에 전투가 벌어졌다. 아드리아 해로 쳐들어간 제노아 군대는 로켓을 사용해서, 성문을 굳게 잠그고 대항하는 카이오자 성의 베니스 군대를 무찔러 일시적인 승리를 얻었다. 이때 제노아 군대가 사용한 로켓의 이름이 '로케타(Rochetta)'로, 이 명칭이 지금 우리가 사용하고 있는 이름인 '로켓'의 어원이 된 것이다.

1405년 독일의 과학자인 콘라트 폰 아이히슈타트(Konrad von Eichstadt)는 수직상승 로켓 및 수평비행 로켓 등을 생각해내고, 전쟁용 무기로서가 아닌 과학 실험용 로켓을 제작하여, 발사각도에 따른 비행 거리등에 관한 연구를 하였다.

흥미롭게 생긴 중세의 로켓들

1420년 이탈리아의 대포 기술자인 요하네스 폰타나(Joanes de Fontana)의 전쟁 무기에 관한 책에는 로켓에 대한 흥미 있는 그림들이 많이 있다. 그 중에는 두 개의 나무 바퀴가 달린 육각형 모양의 굴러가는 로켓 무기가 있다. 바퀴가 두 개여서 넘어질 것 같지만 롤로형 바퀴이기 때문에 안전하다. 거북이같이 생긴 몸통 속에 고체추진제 로켓엔진이 달려 있고, 앞에는 강철 돌출부를 달아놓았다. 적의 성 앞

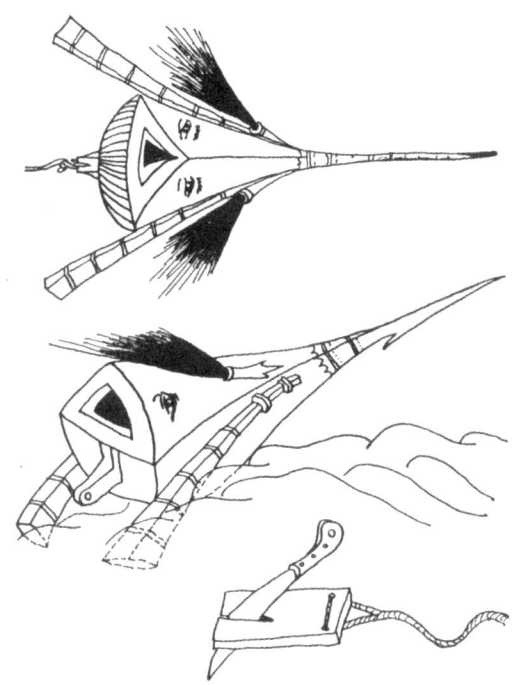

폰타나의 로켓어뢰
사람의 눈을 그려놓아 멀리서 보면 바다괴물처럼 보인다.

에서 이 로켓 거북이의 꽁무니 즉 로켓엔진에 불을 붙이면, 성문을 향해 돌진해서 부수는 것이다. 이 무기가 바로 굴러가는 로켓무기의 원조이다.

그 외에도 큰 바다 괴물의 머리처럼 생긴 바다 어뢰에 대한 그림도 있다. 이 로켓어뢰의 형태는 조그만 삼각배에 삼각형 지붕을 씌우고, 그 지붕의 좌우에 로켓을 각각 한 개씩 부착한 모습을 하고 있다. 그리고 앞부분에는 낚싯바늘처럼 생긴 송곳을 달아놓았다. 지붕에는 사람 눈처럼 생긴 것을 그려놓아 멀리서 보면 마치 바다괴물같다. 이 로켓에 불을 붙이면, 로켓은 쏜살같이 바다를 가르며 달려가 적의 배를 침몰시켰다. 이것은 어뢰의 시초라 볼 수 있다. 이러한 무기들은 대부분 나무로 제작되었다.

1429년 오를레앙 전투 때 영국군은 전부터 사용해오던 로켓의 안정 막대를 없애고, 대신 로켓의 분출구에 날개를 달아 회전하면서 날아가게 만들어 로켓의 안정을 꾀하였다. 그러나 로켓을 발달시키려 했던 이 아이디어가 당시에 출현했던 대포와 총에 의해 역이용되었다. 그 결과 총과 대포의 명중률은 높아졌지만, 가끔 아군 쪽으로 다시 날아와 아군을 혼비백산하게도 했던 이 회전하는 로켓은 더 이상 발전하지는 못했다. 다만, 해전에서는 적의 배에 로켓을 쏘아 불을 일으키게 하는 방법으로 계속 사용되었다.

불꽃놀이

육지에서 무기로서의 가치가 떨어진 로켓은 유럽과 아시아에서 불꽃놀이에 사용되었다. 특히 자유로운 생활을 좋아하는 이탈리아 사람들에 의해서 각종 축제가 있을 때마다 수없이 사용되었고, 그것은 유럽의 다른 나라에서도 마찬가지였다.

우리나라의 로켓을 이용한 불꽃놀이도 무척 유명했다. 중국이나 외국에서 찾아오는 사신들은 꼭 한 번씩 보기를 원했다는 기록과 함께, 불꽃놀이를 한 번 하려면 많은 화약이 필요해서 자주하기에는 곤란했다는 기록도 보인다. 일본에서도 불꽃놀이를 즐겼던 것은 알 수 있으나, 어떠한 경로를 거쳐 전해졌는지에 관해서는 아직 밝혀지지 않았다.

'분 봉화'라고 하는 로켓축제에서 발사된 로켓이 하늘 높이 올라가고 있다.!!

태국의 로켓 축제와 기우제

　태국의 북동부 지방 야소톤의 파야 탠 공원에서는 확실한 연대를 알 수는 없지만 옛날부터 '방파인'이라는 로켓 축제가 매년 5월 8, 9일쯤 열리고 있으며 그 유래는 다음과 같다.
　옛날 코마라트라는 어진 임금이 농한이라는 나라(지금의 태국 북부 지방)를 다스리고 있었다. 어느 해인가 심한 가뭄이 오랫동안 계속되는 바람에 이 나라에는 큰 흉년이 들었다. 땅이 거미줄처럼 갈라지고 곡식들이 말라 백성들은 자연히 굶주림에 허덕이게 되었다. 임금님이 신하들을 불러놓고 논의한 끝에 가뭄을 물리칠 수 있는 좋은 방법을 현상 모집하기로 했다. 이렇게 해서 뽑힌 방법들 가운데서 좋다고 생각되는 몇 가지를 골라 실시해보았으나 그다지 좋은 결과를 얻을 수 없었다. 잘생긴 돼지 머리를 올려놓고 향을 피우며 기우제를 지내던 어느 날, 토아 파뎅이라는 젊은이가 나타나서 봉 화이 즉 로켓을 만들어 하늘로 쏘아 올려 브라시와라는 하늘 신에게 제물로 바치면, 곧 비가 쏟아질 것이라고 말했다. 이것이 지금까지 로켓 축제를 해마다 치르게 되는 계기가 되었던 것이다.
　로켓 축제에 출품되는 로켓은 대략 길이가 9~10m 정도로 대나무 안에 12~25kg의 흑색 화약을 추진제로 채운 것이다. 로켓의 길이가 9~10m라고 했지만, 실제로 추진제가 들어가는 로켓 모터의 크기는 길이가 1m, 지름이 6~7㎝ 정도인 대나무 통을 10개정도 묶은 것이다.
　한 번의 축제에는 보통 20~30개의 로켓이 출품되는데, 가장 높이 올라가는 것, 디자인이 아름다운 것 등을 우수한 로켓으로 뽑는다.

5. 근대의 로켓

-로켓의 응용시대

 점차 근대적인 모습으로 발전하던 로켓은, 17세기에 이르러 현대의 것과 비슷한 형태를 갖추기 위한 발걸음을 내딛는다. 그리고 19세기 초에 이르러서는 완벽한 무기로서 등장하여 유럽 국가들 사이의 전쟁에서 한몫을 맡게 된다.

지미노비치가 출판한 로켓 책

 17세기의 로켓에 대해 흥미 있는 기록을 남긴 책으로는, 폴란드의 대포 전문기사인 코스미르츠 지미노비치(Kazimieerz Simienowicz)가 1650년에 출판한 것이 있다. 이 책에는 로켓에 대한 생생한 지식과 함께 상세한 로켓 그림까지 그려져 있어, 당시의 로켓 연구가들에게 좋은 참고서가 되었다.
 특히 200여점에 달하는 로켓 그림 가운데는 미국이 달나라 탐험에 사용한 새턴 5형 로켓의 초기 형태였던 새턴 1형 로켓의 1단계처럼 여

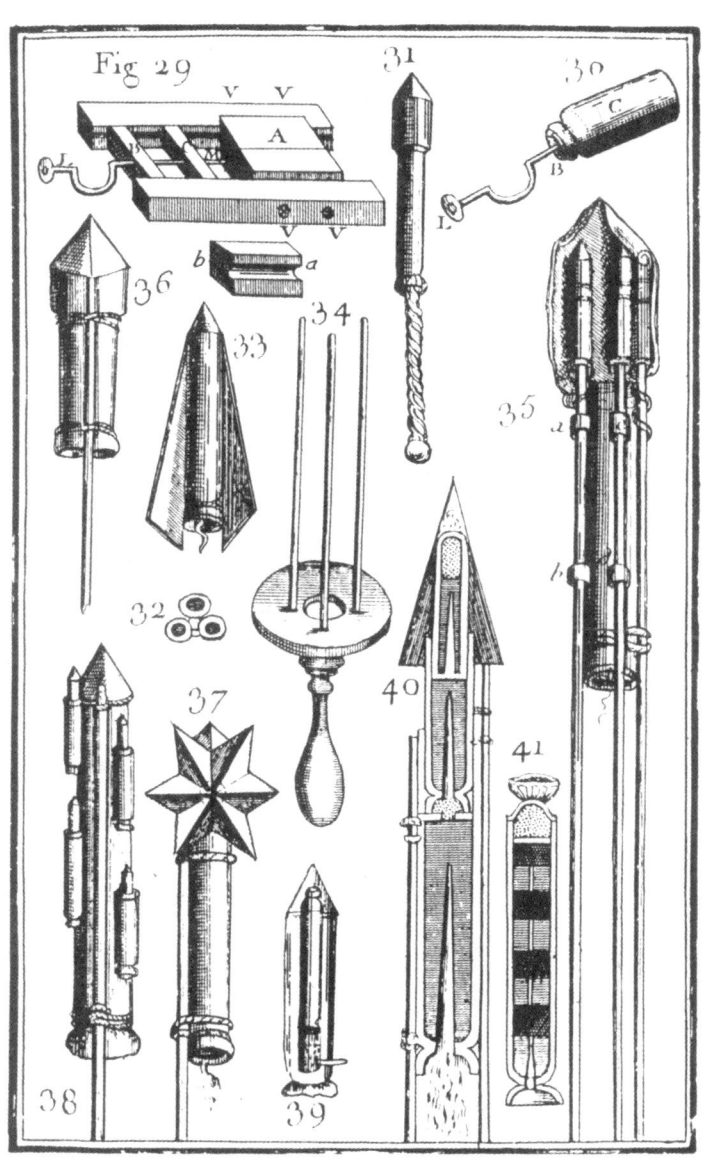

폴란드의 지미노비치가 쓴 로켓에 관한 책에 그려져 있는 다양한 형태의 로켓

러 개의 로켓을 다발로 묶은 형태의 것과 다단계 로켓, 안정날개가 달린 로켓, 앞 방향으로도 분사할 수 있도록 역추진 분사구를 장치한 로켓 등 당시에는 상상조차 하기 힘든 로켓들이 많이 그려져 있다. 출판된지 몇 년 후 이 책은 독일, 영국, 네덜란드, 프랑스, 러시아 등 유럽 각국에서 앞 다투어 번역될 정도로 유명한 책이 되었다.

크리스토프 가이슬러(Christoph Geissler)가 막대기 모양의 고체추진제 한가운데에 구멍을 뚫어서 타는 시간과 로켓의 추력을 조절한 것은 그가 1668년부터 1718년까지 연구한 결과였다. 그러나 이보다 18년 앞선 1650년에 출판된 지미노비치의 로켓 그림에는 이미 추진제의 한가운데에 구멍을 뚫어 사용한 종류도 들어있다.

대과학자 뉴턴도 로켓 실험을 했다

영국이 낳은 세계적인 대과학자 뉴턴은 1678년 과학사에 있어 가장 찬란하게 빛나는 책인 『자연철학의 수학적 원리』를 썼다.

이 책에는 유명한 운동의 세 가지 법칙, 즉 제 1 운동법칙(관성의 법칙 : 버스를 탄 사람들이 버스가 갑자기 멈출 때 앞쪽으로 쏠리는 것과 같은 현상을 설명한 법칙), 제 2 운동법칙(질량과 가속도에 관한 법칙 : 질량을 가진 물체에 힘을 계속 가하면 속도의 변화, 즉 가속도가 생긴다는 법칙), 제 3 운동법칙(작용과 반작용의 법칙 : 포수가 총을 어깨에 대고 발사하면 반대 방향인 포수의 어깨에 총자루가 힘을 가하는 것과 같은 법칙)과 우주에서의 응용, 그리고 이들 법칙과 관련해 그가 실험한 경험과 방법들이 친절하고 자세하게 실려 있다.

특이할 만한 것은 그가 로켓 실험을 했다는 것인데, 제 3 운동법칙에 대한 실험을 할 때에 제트 추진차를 만든 후, 곧이어 로켓과 제트기구(공중에 뜰 수 있도록 가벼운 가스를 넣은 기구에 반동체를 단 것)등의 실험을 했다는 사실이다. 그러나 아쉽게도 자연과학에 대한 일반인들의 무관심 때문에 실용적인 단계까지는 도달하지 못했다.

한편, 1747년 봄 런던의 제임스 공원에서는 불꽃 전람회가 열렸는데, 그 날 밤에는 출품된 불꽃들을 실제로 발사하는 불꽃놀이가 진행되었다. 이날 최고의 불꽃으로 선정된 것은 레오나르도 다빈치의 고향에서 온 이탈리아의 불꽃이었다.

중국의 화전을 개량한 인도의 아리 왕

인도에 있는 마이소르(Mysore)국의 하이더 아리(Hyder Ali) 왕은, 1750년대 후기에 외세의 침입으로부터 나라를 지키기 위해 중국의 화전을 개량하여 성능이 좀더 나은 신무기를 개발하였다.

1760년 영국군이 침략했을 때, 마이소르군의 로켓 부대는 물밀듯이

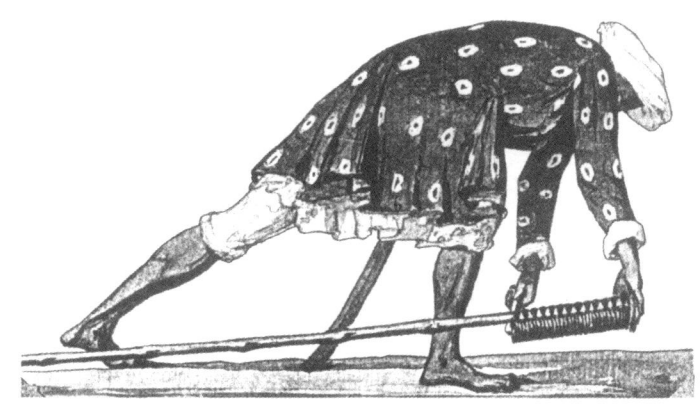

인도의 아리 로켓

처들어오는 영국군의 기마병들에게 많은 로켓 폭탄을 선사하여 세링가파담(Serringgapatam) 전투에서 이들을 격퇴시켰다. 이때 마이소르군이 사용한 아리 로켓은 지름 5cm, 길이 20cm의 원통형 철제 로켓인데, 이 로켓의 몸통에는 화전과 같이 길이 330cm의 자세 안정용 대막대기가 부착되어 있었다. 이 로켓의 사정거리는 1,500m로 당시에 존재했던 무기 중에서는 고성능이었다. 따라서 영국군이 공포에 질려 고전을 면치 못한 것은 당시의 상황에서는 당연한 것이었다.

아리 왕의 대를 물려받은 아들 티포 사이브(Tippoo Sahib) 왕은 아버지의 뜻을 이어 로켓을 더욱 크게 개량하고 로켓 부대도 사격수 1,200명과 5,000명으로 구성된 특수 부대로 발전시켰다. 1792년과 1799년에 세링가파담에서 벌어진 마이소르군과 영국군 간의 전투에서 마이소르군은 로켓 무기를 이용해 용전분투함으로써 영국군의 기마대를 대혼란에 빠뜨렸으나, 장기전을 펼치는 영국군에게는 결국 손을 들고 말았다.

당시 영국군 포병 대령으로 이 전투에 참가했던 윌리엄 콘그레브(William Congreve)는 전투 중에 겪었던 쓰디쓴 경험 때문에 로켓 무기를 개발하기로 결심하고 곧 연구에 착수했다.

아리 로켓을 모방한 콘그레브 로켓

콘그레브는 우선 '모방이 창조' 라는 말에 따라, 인도군이 사용했던 로켓들을 수집한 뒤 겉모양을 모방하고 추진제를 개량하여 좀더 성능이 좋은 로켓을 만들었는데, 로켓에 자신의 이름을 붙여 콘그레브 로켓이라 불렀다. 콘그레브의 로켓은 인도의 아리 로켓과 마찬가지로 똑바로 날아가게 하기 위해 안정막대를 달았고, 로켓 앞부분에는 폭발 위력을 크게 하기 위해 고성능의 폭탄을 장치했다. 이 로켓의 평균 길이는 1m, 평균 지름은 10㎝, 무게는 1~2.8㎏이며 안정막대의 길이는 4~5m였으므로 우리나라의 대신기전과 비슷한 규모였다. 최대 사정거리는 2,000~2,700m에 달했다. 영국에서는 콘그레브 로켓을 발사할 수 있는 구조를 갖춘 군함을 여러 척 만들었다. 이것이 아마도 본격적인 미사일을 발사할 수 있는 군함의 시초일 것이다.

1805년과 1806년에 영국 해군은 프랑스의 나폴레옹 군대가 영국을 공격하기 위해 준비를 하고 있던 부로뉴 항구에 먼저 쳐들어가 1천 200발 이상의 콘그레브 로켓으로 공격을 가해 프랑스군에 막대한 손해를 입히고 돌아왔고, 다음해인 1807년에는 2만5천발의 콘그레브 로켓으로 덴마크의 수도 코펜하겐 시를 폭격하여 온 시내를 불바다로 만들기도 했다.

또 1809년에도 영국 육군은 콘그레브 로켓을 이용하여 프랑스 군대를 공격했다.

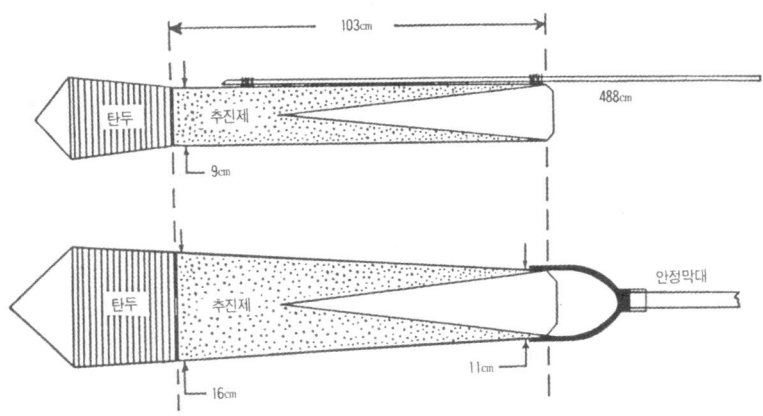

콘그레브 로켓

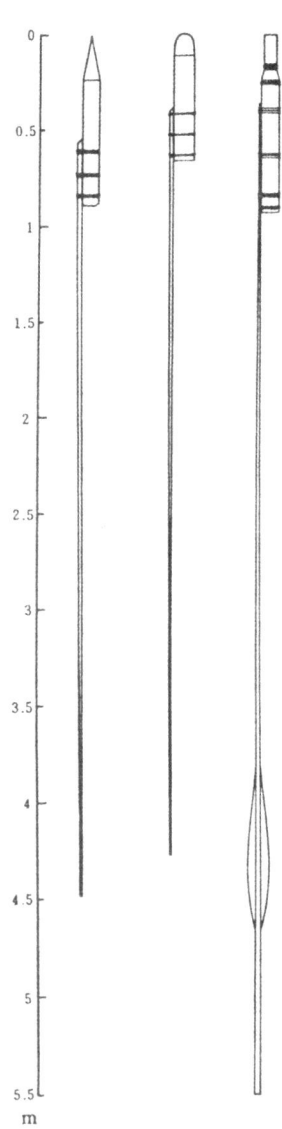

콘그레브 로켓과 대신기전.
왼쪽부터 32lb, 5lb로켓, 대신기전

1838년에 등장한 난파선 구명용 로켓

미국의 독립전쟁 때인 1814년, 볼티모어 시의 맥켄리(McHenry) 요새를 영국군이 콘그레브 로켓으로 공격하고 있었다. 그때 마침 감옥선을 타고 앞 바다에 떠 있던 키(Francis Scott Key) 변호사는 감옥의 철창을 통해서 그 광경을 내다볼 기회를 가졌다.

그는 그때의 광경을 '로켓의 눈부신 붉은 빛(The rocket's red glare)'이라 하면서 여기에 시적인 표현까지 곁들여 나중에 미국 국가의 일부분으로 사용하게 되는데, 그만큼 콘그레브 로켓의 위력은 대단한 것이었다.

병기로만 사용되던 콘그레브 로켓은 1838년 영국에서 구명용 로켓으로 특허를 받음으로써 평화적인 목적으로 사용되기 시작했다. 콘그레브 로켓에 안정막대 대신 긴 밧줄을 맨 이 구명용 로켓은 해안에서 난파선을 향해 발사하면 밧줄이 꽁무니를 따라 날아가 배에 떨어짐으로써 그 밧줄을 따라 선원들을 육지로 나올 수 있게 한 것이었다. 또 이와는 반대로 난파선에서 해안에 이 로켓을 쏘아 육지와 연결시키거나 근처를 지나는 배에 쏘아 밧줄로 서로 연결시킬 수도 있었다.

안정막대가 없는 로켓

우주 개발의 최고 선두주자인 미국은 육군의 윌리엄 헤일(William Hale)이 설계해서 제작한 로켓을 1846년 성공리에 발사함으로써 로켓 연구의 문을 열기 시작했다. 이 헤일 로켓은 콩그레브가 영국의 울위치(Woolwich) 병기창에서 개발한 콩그레브 로켓의 꼬리쪽 분사구 근처에 세 개의 나선식 날개를 달아, 로켓이 스스로 회전하면서 날아가게 만든 것이다. 헤일 로켓은 그때까지 사용해오던 안정막대를 사용하지 않아도 되었기 때문에 길이가 훨씬 짧아졌고, 운반도 편리해졌다. 그리고 전보다 목표 지점에 정확히 날아갈 수 있게 되었다. 미국 육군은 멕시코와의 전쟁 때 2천여 개의 헤일 로켓을 사용해서 많은 성과를 올렸다.

미국 제 16대 대통령 에이브러햄 링컨이 "워싱턴 시 근교에 있는 해군 총기 공장에서 헤일 로켓을 개발하는 동안, 폭발 등의 사고가 거의 없었다"고 이 로켓을 소개한 것으로 보아 얼마나 훌륭한 로켓이었는

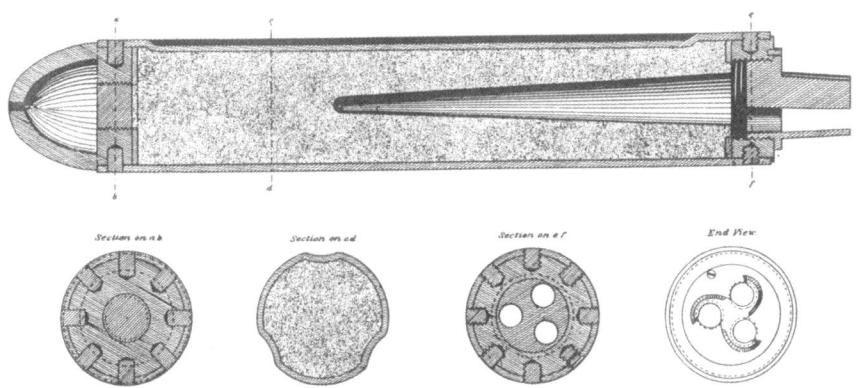

미국의 헤일 로켓

지, 또한 로켓 기술자들이 얼마나 심혈을 기울여 개발하였는지 알 수 있다. 이 로켓은 미국의 남북전쟁에서 사용되어 북군에 많은 도움이 되었다. 이 헤일 로켓은 1873년 중국 남경의 군수 창고에서 발사 조작을 하고 있는 그림이 영국의 잡지에 보도되기도 하였다.

최초의 우박 제거용 로켓

이 시기까지 로켓은 전쟁용 무기, 또는 난파선에서 인명 구조용으로 사용되었을 뿐이었다. 터키의 육군 포병학교 교관으로 있었던 독일인 R. 베아우르(Baur)는 아주 일찍부터 관측로켓(Sounding Rocket)을 제작했다. 그가 개발한 로켓은 앞부분에 폭발 화약을 싣고 높이 914m까지 상승할 수 있는 것이었는데, 이러한 종류의 로켓은 1905년까지 여러 차례에 걸쳐 시험발사되었다.

그는 응용 로켓을 발사해서 우박구름을 분열시켜 비구름으로 또는 보통 구름으로 바꾸려고 하였고, 그가 발사한 것 중 몇 개는 성공한 것도 있었다. 그가 제작한 초기 로켓은 지름 3.8cm, 길이 35.5cm이었는데, 구름이 있는 274m까지 상승하여 그곳에서 로켓의 머리 부분에 있는 56.8g의 화약을 폭발시켰다. 1907년 베아우르는 그가 연구한 것을 책으로 출판했다. 유럽의 여러 나라, 특히 스위스는 그의 실험에 많은 관심을 가졌다. 우박 구름을 분열시키면 우박에 의한 농작물의 피해를 줄일 수가 있기 때문이었다.

우박 제거용 로켓을 생산하던 베른(스위스의 수도)에서는 로켓 제작이 기업화 될 수 있을 정도로 많은 우박 제거용 로켓을 생산하였다. 우박 제거용 로켓은 우박구름 내부로 들어가 그 속에서 화약을 폭발시켜 우박을 눈으로 바꿔 주는 것이었다. 물론 눈을 비로 바꿔주기도 하였다. 이런 종류의 로켓은 제2차 세계대전이 일어날 때까지 유럽에서 계속 실험되었다.

사진 촬영용 로켓

같은 시대에 로켓을 이용해서 군대를 사진 정찰하는 방법을 개발한 사람이 있었다. 독일 중부 드레스덴(Dresden)에서 기술자로 있던 엘프레데 마우엘(Alfred Maul)이다.

그는 1904년 카메라를 실은 고체추진제 로켓을 발사해서 274~304m까지 상승시킨 후 그 지역의 사진을 찍는데 성공했다. 8년 동안 정성을 쏟아 연구 제작한 이 로켓의 구조는 로켓의 중앙에 기다란 안정용 나무를 단 것이었다. 그의 초기 로켓에는 가로 세로 1.1㎝짜리의 작은 필름이 들어 있는 카메라를 달고 있었다.

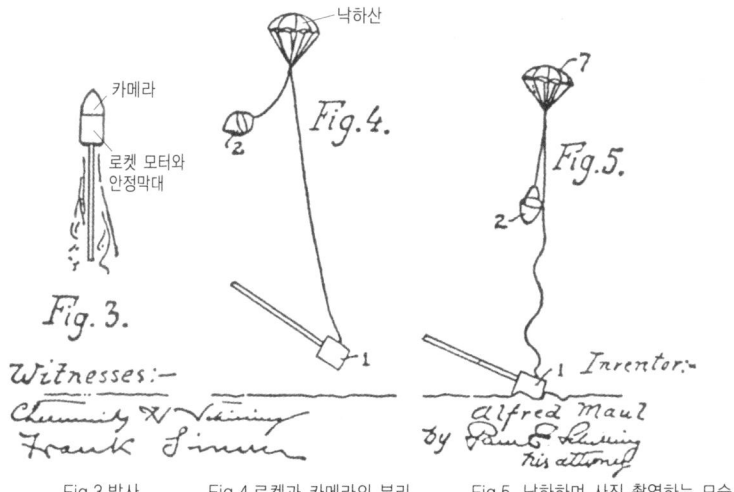

Fig.3.발사   Fig.4.로켓과 카메라의 분리   Fig.5. 낙하하며 사진 촬영하는 모습

마우엘의 사진 촬영용 로켓의 작동원리

1912년에 발사된 마우엘의 사진 촬영용 로켓은 9m짜리 안정막대를 달았고 총 무게는 42kg이었다. 이 로켓은 610m를 상승하여 가로 세로 1.6cm짜리 필름이 든 카메라로 사진을 찍고 낙하산을 이용, 사뿐히 땅에 내려앉았다.

선전 광고를 뿌리는 로켓

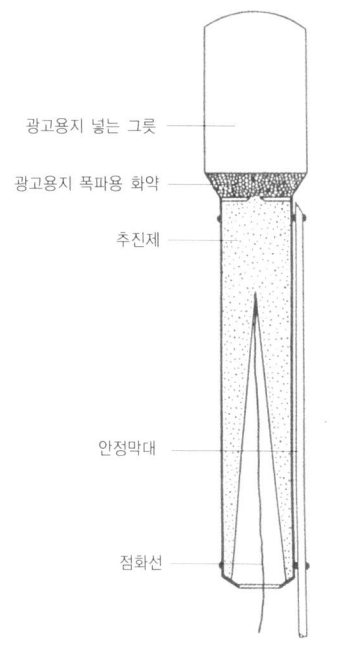

웰헬비의 광고용 로켓

스페인 내란이 거의 끝나갈 무렵인 1939년 1월 프랑코 사령관의 군대는 정부군이 수비하고 있던 스페인 동쪽에 있는 커다란 항구인 바르셀로나를 함락시켰다. 이 도시는 1992년 하계 올림픽이 열려 우리에게 잘 알려진 곳이다. 이 도시는 프랑코 군대가 내전에서 승리하는 데 결정적인 기여를 한 곳이었다. 이때 정부군은 국민들의 사기를 생각해서 바르셀로나가 프랑코 군대에게 함락되었다는 사실을 알리지 않았지만, 프랑코 군대는 웰헬비의 광고용 로켓을 이용해서 성경과 현재의 전투상황 등을 기록한 광고용 삐라를 뿌려서 국민들에게 알렸다.

웰헬비의 광고용 로켓은 전체적으로 콘그레브의 로켓과 비슷한데, 폭탄 대신 선전 광고 용지를 실을 수 있는 그릇이 달렸으며, 이 그릇은 일정한 시간이 지난 후에 폭약에 의해 자동적으로 터지도록 설계되었다.

최초의 액체 연료 로켓 엔진

줄 베르느가 액체추진제 로켓을 생각할 수 있었다면 그의 소설은 좀 더 현대적인 달 탐험과 비슷해졌을 것이다. 로켓도 아닌 대포를 이용하여 우주선을 달로 보내는 간단한 방식 때문에 그 후 우주여행을 꿈꾸는 많은 과학자들이 우주여행을 할 수 있는 액체 로켓의 개발을 시작하였는지도 모른다. 액체추진제를 추진제로 하는 액체추진제 로켓 엔진을 처음 구상한 과학자는 누구일까?

1895년에서 1897년 사이에 페루의 기술자인 페드로 파울레트(Pedro A. Paulet)는 연료로 가솔린을 사용하고 산화제로 산화질소를

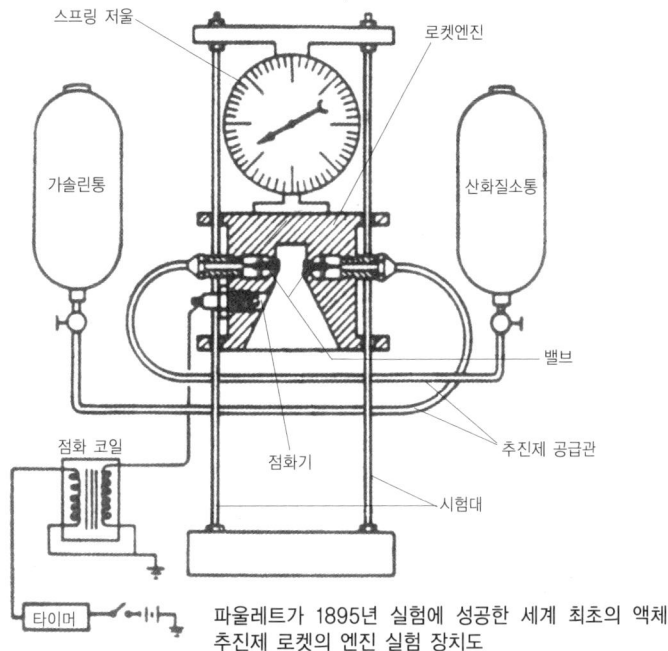

파울레트가 1895년 실험에 성공한 세계 최초의 액체 추진제 로켓의 엔진 실험 장치도

사용한 액체추진제 로켓 엔진을 만들고 연소실험을 하여 90㎏의 추력을 만들어냈다. 이것은 실제로 비행을 할 수 있는 로켓엔진은 아니었고 지상에서 추력의 크기를 알아보기 위한 세계 최초의 연구용 액체추진제 로켓 엔진이었다. 시험대의 윗부분에 저울을 달고 그 아래에 액체엔진이 달려 있다. 시험대 좌우에 연료인 가솔린을 담은 통과 산화제인 산화질소를 담은 통이 있으며 통의 아래에는 밸브가 있어 이를 열어주면 통의 연료와 산화제가 엔진으로 들어가며 혼합되며 이때 점화기를 이용 불을 붙여주는 것이다. 엔진에 성공적으로 점화가 되면 추력이 발생되고 그 힘의 크기가 저울에 나타나도록 고안된 것이다

우주여행의 개척자

ROCKET

2

아주 오래 전부터 밤하늘에 떠 있는 별들을 보며 꿈꿔온 우주여행. 막연한 꿈으로만 생각되어지던 일을 현실로 한걸음 다가서게 한 사람들이 있었다. 우주여행의 개척자들. 러시아의 지올코프스키, 독일의 오베르트 그리고 미국의 고다드가 바로 그들이다.

1. 로켓열차의 지올코프스키
- 현대로켓의 개척자

러시아 로켓의 시조라 불리는 지올코프스키는 로켓운동의 가장 큰 원인인 반작용에 의한 비행을 착상한 것을 시작으로 로켓 열차라 불리는 다단계 로켓을 고안하는 등 항공우주공학의 기초이론을 세운 현대 로켓의 개척자이다.

러시아 로켓의 시조

콘스탄틴 에두아르도비치 지올코프스키(Konstantin Eduardovitch Ziolkovsky)는 1857년 9월 17일 러시아의 소도시 이즈헤비스코야(Izheviskoya)에서 태어났다. 그의 기억에 의하면 그는 여덟아홉 살 되던 무렵 난생 처음으로 조그만 풍선을 갖게 되었는데, 이 장난감이 평생 그가 우주여행에 대한 이론을 연구하는 동기가 되었다고 한다. 열 살 되던 해에 티푸스라는 병을 심하게 앓아 살아나기는 했으나 귀머거리나 다름없는 신세가 되고 말았다.

지올코프스키와 그의 로켓 모형

수학과 물리에 관심이 많았던 지올코프스키는 이런 신체적 어려움을 극복하기 위해 열심히 공부하고 닥치는 대로 책을 읽었다. 그 결과 그는 차츰 과학과 수학, 그리고 발명에 대해 탁월한 재능을 보이기 시작했다. 스물 한 살, 교사가 된 후에도 학생들을 열심히 가르치는 것과 동시에 연구 또한 게을리하지 않았다. 당시 그의 일상생활은 매우 단순한 것이었는데, 학교에서 학생들을 가르치거나 아니면 집에 와서 연구하는 것이 생활의 전부였다고 한다. 우주여행에 대한 생각을 한 번 하기 시작하면, 그 생각을 완전히 이해할 때까지 꼬박 밤을 새우며 연구를 계속하곤 하였다.

지구탈출

그가 몰두한 연구의 중심적인 내용은 우주여행을 위해 어떻게 하면 지구를 탈출할 수 있는가 하는 점이었다. 집에 실험실을 갖추고 각종 실험을 하던 중 스물여섯 살 때인 1883년에는 그가 제출한 연구 보고서가 물리화학협회에 우수 논문으로 뽑히는 영광을 갖기도 하였다.

로켓 운동의 가장 큰 원리인 반작용에 의한 비행을 착상해낸 때가 이 시기였다. 그가 고안한 로켓은 인간의 달 탐험을 가능하게 해준 새턴 5형 로켓의 2단 로켓과 마찬가지로, 액체수소를 연료로 하고 액체산소를 산화제로 하는 아주 현대적인 로켓이었다.

1898년에 그는 《과학평론》이라는 러시아의 과학 잡지사에 작용과 반작용의 법칙―이 법칙은 당시로부터 200년 전에 영국의 뉴턴이 발표했다―을 이용한 반작용 장치, 즉 로켓으로 지구를 탈출하여 우주여행을 할 수 있다는 내용의 글을 써 보냈다. 제목은 「반작용 장치를 이용한 우주여행」이었다. 잡지사 편집장은 어느 이름 없는 학교의 과학 선생이 보낸 원고를 읽어보고 화가 났다. 왜냐하면 자기를 과학적으로 골탕 먹이려는 수작이라고 느꼈기 때문이었다.

그러나 이 논문에는 당시에는 아무도 생각하지 못했던 우주여행을 이론적인 근거를 제시하며 다루고 있었고, 또한 편집장의 능력으로는 확실한 결점을 찾을 수도 없었다. 그렇기 때문에 편집장은 각계각층의 사람들에게 이 원고를 읽게 하였다. 이 유명한 논문은 편집장의 무지로 거의 5년 정도 잠을 자다가 1903년이 되어서야 비로소 게재될 수 있었다. 이것이 그가 로켓에 관해 쓴 첫 번째 공식적인 논문이었다.

실험 없는 연구

글이 과학 잡지에 발표되자 힘을 얻은 지올코프스키는 더욱더 연구에 몰두했고, 또 여러 차례에 걸쳐 그 결과를 발표했다. 그는 주위로부터 거의 재정적인 협조를 받지 못한 채 홀로 연구에 몰두하였다. 우주여행과 로켓에 관해 많은 이론을 발표했으면서도, 실제로 로켓을 제작하여 실험하지 못했던 이유가 여기에 있었다. 물론 집에 있는 실험실에 로켓의 비행 역학을 시험할 풍동과 로켓 제작 시설을 갖춰놓고는 있었으나, 로켓을 만들어내기엔 경제적인 어려움이 있었던 것 같다.

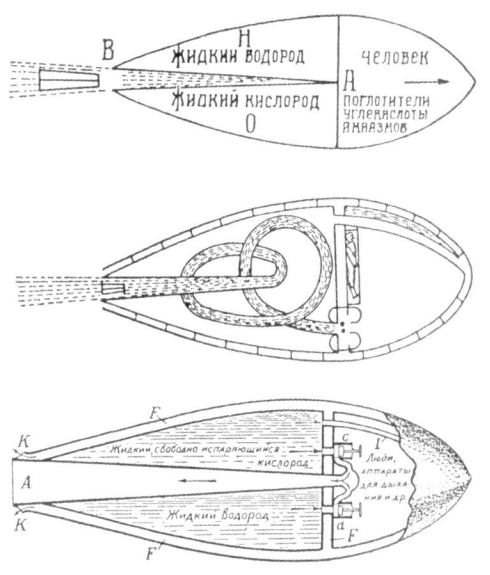

지올코프스키의 액체추진제 로켓의 발달과정.
A.노즐   c.액체산소 펌프   d.액체수소   F.냉각용 액체   K.산소가스 분출구

1903년, 그는 논문을 통해 액체산소와 액체수소를 이용한 로켓의 원리에 대하여 발표하게 된다. 액체수소와 산소를 혼합한 연료로 뜨거운 가스를 배출하고 그 노즐 끝에 분사가스의 방향을 조절할 수 있는 방향타까지 설치한 것이었다. 1914년에는 1903년의 로켓을 좀더 개량한 새로운 로켓을 발표했다. 이 새로운 로켓은 연료 가스관을 연료통 속에 좀더 머물게 하여 냉각이 빨라지도록, 연료를 좀더 빨리 기체로 만들 수 있게 개량한 것이었다. 그리고 로켓의 중간에는 우주인을 탑승시킬 수 있게 하였다. 1935년에는 이것을 더욱 개량하여 밸브를 통해 액체산소와 수소를 혼합시켜줄 수 있도록 로켓을 설계하였다.

로켓 열차를 구상하다

다단계 로켓은 오래 전부터 사용되어 오던 것이었다. 다만 그는 이것을 이론적으로 설명해내고 응용한 것이다. 다단계 로켓을 그는 로켓 열차(Rocket Train)라고 불렀는데, 이런 로켓을 이용해야만 지구의 중력권을 탈출할 수 있는 빠른 속력(초속 8km)을 얻을 수 있다는 이론을 발표하기도 했다.

이 로켓 열차는 지름 91㎝, 길이 3.7m짜리 로켓 여러 개로 이루어져 있는 어마어마한 규모였다. 한편 그는 로켓 비행기를 고안해내기도 했다.

1925년부터 1932년까지 그는 항공공학, 천문학, 기계공학, 물리학, 그리고 철학 등의 분야와 관련된 60가지 이상의 일을 하다가 마침내 78회 생일을 이틀 앞두고 1935년 9월 세상을 떠났다. 무엇보다도 길이 남을 그의 평생의 업적은 우주공학의 기초 이론을 세웠다는 데 있다.

그는 또 과학소설을 발표하기도 했는데,「달 위에서」,「지구와 천체에 관한 꿈 이야기」,「지구를 떠나서」 등이 그가 지은 소설들이다. 이들 중 가장 인기를 끈 것은 1935년에 출판된『지구를 떠나서』라는 소설이었다. 이 소설은 미국, 러시아, 영국, 독일, 프랑스 등의 여러 나라 학자가 힘을 합해 달세계 여행을 연구한다는 줄거리인데, 고도 100km

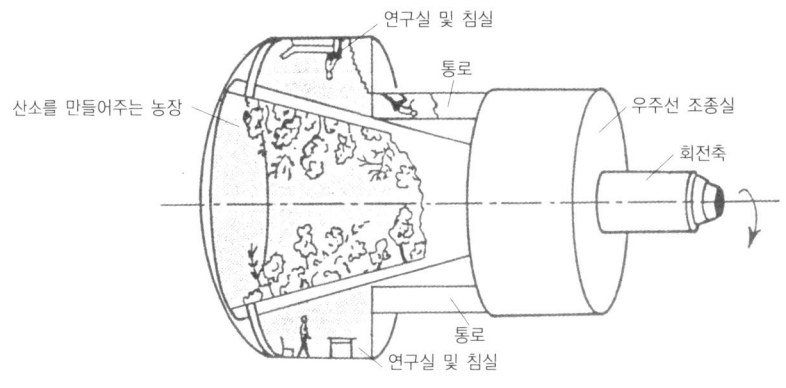

지올코프스키의 우주 정거장

의 지구 궤도에서 초속 8km의 속도로 인공위성을 발사하면 지구를 백분에 한 바퀴씩 회전할 수 있다는 내용도 들어있어 흥미롭다.

말년에 연구하던 칼루가시에 있는 그의 집은 지올코프스키 우주박물관이 되어, 아직도 그를 흠모하는 우주과학자, 우주비행사 등 많은 관광객들의 발걸음이 끊이지 않고 있다.

2. 우주여행 이론의 창시자 오베르트
−폰 브라운의 스승

1960년대 당시는 미국과 러시아가 달 탐사 경쟁을 치열하게 벌이던 시절이었다. 러시아에서는 달 탐사의 방법으로 지구 궤도에 우주정거장을 띄우고 여기에서 달 탐사 우주선을 쏘아 보내는 방법을 채택하려고 했다. 이 우주정거장을 이용한 우주선 발사 아이디어를 처음으로 고안해낸 사람은 헤르만 오베르트 박사였다.

75회 생일선물

"박사님! 꼭 오셔야 합니다."
"알았네. 내 꼭 가서 달로 떠나는 아폴로 11호를 볼 테니 걱정 말고 어서 가보게. 바쁠 텐데 어서……."
1967년 7월 초순 어느 날 미국항공우주국(NASA)의 마샬 우주센터 소장인 폰 브라운 박사는 며칠 남지 않은 오베르트 박사의 75회 생일을 축하하기 위해 박사가 여생을 보내고 있는 독일의 포이호트라는

1984년 90회 생일기념 세미나를 하고 있는 오베르트 박사(1984.6.25)

작은 마을을 찾았다. 이 대화는 폰 브라운 박사가 오베르트 박사에게 생일축하 선물로 아폴로 11호가 달로 떠나는 1969년 7월 16일 케이프 케네디 발사장으로 와줄 것을 개인 자격으로 초청하고 돌아가면서 나눈 것이다.

미국이 달 탐험경쟁에서 러시아를 앞지르게 된 여러 가지 이유 중 가장 중요한 것은 폰 브라운 박사의 재능이었다. 그는 달까지 아폴로 11호를 운반해줄 새턴 5형 로켓을 설계하고 제작하는 과정을 총지휘했다.

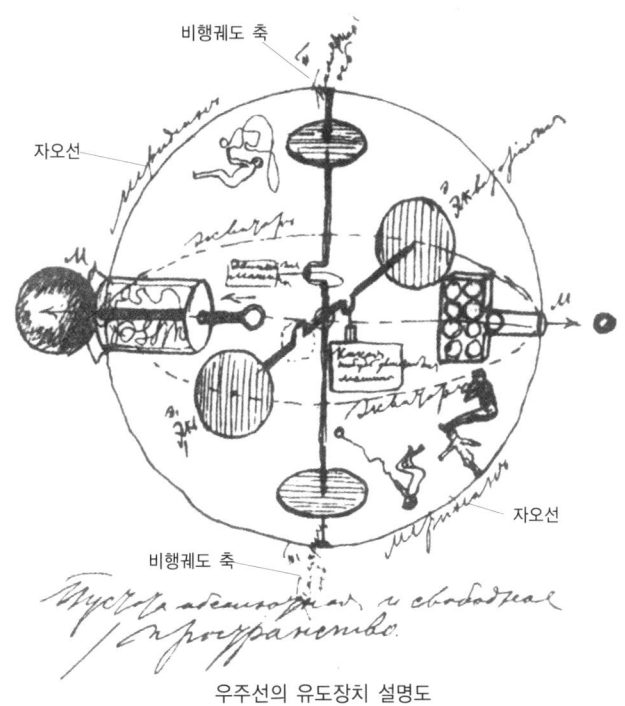

우주선의 유도장치 설명도

그러면 이 폰 브라운 박사의 초청에 의해 아폴로 11호의 발사 광경을 직접 참관할 수 있었던 헤르만 오베르트(Hermann Oberth) 박사는 누구인가?

그는 폰 브라운 박사가 어렸을 때 그를 자신의 수제자로 삼아 로켓과 우주여행에 대해 지도하고 키운 스승이었다.

의학에서 물리학으로

오베르트 박사는 대기권을 벗어날 수 있는 기계를 만들어 지구의 중력권을 벗어나 우주를 날 수 있는 방법과 인간이 우주탐험에서 얻을 수 있는 것이 무엇인지를 알아보기 위해 평생을 바친 사람이다.

그는 1894년 6월 25일 알프스산맥의 북쪽 기슭에 있는 시비우에서 러시아인 의사 아버지와 독일인 어머니 사이에서 태어났다.

여느 로켓 과학자들과 마찬가지로 그도 어렸을 적에 쥘 베르느가 쓴 『지구로부터 달까지』란 소설을 읽고 달이나 별세계에 대해 많은 흥미를 갖고 공상을 품었다.

그의 아버지가 의사였기 때문에 그는 아버지의 뜻에 따라 1913년 독일의 뮌헨 대학에서 의학 공부를 시작한다. 일 년 후인 1914년 제1차 세계대전이 터지자 전쟁에 참가하게 되었고 부상을 당해 집으로 돌아와 쉬게 된다. 집에서 휴양을 하는 동안 그는 다시 우주여행에 관한 생각에 빠졌다. 전쟁이 끝난 후 그는 결국 의학을 버리고 독일의 괴팅겐 대학과 하이델베르크 대학 등에서 원래부터 하고 싶었던 수학과 물리학, 천문학을 공부하여 물리학 박사가 되었다.

행성으로 가는 로켓

이 세상에는 하루아침에 망하는 사람도 많지만, 또 하루아침에 유명해지는 사람도 더러 있다.

1923년에 그는 어렸을 때부터 꿈꾸고 상상해왔던 우주여행에 대한 책을 썼다. 『우주의 행성으로 가는 로켓 The Rocket into Interplanetary』이라는 이 책은 폰 브라운 박사도 어렸을 때에 읽다가 하도 어려워서 팽개쳤을 정도로 까다로운 수학 공식이 너무 많아 일반 대중으로부터 그리 좋은 평판을 듣지는 못했다. 그러나 어찌되었든 간에 그가 이 책 때문에 하루아침에 유명해진 것은 사실이었다.

이 책에는 다단식 로켓과 우주선, 인공위성, 우주정거장 등이 92페이지에 걸쳐 설명되어 있다. 특히 둘째 단원에는 대기권 위까지 실험

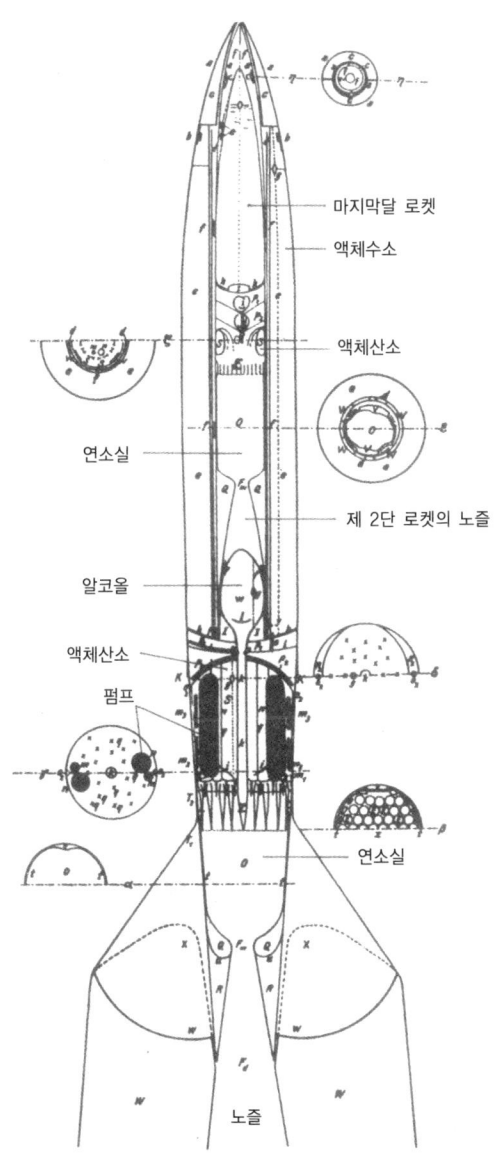

1929년 발표한 오베르트 박사와 모델 B 로켓

기구를 싣고 올라갈 수 있는 모델 B라는 액체추진제 로켓에 대한 설계도와 설명이 들어 있고, 셋째 단원에는 두 사람(당시에는 우주비행사라는 말이 없었다)을 태우고 지구 궤도를 비행한 후 다시 지구로 돌아올 수 있는 대형 우주선(로켓) 모델 E에 대한 설계도와 이론적인 설명이 있다. 그가 구상한 인공위성에 관한 설명을 들어보자.

"노끈에 돌을 붙들어 맨 다음 빠른 속도로 휘둘러보아라. 돌은 그대로 윙윙 소리를 내며 주위를 돌지만 밖으로 날아 가버리지는 않는다. 왜냐하면 돌아가는 속도에 의해 돌이 밖으로 나가려는 힘과 노끈이 붙드는 힘이 서로 맞서기 때문이다."

여기에서 돌아가는 속도에 의해 돌이 밖으로 나가려는 힘은 '원심력'을, 여기에 맞서는 노끈의 힘은 장력에 해당하는 '구심력'을 말하는 것으로, 인공위성의 경우에는 지구의 중력이 이 구심력에 해당된다. 원심력은 인공위성을 발사하는 로켓에 의해 만들어지며, 이 로켓에 의한 원심력의 크기와 인공위성을 잡아당기는 지구의 힘인 중력,

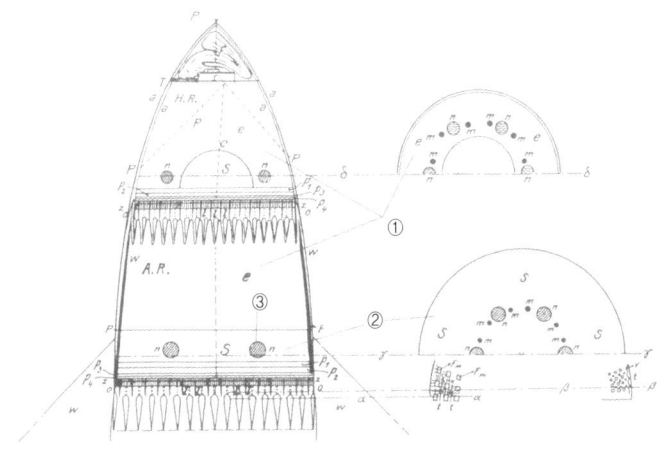

모델 E 로켓 (1929)
1. 액체수소 2. 액체산소 3. 펌프

즉 구심력의 크기가 같을 때 인공위성은 지구 주위를 계속 회전하게 된다.

"지구 상공 100km 궤도에서 인공위성이 계속 회전하려면 초속 8km의 빠른 속도로 달리게 해야 한다."

여기서 나오는 초속 8km를 환산하면 시속 28,800km로, 승용차가 고속도로에서 빨리 달릴 때의 속도인 시속 100km의 288배나 되는 빠르기이다.

오베르트 박사의 달 여행 방법

"달까지 인공위성을 보내려면 우선 지구 궤도에 인공위성을 발사해 띄운 다음, 이 궤도에서 다시 달을 향해 인공위성을 쏘면 쉽게 달까지 가게 된다."

"지구의 인력 즉 지구가 잡아당기는 힘을 벗어나 인공위성이 달로 가려면 초속 11.2km의 빠른 속도를 가져야 하는데, 지구 주위를 회전하던 인공위성의 속도가 초속 8km이므로 3.2km의 속도만 더해주면 달로 갈 수가 있다. 게다가 우주공간에서는 공기의 마찰을 생각하지 않아도 되니 더욱 더 좋다. 따라서 지구 궤도를 출발할 때 한 번만 속도를 더 내면 되는 것이다."

우주정거장은 오베르트의 아이디어

1989년 7월 20일 미국의 부시 대통령은 워싱턴에 있는 스미스소니언 항공우주박물관에서 아폴로 11호에 탔던 세 명의 우주비행사인 닐 암스트롱, 부스 올드린, 마이클 콜린즈를 만났다.

이 날은 바로 아폴로 11호가 달 탐험에 성공한 지 20주년이 되는 날

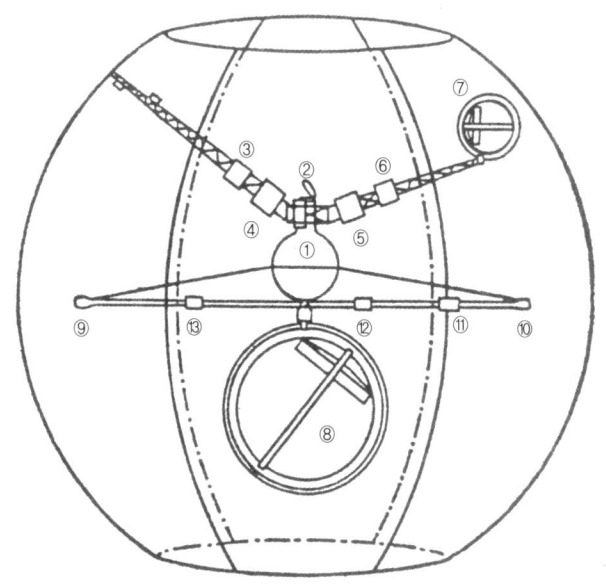

오베르트 박사의 우주 정거장
1. 우주선을 조립하는 곳 2. 출입문 3. 창고 4,5. 쓰레기 저장창고
6. 식량, 공기 보관실 7,8. 천체 관측용 망원경 9,10. 승무원 거주실 11,12,13. 무중력 실험실

이었다. 이 자리에서 부시 대통령은 다음의 우주여행 목표는 화성이라고 말했다.

1969년 7월 20일 전 세계 사람들은 닐 암스트롱이 달에 착륙한 뒤 땅 위를 걷는 장면을 TV 생중계로 지켜보고 있었다. 당시의 신문, 라디오, TV 등은 매일같이 미국의 달 탐험에 관한 내용만을 보도했을 정도였다. 그 즈음의 미국과 러시아의 달 탐험 경쟁은 마치 농구경기를 보는 느낌이었다. 어느 나라가 먼저 달에 발을 디딜지 전혀 예측할 수 없는 상태에서, 미국에서 달을 향해 무인 탐사선을 발사하면 러시아에서도 이에 질세라 곧 무인 우주선을 쏘아 올렸다. 그나마 미국의 달 탐사 프로그램은 모두 공개되어 있어 어느 시기에 무엇을 할지 예측할 수 있었지만, 러시아의 프로그램은 비밀이었기 때문에 발사한 뒤에나 그 사실을 알 수 있었으니 궁금증은 더해갈 뿐이었다.

당시에 러시아가 달 탐험에 시도하려고 했던 방법은 지구 궤도에 무인 우주정거장을 만들고 그곳에서 달 탐험용 우주선을 조립하여 달로 보내려는 것이었다. 그런데 이 방법이 바로 오베르트 박사가 처음 생각해낸 아이디어였다는 사실을 아는 사람은 드물다.

우주 반사경 계획

1923년에 오베르트 박사는 재미있고 거대한 아이디어를 발표했다. 그것은 지름이 100km에 넓이가 7,850km²나 되는 거대한 우주 반사경을 지구 궤도에 설치, 이것으로 태양빛을 반사시켜 북극지방의 빙산을 녹이고 시베리아 지방의 영토를 넓히자는 구상이었다.

물론 당시에는 지구 궤도에 지름 100km짜리 우주 반사경을 설치할 능력도 없었지만(지금도 그럴 만한 능력은 없다) 설령 북극의 얼음을 녹이는 데 성공했다고 하더라도 오베르트 박사는 후회했을 것이다. 왜냐하면 과학자의 계산에 의하면 북극의 얼음이 전부 녹는다면 바닷물의 높이가 지금보다 30~40m는 높아진다고 하는데, 그렇다면 얼음을 녹여서 얻는 땅보다 수면이 높아져서 물 속에 가라앉는 땅이 더 많아질 것이기 때문이다. 이런 것을 나중에 생각하게 되었는지 그는 후에 아주 약간만 녹인다고 고쳐놓았다.

베트남의 인공 달

베트남 전쟁 중에 미국의 국방성에서는 오베르트 박사의 아이디어와 아주 비슷한 내용을 발표한 적이 있었다. 그들이 발표한 내용은 지름이 660m나 되는 거울을 고도 1,600㎞의 지구 궤도에 올려놓고 밤에 태양 빛을 반사시키면 지름 350㎞ 안의 지역을 보름달의 두 배정도 밝기로 비칠 수 있다는 것이다. 당시 베트남에서는 낮은 미군의 세상이고 밤은 베트콩의 세상이었기 때문에 베트남의 밤을 없애기 위해 이런 발상이 발표되었던 것 같다.

한때는 독일의 히틀러도 오베르트 우주 반사경을 적을 공격하는 데 사용할 생각을 했다. 그러나 당시의 독일은 지구 궤도에 주먹만한 인공위성조차 발사할 능력이 없었던 때였으며, 가장 크고 발전된 로켓으로 V-2 로켓이 있었을 뿐이었다.

1993년 2월 4일 러시아는 지름 25m짜리 우주 반사경을 이용하여 폭 3㎞의 지상을 밝히는 데 성공하였다. 노비 스베트(새로운 빛)로 불리는 이 실험은 러시아의 미르 우주정거장에 화물을 싣고 간 우주선이 지구로 돌아오면서 반사판을 펼치고 시베리아에 달빛을 반사시키는 것이었다. 이 실험의 성공으로 오베르트 박사의 우주 반사경 아이디어는 70년 만에 드디어 빛을 보게 되었다.

이밖에도 오베르트 박사는 달 자동차, 우주총, 우주복 등 여러 가지 우주와 관련된 물건들을 고안해냈다. 이 때문에 그와 서신 연락을 하던 많은 사람들이 실제로 실험을 제의하기에 이르렀고, 실험을 하기 위해서는 많은 예산이 필요했기 때문에 이 돈을 마련하기 위해 공공 우주과학단체를 만들게 되었다. 1927년 6월 5일 우주여행과 우주 관측용 로켓의 연구에 목적을 둔 독일 우주여행 협회가 조직되었다. 회장은 요하네스 빙클러, 부회장은 윌리 레이였고 클라우스 리델, 엥겔, 네벨 등 10여 명이 자비를 들여 로켓 연구에 참여했다. 그러나 처음 생각과는 달리 자금 부족으로 큰 성과를 거두지는 못하였다. 이에 따라 오베르트는 고향인 루마니아로 돌아가 트란실바니아 고등학교에

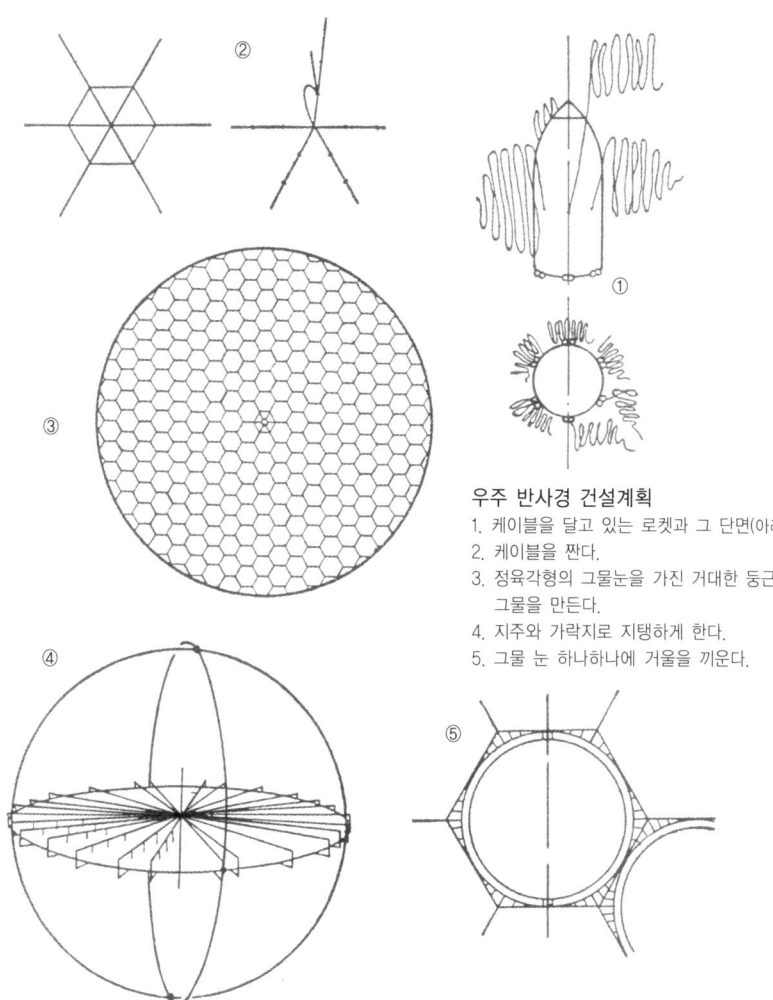

우주 반사경 건설계획
1. 케이블을 달고 있는 로켓과 그 단면(아래)
2. 케이블을 짠다.
3. 정육각형의 그물눈을 가진 거대한 둥근 그물을 만든다.
4. 지주와 가락지로 지탱하게 한다.
5. 그물 눈 하나하나에 거울을 끼운다.

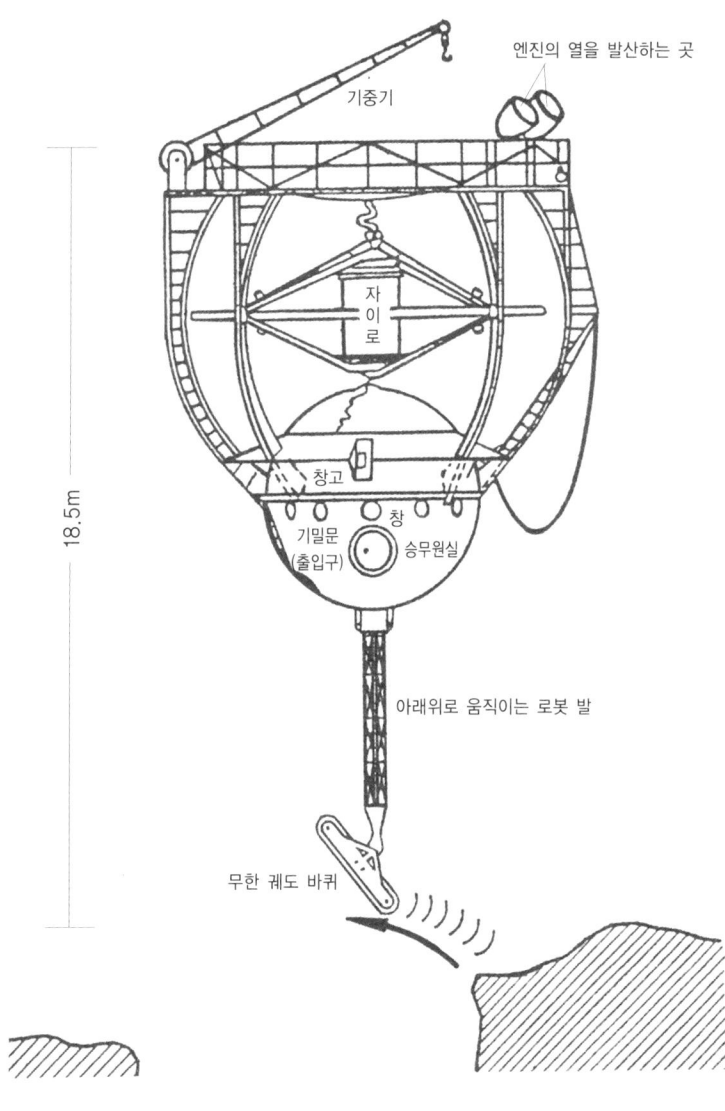

달자동차

서 수학을 가르치며 조용히 연구생활에 들어갔다.

우주 영화 제작에도 참여

1928년 어느 날 오베르트는 독일의 우파사라는 영화사로부터 로켓을 만들어달라는 주문을 받게 되었다. 프리츠 랑이 감독한 최초의 공상과학 영화 '달세계의 소녀'에 사용할 로켓이었다. 그는 길이 2m짜리 액체추진제 로켓을 제작했으나 실험 도중 폭발해버려 실제 영화에서는 발사 장면이 빠지게 되었다. 그렇지만 1929년 10월 15일부터 상

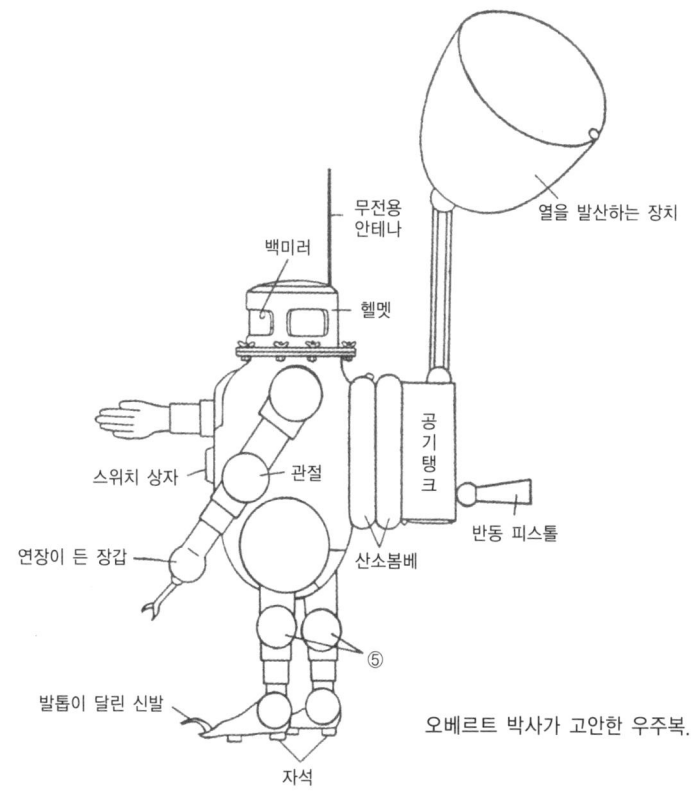

오베르트 박사가 고안한 우주복.

영된 이 영화는 대성공을 거두게 된다.

이를 계기로 오베르트는 독일에 계속 남아 로켓을 실험하였다. 그러던 중 폰 브라운이 협회에 가입하였고 여기에 리델과 엥겔이 도움을 주어 1930년 11월에 오베르트는 액체산소와 석유를 이용한 로켓을 발사하는 데 성공하였다. 그 뒤에도 그는 독일 육군로켓연구소로 자리를 옮겨 폰 브라운의 로켓 연구를 도와주었다. 1969년 아폴로 11호가 달로부터 무사히 귀환했을 때 그는 다음과 같이 말했다.

"앞으로 남은 가장 중요한 단계는 우주정거장의 개발이다. 그리고 곧 우주비행을 값싸게 할 수 있는 시대가 반드시 오게 된다. 우주정거장과 달 사이를 정기 우주선이 왕래하게 될 것이다."

오베르트 박사는 분명히 우주 개발의 미래를 지나간 과거를 보듯이 볼 수 있는 우주 개발의 선구자였다.

3. 미국 로켓의 아버지 고다드

―공상을 현실로 바꾼 로켓과학자

세계에서 최초로 실용적인 액체추진제 로켓을 만든 사람은 미국의 고다드 박사였다. 처음에는 로켓과 우주비행의 이론계산에 몰두했던 그는 나중에는 기계 장치의 설계로 발전하여 연료의 연구, 로켓의 제작, 실제 발사 실험 등을 직접 해냈다.

근대 로켓 개척의 선구자

미국 로켓의 아버지 로버트 허친스 고다드(Robert Hutchins Goddard)는 1882년 10월 5일 매사추세츠 주 우스터(Worcester) 시에서 아버지 나훔 댄포드 고다드(Nahum Danford Goddard)와 어머니 파니 루이스 고다드(Fannie Louise Goddard) 사이에 태어났다.

이 아들이 태어났을 때 나중에 그가 근대 로켓 개척의 선구자가 될 줄을 몰랐겠지만, 하여튼 고다드가 다섯 살이 되던 해에 아버지는 선물로 H. G. 웰즈가 쓴 과학소설 『우주전쟁』을 사다주었다.

로켓을 제작하고 있는 고다드 박사

　화성인들이 지구를 습격해온다는 내용의 이 소설을 읽고 고다드는 그때부터 우주여행에 대한 꿈을 키워나가기 시작했다.
　열일곱 살이 되던 해에 그는 프랑스의 과학소설가 쥘 베르느가 쓴 『지구로부터 달까지』란 소설을 읽을 기회가 있었다. 고다드는 이 소설을 읽고 난 후부터 시간만 나면 멍청히 하늘을 쳐다보며 우주여행에 관한 공상에 빠져들곤 했다. 친구들한테 우주여행 이야기를 들려주며 자신의 구상을 설명하길 좋아했지만, 대부분의 시간을 그는 혼자서 중얼거리는 편이었다. 친구들은 사실 우주여행과 같은 현실성 없는 엉뚱한 이야기를 듣는 데 시간을 허비하고 싶지 않았지만, 무언가 골똘히 생각해서 이야기하는 그를 실망시키지 않기 위해 열심히 들어주는 척 하는 것뿐이었다. 어느 날 고다드는 학교에서 친구들 앞에 나와 자신이 생각한 것을 설명하고 있었다.

"화성에서 나오는 빛을 스펙트럼으로 분석해보면 탄소가 존재한다는 사실을 알 수 있는데, 이것으로 미루어보아 화성에는 옛날에 생물이 살고 있었다고 할 수가 있어."

그러자 어떤 친구가 핀잔을 주었다.

"어이, 고다드 영감! 만일 네가 말하는 것이 사실이라면 우리들이 졸업한 후 25회째 동창회를 화성에서 열기로 하지?"

이 말에 모든 친구들이 폭소를 터뜨렸다. 그때 고다드는 자기의 이론을 무시하는 친구들에게 말했다.

"무엇이든 새로운 과학이론이 발표되면 사람들은 그 이론이 옳은지 그른지 알지도 못하면서 무조건 부정하려고 하는 나쁜 습성이 있어."

몇몇 급우들이 웅성거리는 가운데 그는 말을 계속 이었다.

"만약 로버트 풀턴(증기 기선을 발명한 미국 과학자)이 일반 사람들의 비웃음 때문에 자기의 계획을 포기했다면 우리는 지금 증기선 구경을 할 수 없었을 거야. 연구자가 완전히 실험을 끝낼 때까지는 아무런 말도 하지 말고 가만히 놔두는 것이 좋다고 생각해. 왜냐하면 우리가 모르는 그의 아이디어가 성공할지 실패할지는 아무도 알 수 없기 때문이야."

1904년 그는 고등학교를 수석으로 졸업하였다. 이때 그는 졸업생을 대표해 답사를 하였는데, 이 연설에서 그는 새로운 아이디어를 불가능하다고 단정 짓는 것은 매우 어리석은 짓이라고 강조하고 다음과 같은 말로 답사를 끝맺었다.

"……어제까지도 꿈이라 여겨졌던 것들이 오늘은 희망이 되고, 내일은 실현될 수도 있는 겁니다."

고다드는 1907년 지금도 미국에서 발행되고 있는 유명한 과학 잡지인 《사이언티픽 아메리칸Scientific American》지에 비행기가 비행 중

안정을 유지하려면 자이로(Gyro)를 이용해야 할 것이라는 내용의 글을 게재했다. 후에 그는 로켓에서도 비행 중 안정을 유지하려는 목적으로 자이로를 실었으나 큰 성과를 거두지는 못했다.

그는 또한 태양열 에너지를 이용한 로켓 엔진을 제작하려고 시도하기도 했다. 1908년 1월 그가 노트에 기록한 것을 보면 이런 내용이 적혀있다.

"밀폐된 그릇 속에 들어있는 액체를 태양열로 증발시켜 그 증기로 발전기의 터빈을 돌리고 여기에서 얻은 전기는 전기 입자를 발사하는 장치에 사용한다."

이 방법은 지금의 이온 로켓(Ion Rocket) 원리와 비슷한 이론이다. 이온 로켓은 현재 각종 인공위성의 자세 조종 로켓으로 사용하기 위해 활발히 연구되고 있다.

열효율 50%의 액체추진제 로켓

한편 그는 「행성으로의 우주비행 가능성」이란 제목으로 원자력의 방사능을 이용하면 로켓 추진에 충분한 에너지를 공급받을 수 있다는 내용의 논문을 써서 《대중천문학Popular Astronomics》이라는 잡지에 보냈다.

이 글에는 행성을 향한 우주비행사의 생명유지 문제, 우주선을 바꾸어 탈 때의 문제점, 로켓의 추진방법 등이 들어 있었다. 그러나 지올코프스키의 경우와 마찬가지로 이 잡지의 편집장도 "이 계획은 실현 가능성이 너무 희박하다"며 거들떠보지도 않았다.

1908년 우스터 공과대학을 졸업한 고다드는 1910년과 1911년 클라크 공과대학에서 석사학위와 박사학위를 받고 1914년에는 클라크 대학의 교수가 되었다. 그는 학교 강의시간을 뺀 나머지를 실험실에서

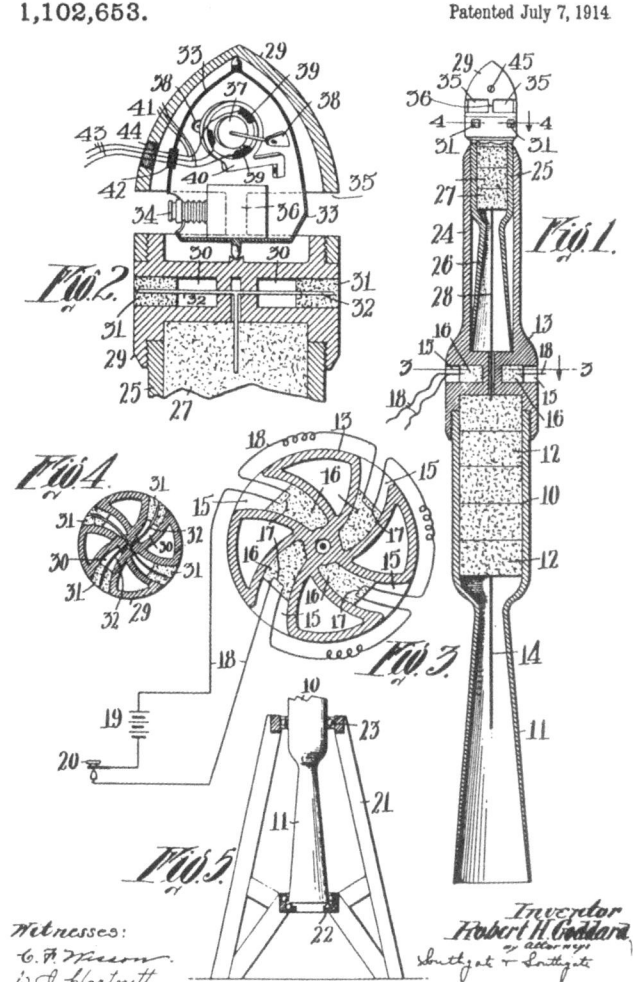

미국에서 특허를 받은 고다드의 로켓 설계도(1914. 7. 7)

로켓 연료를 개발하기 위한 연구나, 액체산소(공기 중의 산소를 많이 모아 압력을 가하고 온도를 영하 183도까지 낮추어 액체 상태로 만든 것)와 액체수소(액체산소와 같이 공기 중의 수소를 많이 모아 압력을 가하고 온도를 영하 217도까지 떨어뜨려 액체 상태로 만든 것)를 이용한 로켓 추진의 이론적 연구를 하는 데 보냈다.

그의 계산에 의하면 액체산소와 액체수소를 연료로 사용하면 열효율이 50%이상이나 되는 좋은 로켓 엔진이 된다. 열효율이 50%라는 것은 휘발유를 사용하는 현재의 자동차 엔진의 열효율이 20% 정도인 점을 생각해볼 때 무척 효율이 좋은 엔진이다.

1914년 7월 7일에는 고다드가 그 동안 연구한 로켓에 대한 특허권이 특허국으로부터 나왔다. 두 개의 특허권에는 로켓에 대한 몇 가지 중요한 원리가 담겨 있었다.

첫째는 노즐(로켓 엔진 뒷부분에 있는 분사구멍으로, 가스의 분사속도를 빠르게 하는 장치)이 부착된 연소실을 사용하여 로켓의 속도를 빠르게 하는 원리.

둘째는 고체 연료 혹은 액체 연료를 연소실에 끊임없이 공급해서 추력을 계속해서 만들어내는 원리.

셋째 원리는 연료가 다 타면 로켓으로부터 빈껍데기가 떨어져나갈 수 있도록 한 다단계 로켓의 원리 등이다.

150m 상승에 성공

1914년 가을부터 고다드는 실제로 로켓의 제작 및 실험에 들어가 150m까지 상승하는 로켓을 만드는 데 성공했다. 이때 사용한 로켓은 고체추진제 로켓으로 선박에서 신호용으로 사용되던 것을 개조한 것이었다.

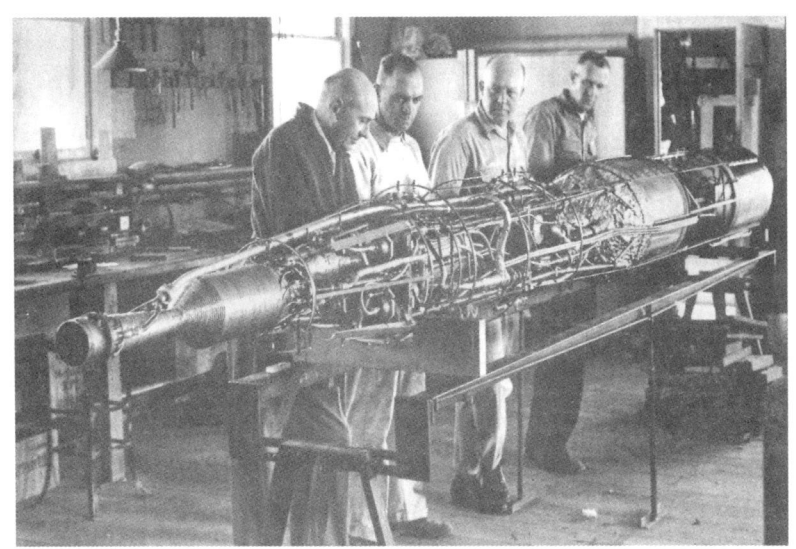

고다드 박사가 조수들과 액체 추진제 로켓을 조립하는 장면

1916년에 고다드는 그 동안 연구한 로켓 관련 자료를 정리하여 스미스소니언(Smithsonian) 연구소에 제출하고 3천 달러의 연구비를 받게 되었다. 그는 이 돈으로 로켓 연구를 계속할 수 있었으나, 곧 제1차 세계대전이 터져 본의 아니게 군대 통신대의 통제 아래서 로켓 병기를 개발하기 시작했다. 고다드는 제1차 세계대전 중 탱크를 파괴하는데 쓰이는 바주카포(로켓포)와 비행기 이륙보조용 로켓 등을 개발했다.

전쟁이 끝난 후 그는 클라크 대학으로 돌아와 로켓에 대한 연구를 계속했다. 클라크 대학의 산포드 총장은 고다드의 로켓에 대한 연구를 스미스소니언 연구소의 협조를 받아 책으로 출판할 수 있게 도와주었다. 『굉장히 높은 공간에 도달하는 방법』이라는 제목의 이 책은 1919년 12월에 출판되었다.

고다드가 책을 만든 목적은 자신의 책을 읽은 많은 독자들로부터 후원자가 나올 것을 기대해서였다. 그러나 후원은 고사하고 악평과 비난의 소리만 나돌았다.

"고다드의 책은 수학적으로 쓴 공상과학 소설 같아……. 도대체 무슨 이야기를 하는지 모르겠어!" 등등.

이런 가운데에서도 뜻있는 독자들은 "달 표면 중에서 광선이 반사되지 않는 어두운 부분에 밝은 빛을 내는 화약을 로켓에 싣고 가서 폭발시키고 이때 큰 망원경을 이용해서 세밀히 관찰할 수 있다."고 한 아이디어는 참신하고 기발하다고 찬사를 아끼지 않았다.

그러나 독자들이 가장 많이 질문한 부분은 거의 진공에 가까운 우주공간 속에서 어떻게 로켓이 날아갈 수 있을까 하는 점에 대해서였다.

당시 사람들은 로켓의 꽁무니(노즐)에서 분출되는 뜨거운 연소가스가 로켓의 뒤에 있는 공기를 밀치기 때문에 로켓이 앞으로 날아가는 줄로 믿었다.

이 질문에 대해 고다드 박사는 다음과 같이 대답했다.

"로켓의 분사구멍으로부터 쏟아져 나오는 분사가스의 힘은 마치 총구멍에서 빠져나가는 탄환과 마찬가지라고 생각하면 된다. 로켓 속의 화약이나 추진제(연료와 산화제)가 연소하면 로켓은 탄환이 총 구멍을 빠져나가는 것과 똑같은 힘으로 날아간다. 뒤를 향해서 뿜어나가는 가스가 로켓을 앞으로 전진시키는 추력이 되는 것이다. 그렇다면 우주공간에 아무 것도 없다는 것이 문제될 리 없지 않은가?"

세계 최초의 액체 추진제 로켓

고다드 박사에게 로켓의 아버지라는 별명이 생긴 것은 그가 액체추진제 로켓을 연구하여 많은 성과를 거두었고, 또 그의 연구가 미국의 우주 개발에 많은 도움을 주었기 때문이다.

고다드 박사는 1920년부터 액체추진제 로켓을 연구하기 시작했다.

왜냐하면 고체추진제 로켓은 짧은 거리를 비행하는 데는 훌륭한 것이지만, 고체 로켓을 이용해 커다란 로켓을 만드는 것이 이상적인 것은 아니었기 때문이다.

1925년 12월 어느 날 5.5kg의 로켓이 시험대로부터 2.7초 동안 올라갔다. 이것이 자체의 무게를 하늘로 올려 보낸 최초의 액체추진제 로켓이었지만 공식적인 자료는 남아 있지 않다.

몇 달 뒤인 1926년 3월 16일, 그 날의 하늘은 맑게 개었지만 겨울의 여운이 아직도 남아 있어 아침저녁으로는 쌀쌀한 그런 날씨였다.

세계 최초의 액체추진제 로켓 모형(앨러배머주의 우주센터 박물관에서 1981년 6월)

우스터에 설치된 높이 3m의 볼품없는 로켓은 지름 4.6cm, 길이 60cm의 엔진을 달고 있었고, 그 아래로 110cm 떨어진 곳에 깔때기 모양의 열 보호판과 함께 지름 7cm, 길이 43.8cm의 액체산소통과, 지름 4.4cm, 길이 34cm의 휘발유 연료통이 달려 있었다. 연료통과 산화제통의 윗부분에는 압축산소 가스관이 연결되어 있고, 산화제통의 액체산소와 연료통의 휘발유는 각 통의 아래에 연결된 지름 1cm의 또 다른 관을 통하여 로켓 엔진에 보내지도록 설계되었다. 총 무게는 27kg이었다.

높이2m짜리 발사대에 올려져 있는 엉성한 로켓의 조립이 끝났을 때 로켓의 제일 윗부분에 있는 점화기에 고다드 박사의 조수인 헨리

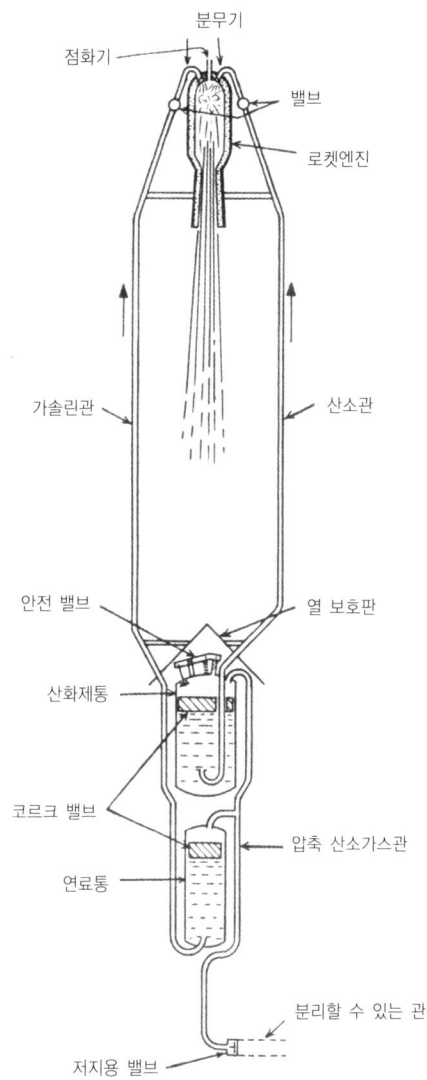

세계 최초의 액체 추진제 로켓 구조
이 로켓은 1926년 3월 16일 발사되어 2.5초동안 56m를 비행하였다.

낙하지점에서 망가진 로켓과 함께 서있는 고다드 박사(오른쪽에서 두 번째)

삭스가 점화하였다.

로켓은 2.5초 동안 시속 100km가 조금 안 되는 속도로 56m를 날아가서 떨어짐으로써 세계 최초의 액체추진제 로켓의 비행은 성공적으로 끝났다.

1927년 7월 17일에는 지금까지 고다드 박사가 만든 로켓 중에서 가장 많은 노력을 들인 관측로켓을 실험했는데, 이것은 여러 가지 실험기구를 실은 본격적인 관측로켓이었다.

이 로켓에는 가장 높은 곳에 올라갔을 때 사진을 찍을 카메라와 기압계, 온도계가 실려 있었으며, 떨어질 때의 충격을 줄일 수 있도록 낙하산도 있었다. 이 로켓은 18.5초 동안 27m의 높이에서 52m를 비행했다.

박사가 발사장에서 연구실로 돌아왔을 때 신문사에서는 이미, "달로부터 384,080km(달과 지구 사이의 거리에서 52m를 뺀 거리) 근처까지 접근"이라는 야유 섞인 호외가 나와 있었다.

뉴멕시코로 쫓겨 가다

이 호외 때문에 도시 근처에서의 로켓 실험이 위험하다는 이유로 매사추세츠 주 우스터에서는 로켓 발사 실험을 더 이상 할 수 없게 되어 다른 주로 이사를 해야만 했다.

매사추세츠 주에서 쫓겨난 박사 일행은 후원자들의 도움으로 미국 남부의 사막 지대인 뉴멕시코 주의 로스웰(Roswell)에 있는 에덴 계곡에 실험실과 발사장을 세웠다.

1930년 12월 30일 뉴멕시코에서의 첫 번째 발사 실험에서는 무게 2.3kg, 지름 14.7cm의 엔진을 단 길이 3.35m의 로켓이 사용됐는데, 실험 기구까지 실은 후의 무게는 15kg이었다. 이 로켓은 8m의 발사대를 떠나 총 20초간 비행으로 609m까지 상승했으며, 최고 속도는 시속 800km이었다.

고다드 박사는 이 실험을 통해 연료탱크에 전달되는 압력은 1cm²에 14kg에 달한다는 것을 알았다. 로켓의 외부는 한 면만 검정색으로 칠해 로켓이 비행 중 회전하는 것을 알 수 있도록 하였다. 로켓의 윗부분에는 부인이 손수 만든 지름 1.8m짜리 낙하산들이 들어 있었는데 불행히도 펴지지는 않았다.

1932년 4월 19일에는 60cm짜리 안정날개가 달린 지름 28cm, 길이 5.37m의 로켓에 정밀하게 만들어진 자이로를 설치하여 로켓의 자세를 자동적으로 조종하게 한 후 발사했다. 그래서인지 보통 때보다 좀 더 수직 상승하는 시간이 길어졌고 낙하산도 제대로 펴졌다.

1935년 3월 8일에 발사된 또 다른 로켓은 1,563m까지 상승하며 수평으로 3,962m를 시속 880km로 비행하였다. 이 로켓에는 자이로를 실었기 때문에 '자이로 로켓' 이라는 별명이 붙었다.

터보펌프 달린 첫 액체로켓도 개발

고다드 박사의 액체추진제 로켓은 혼자서 개발하는데도 점차로 완벽한 로켓이 되어갔다.

1935년 10월 14일에 발사된 로켓은 길이 4.6m, 무게 39kg의 거의 완벽한 로켓이었다. 이 로켓은 최고 2,286m까지 상승하였으며, 음속보다 빠른 속도로 비행하는 기록을 세웠다.

1937년 3월 26일에는 같은 로켓을 이용하여 2,590m까지 상승시키는 데 성공하였다.

1940년 8월 9일 고다드 박사는 그가 지금까지 만든 로켓 중 제일 큰 것을 제작해서 성공리에 발사했는데, 로켓의 길이는 6.7m이고, 전체의 무게는 334kg이었다. 추진제의 무게만도 전체 무게의 68%를 차지하는 227kg이었다. 이 로켓의 특징은 세계 최초로 추진제를 엔진에 공급하는 방식으로 터보펌프를 이용하였다는 것이다.

제2차 세계대전이 끝난 후인 1945년 3월 그는 독일의 V-2 로켓을 볼 기회를 가졌다. 거기서 그는, "이 로켓은 내 로켓보다 조금

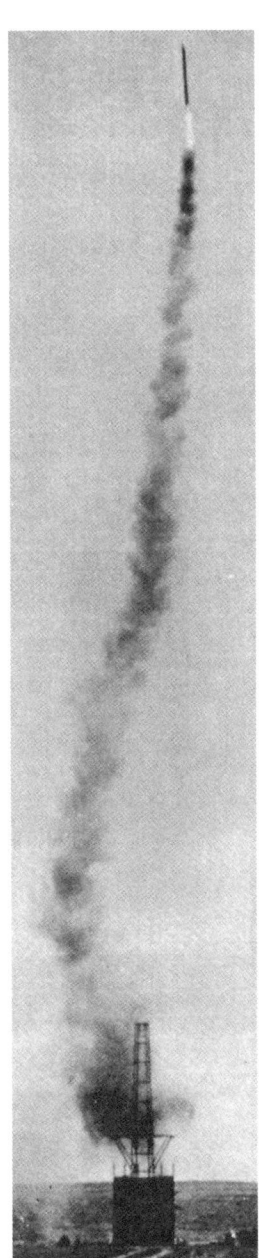

고다드 로켓의 발사 광경(2,590m까지 상승)

더 클 뿐 모든 원리는 같다"고 말했다.

미국 로켓의 아버지인 고다드 박사는 후두암 때문에 1945년 8월 10일 이후에는 평생 동안 좋아했던 로켓을 더 이상 볼 수 없었다.

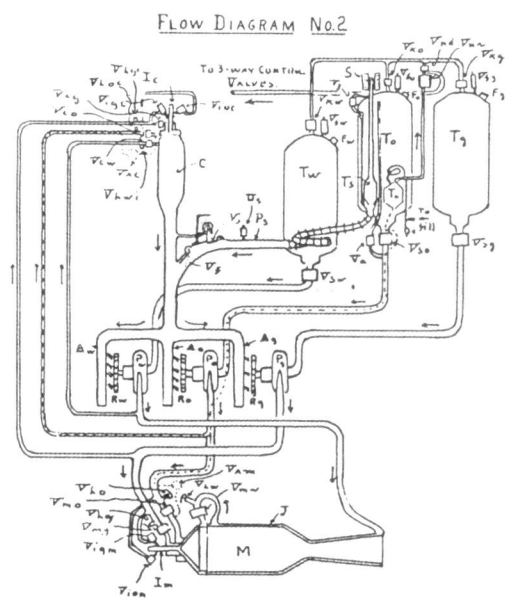

액체 추진제 로켓의 추진기관 설계도(1943.7.22)

현대로켓 V-2의 탄생
ROCKET

3

전쟁이 인류에게 주는 비극은 이루 말할 수 없이 크다. 그러나 과학의 발달이란 측면에서 보면 대단히 비약적인 발전을 가져온다는 사실은 누구나 잘 알고 있다. 로켓 역시 제2차 세계대전을 계기로 비약적인 발전을 이룩하게 된다. 연합군을 공격하기 위해 독일에 의해 제작된 V-2 로켓이 바로 그것이다.

1. 세계 최초의 로켓 클럽

-독일의 로켓 연구 동아리

1927년에 창설된 독일 우주여행 협회는 열악한 환경에도 불구하고 로켓 이론을 끊임없이 연구하여 근대 로켓 발전을 위한 토대를 마련하였다.

세계적 과학자들만의 모임

우리는 흔히 독일을 '과학의 나라' 라고 말한다. 이를 입증이라도 하듯 우주여행에 대한 독일 사람들의 흥미와 관심은 대단했다. 그 중에서도 청소년들은 자신들의 관심을 단순한 흥미 거리로만 지나쳐버리지 않고 실제로 모임을 만들어서 로켓을 만들고, 꿈같은 우주여행을 현실화 하려고 노력하였다. 그들은 마침내 1927년 7월 5일 독일 우주여행 협회를 조직하고, 브레슬라우시에 사는 이리히 부름이라는 회원의 특허 법률사무소를 협회 본부 사무실로 겸해서 사용하게 된다.

이 협회의 창립 회원들을 살펴 보면 다음과 같다. 초창기에 잠시 동안 협회장을 맡았던 요하네스 빙클러를 비롯하여 빙클러가 개인적인 사정으로 회장직을 사임한 뒤 새 회장으로 추대된 오베르트 박사, 1928년부터 협회가 해산될 때까지 부회장으로 있으면서 폰 브라운 박사를 음과 양으로 돌봐준 윌리 레이, 그리고 협회 사무실을 빌려준 이리히 부름, 나중에 로켓 엔진의 냉각기를 고안한 클라우스 리델, 미라크라는 이름의 로켓을 만든 루돌프 네벨, 그리고 로켓 자동차에서 소개할 막스 팔리어 역시 독일 우주여행 협회의 창립 회원이었으며, 미국항공우주국 부국장으로 있다가 1977년에 사망한 폰 브라운 박사 또한 1929년 겨울부터 협회에 가입하여 활동하기 시작했다.

협회의 회원들은 날이 갈수록 늘어나 1928년에는 니콜라이 리닌, 에스나울트 펠테니 등 500여 명까지 가입했으며, 1929년 9월에는 870명, 그리고 후에는 1000명까지 늘어나게 되었다.

열악한 환경을 이겨낸 열의

창립 초의 활동은 오베르트 박사의 액체추진제 로켓의 이론을 검토하고 실제로 제작·실험하는 일이었다. 당시 부회장으로 있던 윌리 레이는 그의 저서 『인공위성, 로켓 그리고 우주』에서 다음과 같이 말하고 있다.

"우리들이 우선적으로 해야 할 일은 로켓 엔진을 발전시키는 것이었다. 오베르트 교수가 연구한 액체추진제 로켓은 가솔린을 연

오베르트의 원추형 로켓엔진

료로 액체산소를 혼합하여 연소시키도록 되어 있고, 이렇게 하기 위해서 이 두 가지 액체를 따로따로 연소실에 넣어 혼합되는 순간에 점화하여 연소시켜야 했다. 우리들은 이 로켓 엔진을 '오베르트의 원추형 분사관'이라 불렀다.

이런 일은 아직 한 번도 없었던 일이라, 여러 곳에서 고장이 나는 등 말썽을 부렸다. 특히 영하 183도나 되는 액체산소 때문에 안전밸브가 얼어 붙어버려 액체산소 통의 압력이 위험수위에 도달하였는데도 밸브가 열리지 않아 폭탄이 터지듯 굉장히 큰 폭음을 내며 폭발해버리곤 했다. 어떤 때는 제대로 작동하고 어떤 때는 작동되지 않아 어떻게 하면 성공적으로 계속 작동시킬 수 있을지 종잡을 수가 없었다. 이따금 과열된 로켓 엔진에서 불이 나는 것 역시 큰 문제거리였다. 찬물을 가득 채운 냉각기가 도움이 되기도 했지만 여러 차례에 걸친 실패 끝에 우리는 그것의 결점을 찾아낼 수 있었고, 드디어 알루미늄으로 된 튼튼하고 훌륭한 로켓 엔진을 만들 수 있었다."

달걀처럼 생긴 로켓 엔진

"가끔 우리 로켓 발사 실험장을 찾아오는 방문객들이 '당신은 이것을 무엇이라고 부르냐'고 물어보았다. 우리는 방문객들을 실망시키고 싶은 생각은 없었지만, 어쩔 수 없이 그들이 실망하는 것을 보아야만 했다. 왜냐하면 우리는 다만 그것을 로켓 엔진이라고 대답하였기 때문이다. 우리들끼리는 그 로켓 엔진의 크기가 거위알만 했고, 달걀과 비슷했기 때문에 달걀이라고 불렀지만.

이 달걀 같은 로켓 엔진은 찬물로 로켓의 연소실 주위를 냉각시켜주어도 30초 정도만 작용을 하고는 그만 타버릴 정도로 약한 것이었다. 그러나 다행스러운 점은, 이 30초 동안 로켓이 800m 정도는 충분히

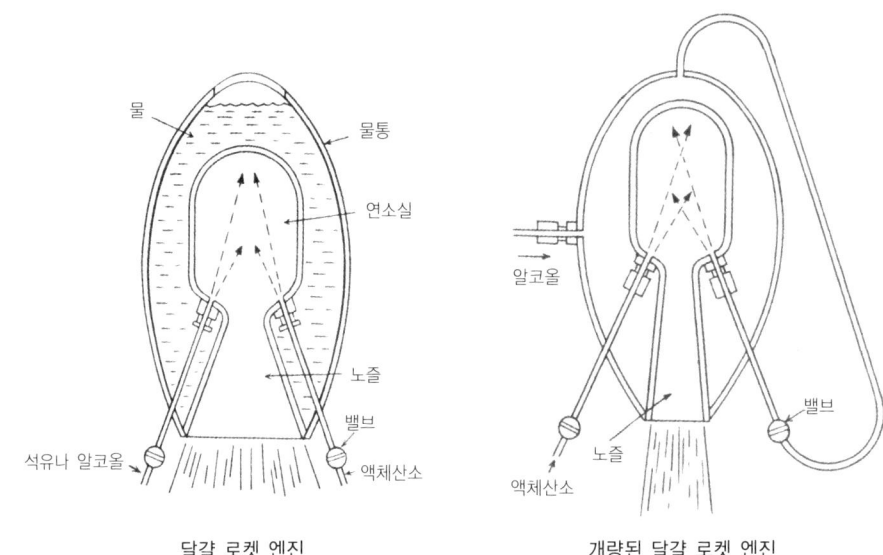

달걀 로켓 엔진   개량된 달걀 로켓 엔진

상승할 수 있어서 방문객들은 높이 올라간 로켓이 작고 흰 낙하산을 활짝 펼치며 지상으로 살짝 내려오는 것을 보고서 매우 감탄하여 박수를 치곤했다는 사실이다. 우리는 여기서 만족하지 않고 기술적인 면에 대한 연구를 계속해 나갔다.

찬물을 달걀 속에 넣으면, 더 오래 버틸 수 있지 않을까?

처음은 냉각기를 통해 로켓의 연소실 주위에 들어온 물로 순환시키며 냉각시키고, 그 뒤에 계속해서 새로운 찬물을 로켓 엔진의 연소실 주위에 넣을 수가 없을까? (지금의 액체추진제 로켓 엔진은 거의 모두 노즐 및 연소실 주위에 둘러싸여 있는 냉각기 속을 차가운 연료가 통과하면서 노즐과 연소실의 뜨거운 열을 빼앗은 뒤, 연소실로 분사되도록 되어 있다)

우리의 실험 책임자인 클라우스 리델은 가솔린을 가지고 이렇게 해보려고 했지만, 로켓 엔진이 부서지고 말았다. 나는 리델에게 가솔린

대신 에틸 알코올에 물을 좀 섞어서 같은 실험을 되풀이하도록 권했다. 그 결과는 아주 훌륭했다.

 에틸 알코올을 계속 로켓 엔진에 공급할 수 있도록 개량하고, 에틸 알코올이 연소실로 분사되기 전에 먼저 연소실 주위의 냉각기 속을 통과시킨 뒤 연소실로 공급되도록 개량된 달걀은, 그 뒤에 출현한 독일의 모든 액체추진제 로켓 엔진의 선구자가 되었다.

 오베르트 박사의 원추형 분사관의 로켓 엔진은 1930년 7월 23일, 뢰테르 박사가 입회한 가운데 무사히 실험을 마쳤다. 이날의 실험에서는 액체산소 6kg, 가솔린 1kg을 90초 동안 연소시켜 7kg의 추력을 냈고, 가스의 최고 분출 속도는 914m이었다."

삼각 기둥식 로켓

 유럽에서 유럽 사람에 의해 제작 발사된 최초의 액체추진제 로켓은 독일 우주여행 협회 초대 회장이었던 요하네스 빙클러가 3년간에 걸친 연구 끝에 만든 로켓이었다.

 이 로켓의 길이는 61㎝이고 총 무게는 5kg이었는데, 이 무게 중에서 로켓에 실렸던 추진제의 무게가 1.7kg이었다. 이 로켓에 알루미늄 관(통) 세 개

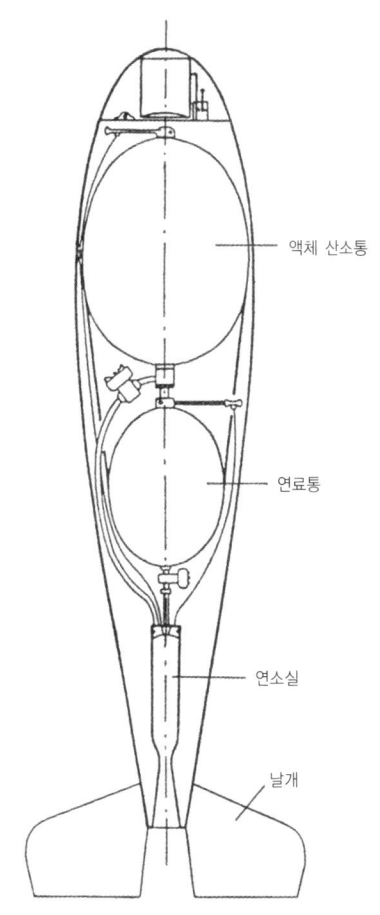

빙클러의 최신형 액체추진제 로켓(1932.10). 발사실험은 실패하였지만 구조는 최신형이었다.

를 삼각형 형태로 세워 만들고 그 중간에 길이 45cm의 원통형 철관(파이프)으로 만든 엔진을 부착시켰다.

　로켓 엔진 주위에 있는 세 개의 통 중 하나는 연료통으로 쓰이는데, 그 속에는 액체메탄이 들어 있고, 또 다른 통에는 산화제인 액체산소가 들어 있다. 그리고 나머지 통은 연료와 산화제를 로켓의 엔진, 즉 연소실로 밀어줄 압축가스가 들어 있는 통이다. 이 압축가스는 공기이며 통의 모양은 자전거 바퀴에 바람을 넣을 때 쓰는 공기펌프처럼 생겼다.

2차 발사 성공

　1931년 2월 21일 데사우(Dessau) 근방의 훈련장에서 발사된 첫 번째 로켓은 각 부분의 기능이 제대로 작동되지 않아 3m 정도 올라가는 것에 그쳤기 때문에 공인되지는 않았다. 그러나 1931년 3월 14일 오후 5시, 1차 때와 같은 장소에서 있었던 발사 실험은 순조롭게 진행되어 500m까지 상승, 유럽 최초로 액체추진제 로켓의 수직 비행에 성공하였다. 이는 미국의 고다드 박사가 세계 최초로 액체추진제 로켓을 발사한 1926년 3월 16일로부터 5년이 지난 후의 일이었다.

　그와 비슷한 시기에 클라우스 리델이 오베르트 박사가 고안해놓은 원추

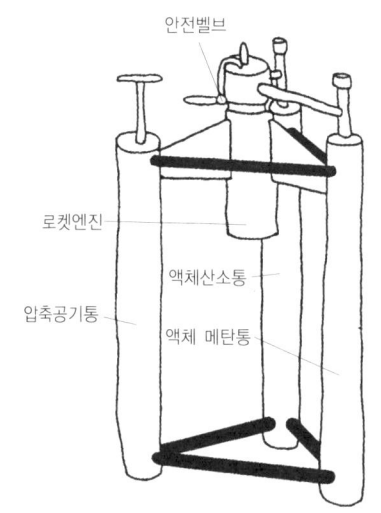

빙클러의 유럽 최초 액체추진제 로켓 구조

형 노즐 로켓 엔진을 만들었다. 연료는 석유 대신 에틸 알코올을 사용했는데, 알코올이 연소실 내의 온도를 내리게 하기 위해 25%의 물을 섞어 냉각제로 사용할 수 있는 유리한 점을 이용한 것이다. 이처럼 로켓 엔진의 연료를 엔진 주위에 흐르도록 하여 엔진을 냉각시키는 방식은, 이러한 종류의 냉각방법을 처음 고안한 리델의 이름을 따서 리델 냉각법이라 부른다.

그 동안 회원들이 독자적으로 로켓 엔진을 만들어 발사하곤 하던 독일 우주여행 협회는 여러 회원의 아이디어를 한데 모아 본격적인 로켓 연구를 시작하기에 이른다.

불화살 형태의 꼬마 로켓, 미라크

어느 날, 독일 우주여행 협회의 회원인 루돌프 네벨은 중국의 화전과 비슷한 형태의 액체추진제 로켓을 만들자는 제안을 했다. 그리고 네벨이 회원들을 모아놓고 자기가 구상한 로켓 아이디어를 자세히 설명하자 많은 회원들이 새로운 로켓의 개발에 찬성하였다. 그들은 로켓의 이름을 '최고로 작은 로켓(Minimum Rakete)'이라는 뜻의 줄임말인 '미라크(Mirak)'라고 붙인 후, 로켓의 구조에 대해 자세한 토론에 들어갔다. 이렇게 토론을 거쳐 설계된 미라크 1호 로켓의 구조에 대해 살펴보면, 다음과 같다.

로켓의 제일 윗부분은 대포 탄환의 앞과 같은 모양으로 알루미늄을 사용하여 통을 만들었다. 이 통은 액체산소를 넣는 산화제 통으로 사용되고, 아랫부분에는 간단한 엔진을 부착시켰다. 즉 오베르트 박사의 원추형 로켓 엔진을 개조하여 구리로 만들고 액체산소통의 아랫부분에 고정시켜놓은 것이다.

이런 까닭으로 엔진 윗부분은 액체산소로 덮여 있게 되었는데, 이렇게 설계한 이유는 로켓이 작동할 때 발생되는 막대한 열에 의해 뜨거워진 엔진을 영하 183도의 액체산소로 식혀주고, 액체산소를 빨리 기화(액체가 기체 상태로 바뀌는 현상)시켜 액체산소가 들어 있는 산화제 통 속의 압력을 높여줌으로써 액체산소를 연소실 속으로 밀어 넣기 위해서였다.

가솔린이 들어 있는 연료통은 관 모양으로 길게 설계하여 중국 화전의 안정막대와 같은 역할을 하게끔 만들었다. 연료통 아래에는 탄산가스통이 있고 이 통에는 연료통 안으로 탄산가스를 공급하는 관이 연결되어 있어, 연료에 압력을 가하고 이 압력의 힘으로 연료를 로켓 엔진의 연소실로 밀어 보내 주도록 설계되었다. 로켓의 무게는 3~4.5kg이었고 30~60초간 작동하였다.

자동차 왕의 협조

미라크 1호는 1929년 크리스마스 때부터 1930년 6월 사이에 제작되어 1930년 9월 27일에는 독일 삭소니의 베른슈타트 근방에서 성공적인 실험이 이루어졌다.

미라크 2호는 1호의 실험으로부터 두 달 후에 제작되었다. 길이가 좀더 길어졌고 냉각 계통인 연소실의 윗부분이 개조되었다. 그리고 로켓 윗부분, 액체산소가 들어 있는 산화제 통 윗부분에 안전밸브가 새롭게 장치되었다.

독일 우주여행 협회가 로켓 실험장으로 쓰고 있었던 곳은 제1차 세계대전 때 대포 사격장으로 썼던 베를린 시외의 라이니켄돌프에 있는 쓸모없는 땅이었다. 이곳은 자동차 왕 헨리 포드가 독일에 여행 왔을 때 폰 브라운과 협회 회원들이 그를 찾아가 연구비를 협조 받아 사들인 300에이커의 넓은 땅이었다.

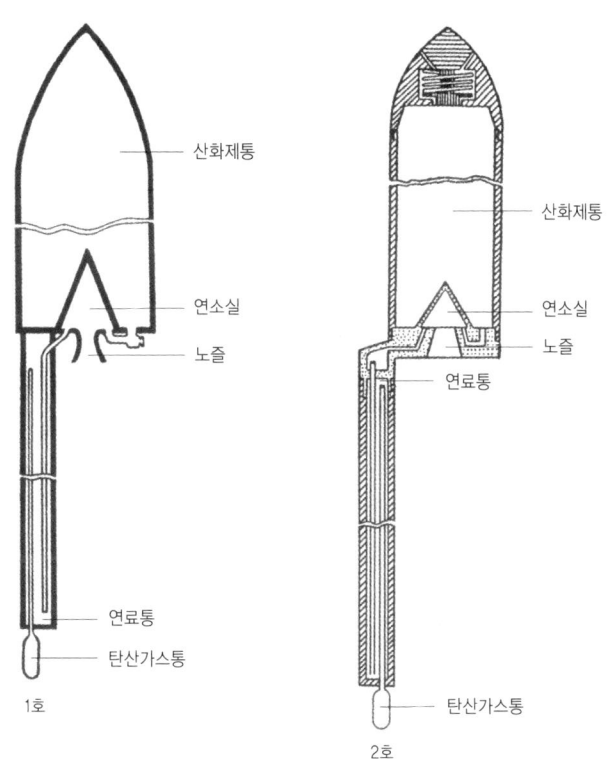

미라크 로켓

입구에는 로켓 발사장(Raketen Flugplatz)이라는 간판이 세워졌으며 조그만 로켓 조립실도 세웠다. 이곳에서는 1931년 봄부터 로켓 실험이 행해졌다.

미라크 3호

미라크 3호는 미라크 1호나 2호를 개량하여 액체산소를 넣는 산화제 통을 좀더 크게 하였고, 그 아래 두 개의 막대기 같은 긴 원통을 부착시켜 하나의 통에는 휘발유를 다른 하나의 통에는 압축질소가스를 넣었다. 산화제 통의 아랫부분에 있던 로켓 엔진을 분리시켜 조금 아래에 부착하였으며 주위는 물로 냉각시켰다.

전체의 무게는 4kg이며, 엔진은 85g, 그리고 추력은 32kg이었다. 이 로켓은 4.8km까지 올라갈 수 있도록 설계되었으나 실제로 비행하지는 않았다.

첫 비행 성공

미라크 로켓은 여러 가지 문제점이 많았다. 그래서 개발에 같이 참여했던 윌리 레이는 이 로켓에 실패를 잘하는 것이라는 뜻으로 '레풀조(Repulsor)'라는 별명을 붙였다. 이때가 미라크 3호를 만든 후였는데. 그 이후로는 모두가 미라크 대신 레풀조라고 불렀다.

구조는 상부에 로켓 엔진이 달려 있고 아랫부분에 연료 및 산화제 통이 달려 있었다. 연료는 가솔린을, 산화제는 액체산소를 이용했으며, 로켓 엔진이 뜨거워져 터지는 것을 막기 위해 물 속에 잠기게 했다.

1931년 5월 14일 첫 번째 레풀조 1호(Repulsor 1)가 발사되어 18.3m까지 올라가서 61m를 비행하였다. 추력은 31.8kg이었다. 이것이 독일 우주여행 협회에서 성공적으로 발사한 첫 로켓이었다. 두 번째 레풀조에서는 구조물들을 좀 가볍게 하였고, 로켓 엔진도 조금 개량하였다. 액체산소 통의 밸브도 바꾸었고, 연료인 가솔린은 질소가스를 이용하여 연소실로 밀어 넣어 주었다. 1931년 5월 23일에 실시된 레풀조 2호의 발사 실험에서는 약 60m의 높이에서 600m를 날아간 뒤 땅에 떨어졌다. 날씨는 아주 맑았다.

레풀조 3호는 안정된 비행을 위하여 네 개의 안정날개를 새로 만들어 붙였고, 낙하산도 흑색 화약을 사용해 자동 타이머로 점화시켜 펴지도록 하였다. 발사대는 나무로 만들었으며, 발사대의 레일은 U자 관으로 감쌌다. 1931년 6월초에 발사된 이 로켓은 640m를 상승하여 레풀조 2호보다 좋은 기록을 세웠다.

6년간의 로켓 개발

레풀조 4호는 새로운 구조로 만들어졌다. 즉 제일 위에는 로켓 엔진만 있고 그 아래 좀 떨어진 곳에 연료통과 액체산소 통을 한일자로 붙여 하나의 기둥처럼 되게 하였고, 제일 아래에는 안정날개를 부착시켜 안정성을 높였다.

1931년 8월초 발사 실험이 실시되었다. 순조롭게 발사대를 벗어난 레풀조 4호는 914m를 상승하여 파란 하늘에 까만 점처럼 변하더니 낙하산을 펴고 하늘로부터 사뿐히 내려오는데 성공을 거두었다.

이들은 계속해서 몇 개의 레풀조를 더 제작하여 발사했는데, 이중 최고의 상승 기록은 2km이었다. 수직 비행이 아닌 준 수평 비행에서는 5km까지 날아간 것도 있었다. 독일 우주여행 협회는 1931년까지 83개의 액체추진제 로켓을 발사하였고, 270여 개의 로켓 엔진을 지상에서 실험했다. 이중에는 최고 63.6kg의 추력을 만든 것도 존재했다.

1933년 9월 18일에는 베를린 근처에 있는 시빌 로브 호수의 중앙에 뗏목으로 인공 섬을 만들고 그곳에 발사대를 세운 뒤 로켓을 장치했다. 이곳이 독일 우주여행 협회의 마지막 로켓 발사 실험장이었다. 이 날의 실험을 마지막으로 독일 우주여행 협회의 6년 3개월에 걸친 로켓 개발 활동이 종지부를 찍었다.

2. 독일 육군 로켓 연구소
-폰 브라운의 등장

제 1차 세계대전에서 패한 독일은 평화조약에 의해 군대 규모가 제한되고 전차와 대포 같은 무기도 생산할 수 없도록 규제 당하고 있었다. 그러나 또다시 전쟁을 일으키려고 마음먹은 독일은 조약에서 취급되지 않은 무기 중 강력한 무기가 될 수 있는 것으로 로켓을 생각해 냈다. V-2 로켓은 이렇게 해서 개발이 시작되었다.

현대 로켓의 시작

전쟁이 인류에게 주는 비극은 이루 말할 수 없이 크지만 과학의 발달이란 측면에서 보면 평상시에 비하여 대단히 비약적이라는 사실은 누구나 잘 알고 있을 것이다. 로켓 역시 제 2차 세계대전을 계기로 비약적인 발전을 이룩하게 된다. 즉 제 2차 세계대전 때 연합군을 공격하기 위해 독일에서 제작된 V-2 로켓이 바로 그것이다.

V-2 로켓은 본격적인 현대 액체추진제 로켓의 시작이며, 이 로켓으

로부터 러시아, 미국, 프랑스, 중국의 각종 우주 개발용 로켓이 탄생하게 되었다.

로켓을 이용한 우주 개발의 관점에서 볼 때 V-2 로켓이 차지하는 위치는 실로 독보적이라 할 수 있겠다.

독일 우주여행 협회가 한창 로켓 실험에 박차를 가할때 즈

폰 브라운 박사

음인 1930년 12월 12일, 독일 육군은 각종 무기에 관한 지식이 많고 베를린 대학에서 공학박사 학위를 받은 발터 도른베르거(Walter Dornberger) 대위를 육군의 로켓 연구 책임자로 임명해 로켓을 연구하도록 하였다.

육군 로켓 연구소

제 1차 세계대전에서 패한 독일은 베르사유 평화조약에 의해서 징병제가 폐지되어 군의 규모가 축소되고, 전차와 비행기를 가질 수 없는 것은 물론, 구경 3인치(7.62㎝)가 넘는 어떠한 종류의 포(砲)도 갖지 못하게 되었다.

제 1차 세계대전 이후의 경제 문제 등으로 또 다른 전쟁을 일으키려고 하던 독일로서는 이와 같은 베르사유 조약이 커다란 장애였다. 이에 독일 육군 병기국 국장인 칼 베커(Karl Becker) 교수는 베르사유 조약에서 취급되지 않은 무기 중에서 강력한 무기가 될 수 있는 것으로 로켓을 생각해 내기에 이른다. 즉 자유로이 조절할 수 있는 로켓을 만들고 그 앞쪽에다 고성능 폭탄을 달기로 한 것이다. 이것이 독일 육

독일 육군 로켓 연구소의 과학자들
왼쪽부터 도른베르거 박사, 젠슨 중령, 티엘 박사, 폰 브라운 박사

군이 대형 로켓을 개발하게 된 동기이다.

베커 교수는 당시 출판된 책 중에서 로켓에 관한 책은 거의 다 읽어보았다. 그는 『탄도학 핸드북Handbook of Ballistics』이라는 책을 영국에서 출판할 정도로 로켓에 관심이 많았으므로 당시에 로켓을 병기로 개발하려고 생각한 것도 결코 우연한 일은 아니었을 것이다.

특히 베커는 그가 읽어본 책 중에서 오스트리아의 로켓 클럽인 귀도(Guido) 공학회 회장인 바론 폰 피르크펠(Baron von Pirgvel)이 쓴 『우편용 로켓에 관한 책』의 내용 중 다음과 같은 대목에서 힌트를 얻었다.

"로켓을 크게 만들면 대형 운반 기구로 사용할 수 있어 우편물을 빨리 운반하는 데도 사용될 것이다. 이 로켓은 조종사가 탈 수 있을 정도로 크게 발달할 것이며, 또 대기권을 벗어날 수 있게 될 것이다."

그는 이 대목에서 힌트를 얻어 로켓을 크게 만들고 우편물 대신 폭탄을 실을 계획을 갖게 된 것이다.

베르너 폰 브라운

 육군 로켓 연구소의 책임자로 임명된 도른베르거 대위 역시 공학박사였고 로켓 연구가이긴 했지만, 독자적으로 실험을 할 정도는 못 되었다. 그는 로켓 시험을 해 본 경험이 있으며 장래성이 있는 사람을 구하기 위해 1931년 우주여행 협회의 로켓 발사 시험장을 여러 차례 방문한 끝에 폰 브라운을 발탁했다.

 열아홉의 어린 나이로 독일 육군 로켓 연구소의 연구원이 된 베르너 폰 브라운(Werner von Braun)은 1912년 3월 23일, 독일의 월 리츠에서 마구누스 폰 브라운과 에미 부인 사이에서 둘째 아들로 태어났다. 그의 아버지는 명문가 출신의 남작으로, 농림장관이기도 했다. 그의 어머니 에미 부인은 아마추어 천문학자였기 때문에 어린 폰 브라운에게 천체 망원경으로 하늘을 보여주면서 달과 별에 대해서 자기가 관측한 것을 자주 이야기해주곤 하였다.

 브라운이 글자를 읽을 수 있게 되자 그의 어머니는 기다렸다는 듯이 줄 베르느의 『달세계 여행』, H. G. 웰즈의 『달세계 최초의 인간』 등의 과학소설을 사다 주었다. 브라운은 어렸을 적부터 어머니에게 들은 천체에 대한 기초 지식을 토대로 다른 아이들에 비해 많은 양의 우주 과학소설 등을 탐독하면서 우주여행에 대한 꿈을 굳게 다져갔다.

열두 살짜리의 모험

 브라운이 열두 살 되던 해에 그는 드디어 큰일을 저지르고 말았다. 집 창고에 있던 못 쓰는 자동차를 마당에 끌고 나와 먼지를 털어 낸 후, 불꽃놀이 때 쓰는 로켓을 사다가 자동차의 뒤와 양 옆에 붙들어 매고 외국공관들이 즐비하게 늘어서 있는 베를린의 중심가로 끌고 나왔던 것이다. 이 낡은 자동차는 방향도 없이 종횡무진 달려갔다. 큰 폭음과 함께 화염을 뒤로 뿜으며 맹렬히 달리는 자동차를 보고 시민들은 어쩔 줄 몰라하며 피하기에 바빴다. 브라운은 겁에 질려 파랗게 된 얼굴로 열심히 로켓 자동차를 잡으려고 쫓아갔지만, 결국은 로켓의 추진제가 모두 타버린 자동차가 공원에 있는 커다란 보리수나무에 부딪쳐서 멈추었을 때 비로소 접근할 수 있었다. 결국 공원에서의 로켓 실험으로 소란을 피운 열 두 살짜리 폰 브라운은 정부의 고급 관리였던 아버지에게 곧 인계되어 집에서 심한 꾸중을 듣고 외출 금지령까

폰 브라운의 연구노트(1929)

지 선물로 받았다.

　나중에 이 소년이 인간을 달로 보낸 새턴 5형 로켓을 만들 사람이라는 것을 미리 알았더라면, 사람들은 훌륭한 일을 했다고 박수를 보냈을지도 모를 일이다.

수학을 못해 낙제하기도

　그는 자기가 싫어하는 것은 절대로 하지 않는 버릇이 있었다. 중학교 시절에는 수학과목을 제일 싫어해서 브라운이 아니면 0점 맞을 사람이 없을 정도로 문제가 심각했다. 낙제를 해서 할 수 없이 다른 학교로 전학을 간 일도 있었다.

　그러던 어느 날 브라운은 '내가 우주여행을 하기 위해서는 로켓을 만들지 않으면 안 된다. 그리고 로켓을 만들기 위해서는 수학과 물리학을 아주 잘하지 않으면 안 돼!' 라고 결심하고 수학 공부에 매달리게 되었다. 그 후 그의 과학과 수학 실력은 하루가 다르게 향상 하여 얼마 지나지 않아 그의 수학 실력을 따라갈 사람은 선생님밖에 없게 되어 선생님이 결근했을 때에는 대신 수학 수업을 진행시킬 정도가 되었다.

도른베르거의 방문과 권유

　고등학교를 졸업한 폰 브라운은 베를린의 시키드 로덴부르크 공과대학에 진학했고 곧 독일 우주여행 협회에 가입하여 활동하기 시작하였다. 특히 오베르트 박사가 회장으로 있을 때 그의 조수로 선발되어 같이 연구·실험을 하면서 많은 것들을 배우게 된다. 당시 폰 브라운의 키는 큰 편에 속했지만 나이는 제일 어렸기 때문에 '키 큰 꼬마' 라는 별명을 얻었다. 그러나 그의 로켓과 우주여행에 대한 지식은 대학 교수들도 혀를 내두를 정도였고 그의 로켓 연구에 대한 열정은 마치 미친 사람과도 같았다.

전부터 자주 로켓 실험장에 찾아오던 도른베르거 육군 대위는 어느 날 갑자기 다시 로켓 발사 시험장을 찾아와서 폰 브라운을 식당으로 초대했다.

"실은 이번에 내가 책임자가 되어 육군 로켓 연구소를 만들기로 했는데, 자네가 꼭 참가해주길 바라고 있네. 예산은 거의 무제한이네. 그러니까 자네는 돈 걱정 따윈 조금도 할 필요 없이 로켓 연구와 실험에만 몰두하면 되는 걸세."

가만히 듣고만 있던 폰 브라운은 말했다.

"육군에서 만드는 로켓은 무기로 사용하기 위해서 만드는 것이겠지요? 제가 로켓을 연구하는 것은 우주여행을 위한 로켓을 만들기 위해서입니다."

"사실은 말이야, 나도 겉으로는 무기를 만든 척하고 속으로는 우주 로켓을 연구하려고 하는 걸세. 어떤가, 브라운 군? 우리 같이 일해 봅시다."

브라운의 마음은 벌써 육군 로켓 연구소에 가 있었다.

"돈 걱정 없이 어디 한번 신나게 로켓 연구나 해보자!"

이렇게 해서 그는 독일 우주여행 협회의 회원 중에서 첫 번째로 독일 육군 로켓프로그램에 참가한 사람이 되었다. 그때가 1932년 11월 1일이었다.

육군을 위해 로켓 실험 착수

육군 로켓 연구소는 점차로 연구원의 수를 늘려가면서 베를린 근처의 대포 사격 연습장이었던 쿠머스도르프 베스트(Kummersdorf-West)에 조그만 연구소를 건설하고 각종 로켓 실험을 하기 시작했다. 도른베르거가 예상한 만큼의 많은 연구비는 나오지 않았지만 당시 이 분야에 대한 세계 각국의 연구비 중에서는 가장 큰 액수를 지원 받았다.

이들이 본격적으로 실험을 시작하려고 할 때인 1932년 말까지는 아주 숙련된 기계공인 하인리히 쿠르트(Heinrich Kurt) 와 발터 J. H. 리델(Walter Riedel) 등 중요한 식구들이 추가되었다.

그들이 앞으로 실험할 액체 로켓 계열에는 'A' 라는 글자를 붙이기로 했다. A는 독일의 공학자 들이 잘 쓰는 '아그레가트(Aggregat)', 즉 복합기계란 말의 첫 글자에서 따온 것이다.

1933년에 접어들면서 그들은 A-1이라는 로켓을 실험하기 시작했다. 연료를 연소실 주위로 순환시킬 수 있는 이 로켓의 엔진 무게는 38.5kg이었다. 길이 140cm, 지름 30.5cm로 발사 때의 연료와 산화제를 포함한 전체무게는 170kg이었다.

실패한 A-1 로켓

무게의 대부분을 차지한 것은 추진제, 즉 연료와 산화제였으며, 질소가스의 압력에 의해서 연소실로 연료와 산화제를 보내도록 설계되었다. 추력은 305kg이었는데 이 로켓은 머리 부분이 너무 무거워서 무게중심의 균형이 잘 맞지 않았다. 이러한 이유 때문인지 이 로켓들은 1m 정도 상승한 후 폭발해버리곤 하였다. 도른베르거 박사의 A-1 로켓에 대한 평은 다음과 같다.

"A-1 로켓은 처음의 짧은 시간 동안만 완전히 동작하고는 터져 버리고 말았다."

연구원들은 A-1 로켓에서 개량할 곳을 찾아낸 뒤 곧 다음 단계의 로

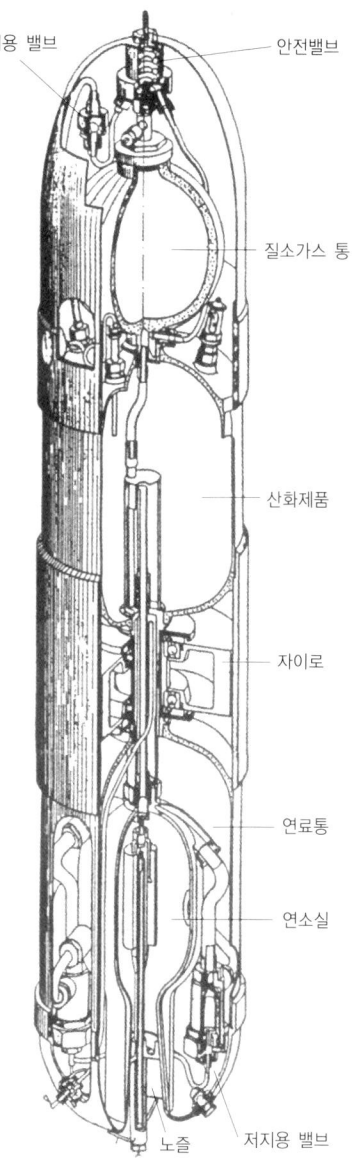

A-2 로켓의 구조

켓을 계속 개발하기로 결정하였다. 얼마 후 추력이 295kg 정도 되고 연소실은 듀랄루민을 사용한 새로운 종류의 로켓 엔진을 제작해냈다. 이 엔진은 로켓의 연료통에 있는 연료와 산화제 통에 있는 산화제를 수초 안에 삼켜서 굉장한 추력을 내는 엔진인데, 조종도 쉬웠으며 아주 강력한 것이었다. 로켓의 길이는 168cm, 지름은 30.5cm, 총 무게는 181kg으로 A-1 로켓보다 조금 컸으나, 앞부분에 있던 자세제어용 자이로스코프는 로켓의 중간부분인 연료통과 산화제 통 사이로 옮겼다.

후에 이 로켓은 A-2라는 이름이 붙여졌고, 1934년 12월까지 두 개의 완제품이 만들어졌다.

A-2 로켓은 성공

그들은 크리스마스 이브를 며칠 앞두고 북해에 있는 보르쿰(Borkum) 섬에서 두 개의 A-2 로켓을 발사했다. 둘 다 1,980m 정도까지 상승하여 4km를 비행하는 성공을 보였다.

A-2 로켓의 성공적인 비행 소식은 곧 고위층에 전달되었다. 1936년 폰 프리츠(Von Fritsch) 장군은 쿰머스도로프 베스트에 있는 그들의 실험실을 방문하여 실험광경을 실제로 본 후 매우 감격, 아주 많은 연구비를 지원하여 주었다. 그러한 지원이 오랫동안 계속되지는 않았지만 말이다.

그러나 처음 자금만 가지고도 발트 해에 있는 작은 섬 우세돔(Usedom)에 아주 크고 훌륭한 연구소를 세울 수 있었다. 이 연구소는 근처의 조그만 어촌 이름을 따서 '페네뮌데(Peenemuende)'라는 이름이 붙여졌다.

1937년부터 시작된 연구소 건설 공사는 다음 해에 끝났는데 이때까지 들인 자금만 3억 마르크였다. 그러나 몇 년 후에는 연구비가 바닥

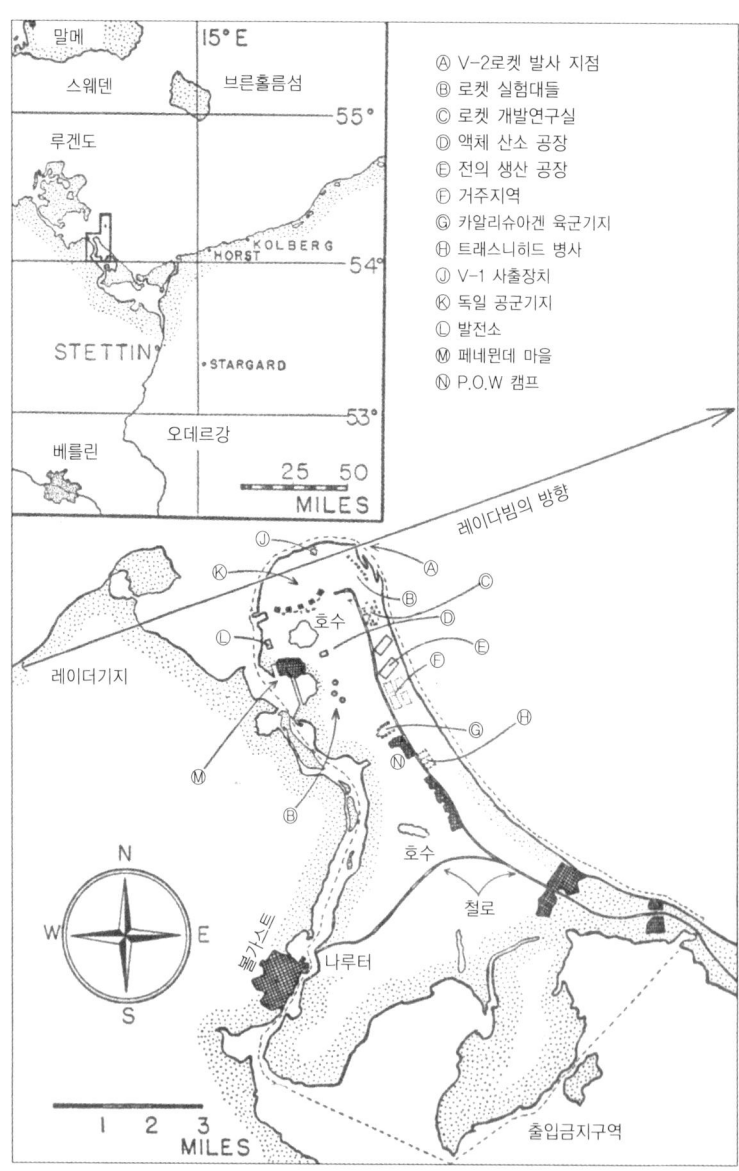

페네뮌데 로켓 연구소 지역

나 군 내부의 여러 곳에서 자금을 긁어모아 겨우 실험을 유지할 수 있었다.

3. V-2 로켓과 응용

- 현대로켓의 걸작품

페네뮌데 연구소에서 본격적으로 로켓 개발에 들어간 폰 브라운 박사는 몇 차례의 실험을 거친 후 마침내 V-2 로켓을 고공 60km까지 쏘아 올리는 데 성공한다. 계속된 개량을 거친 V-2 로켓은 제2차 세계대전 이후 세계 각국이 인공위성 발사용 로켓을 개발하는 데 가장 큰 공헌을 한다. 세계 각국의 우주 개발에 시동을 건 역사적인 로켓이었던 것이다.

페네뮌데 연구소에서 본격적인 로켓 연구

새로 옮긴 페네뮌데 연구소에서 다시 개발하기 시작한 로켓은 A-3 로켓이었다. 이 로켓의 길이는 7.6cm이고 지름은 76cm로 발사시 무게는 740kg이었다. A-3 로켓의 머리 부분은 배터리로 채워졌고 배터리 밑에는 여러 가지 기계들이 있었다. 이 기계들은 자기 고도계, 온도계, 조그만 촬영기 등이며 연료의 연소실 안 흐름도 무전을 통해 마음

A-3 로켓이 제 4영소 시험대에서 지상 영소 시험을 기다리고 있다

대로 조절할 수 있게 되어 있었다.

다시 아래에는 산화제가 들어 있는 액체 산소통과 작은 액체 질소통이 옆에 달려 있었다. 아래로 조금 더 내려가면 낙하산이 들어 있었고, 이어서 연료통과 로켓 엔진이 붙어 있었다. 꼬리 부분에는 네 개의 날개가 붙어 있었는데, 이 날개의 끝은 실험대에 묶여 있었다.

흑연 날개로 가스 분출 방향 조절

로켓 엔진은 45초 동안 1.5톤의 추력을 낼 수 있는 고성능이었으며, 특히 로켓 엔진의 분출구 끝에 흑연으로 만든 작은 날개를 만들어 붙임으로써 배기가스의 방향을 바꾸어 로켓의 자세를 조절할 수 있게 하는 등 획기적인 고안이 많이 사용되었다.

1936년에 발사된 3발의 A-3 로켓은 모두 1km 정도까지는 겨우 상승했으나 자세 제어장치와 안정날개에 문제가 있어 곧 낙하하고 말았다. 기대했던 것만큼 성능을 발휘해준 것은 엔진뿐이었다. 그나마 엔진만이라도 예상대로 작동되었던 덕분에 폰 브라운은 A-4, 즉 V-2 로켓을 설계할 수 있는 기초를 닦아놓은 셈이 되었다.

A-3 로켓이 여러 부분에서 산발적으로 실험에 성공할 즈음 A-4 로켓의 설계가 시작되었다. A-3 로켓의 실험에서 조금씩이나마 얻어진 자료들이 A-4 로켓의 설계에 쓰여 졌음은 물론이다.

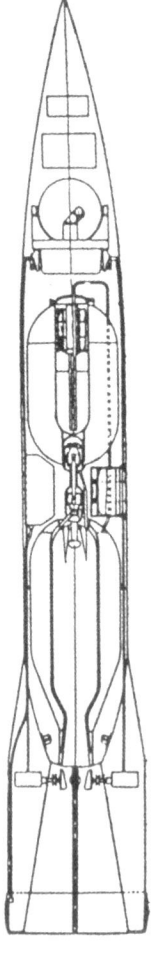

A-3 로켓의 내부구조

V-2 로켓 설계의 기초가 된 A-5 로켓 실험

그런데 A-3 로켓이 실제로 비행을 못하게 되자 여기에 실린 유도장치는 실험할 길이 막히게 되었다. 그래서 폰 브라운 팀은 유도장치만 실어서 실험할 로켓을 별도로 제작했다. A-5 로켓이 바로 그것이다. A-4 로켓은 아직 설계 단계에 있는데, A-5 로켓이 이미 만들어져 실험할 준비를 하고 있었던 것이다.

A-5 로켓의 추진기관 시스템은 기본적으로 A-3 로켓의 추진기관을 모델로 하여 큰 변경 없이 사용되었다. A-5 로켓의 길이는 6.7m, 지름은 71cm였으며, 총 무게는 816kg이었다. 추진제로는 과산화수소(H_2O_2)와 과망간산칼륨($KMnO_4$)을 사용했으며 추진제만의 무게는 272kg, 최대 추력은 1,500kg이었다.

A-5 로켓은 45초 동안 추진하여 13km까지 상승하며 18km를 비행하였다. 1938년이 다 지나기 전에 A-5 로켓을 발사시험을 통해 성공적으로 유도장치의 실험을 끝냈다.

독일 로켓 중에서는 최초로 분출가스의 흐름 속에 날개를 집어넣어 자세를 조종하는 실험에 성공한 것이다.

A-5 로켓이 성공적으로 비행해주었기 때문에 브라운 팀은 A-4 로켓의 설계를 1940년까지 마칠 수 있었고 곧 이어 제작에 들어갔다. A-4 로켓은 나중에 V-2라고 부르게 되는데, V는 독일어로 보복, 복수의 뜻을 갖고 있는 페어겔퉁(Vergeltung)의 머리글자를 딴 것이다. 그러나 제1회 발사 실험에서는 15cm 정도 상승하다가 폭발해버렸고, 1942년 7월 13일에 실시된 두 번째 발사 실험에서도 발사대를 이룩한 후 1.3km 정도 상승한 후 발트 해로 떨어져 버렸다.

같은 해 8월 16일에 있었던 세 번째 실험에서는 8km쯤 상승했을 때 안정날개 한 개가 부러지는 사고로 로켓 엔진이 고장 나면서 또다시

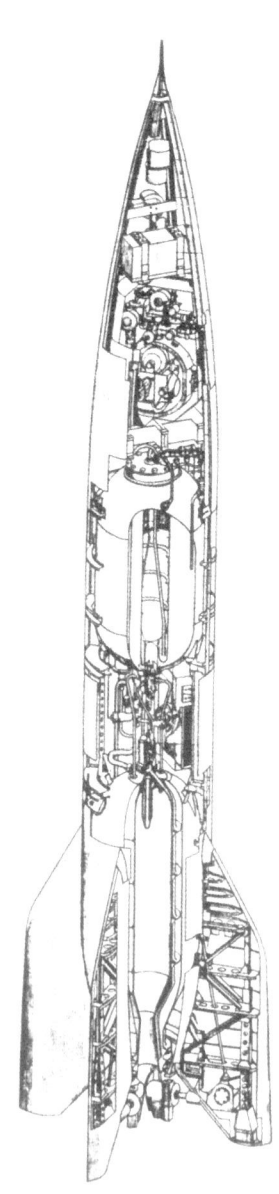

A-5 로켓의 내부구조

바다 속에 빠지고 말았다.

드디어 우주선이 탄생하다

1942년 10월 3일 토요일, 이날은 폰 브라운 박사로선 평생 잊지 못하는 날이 되었다. 왜냐하면 박사가 6만5천 번이나 설계도를 새로 그려가면서 제작한 A-4 로켓의 시험 발사에 대성공을 거둔 날이기 때문이다. 이날 정오 네 번째로 제작된 A-4 로켓은 발사대 위에 세워진 채로 연료의 주입이 끝난 뒤 점화 스위치가 눌러졌다.

고막을 울리는 폭음과 함께 거대한 로켓은 몸부림치기 시작했다. 검붉은 불길을 뿜어내며 처음에는 서서히 올라가더니 차츰 속력을 내어 하늘로 올라갔고, 유도장치에 의해 몇 초 후에는 45도로 기울어졌다. 하얀 비행 구름을 길게 끌며 차차 작아지더니 엷은 구름을 헤치고 성층권을 넘어 마침내 인류가 만든 그 어떤 물체도 아직 미치지 못했던 60km의 초 고공에 도달했다. A-4 로켓이 그 고도에 도달할 때까지 걸린 시간은 4분 56초.

이 시간동안 연구원들은 긴장 속에서 숨을 죽이고 지켜보다가 성공한 것을 알고는 환희의 함성을 터뜨렸다. A-4 로켓은 189km를 날아 목표지점에서 겨우 4km 떨어진 곳에 정확하게 떨어졌다.

똑같은 실패를 되풀이하지 않았다

이날 도른베르거가 폰 브라운 박사에게, "오늘 우리들이 해낸 것이 무엇인지 알겠습니까?"라고 묻자 브라운 박사는, "오늘 우주선이 탄생한 것입니다."라고 기쁨 어린 목소리로 말했다.

폰 브라운 박사가 이렇게 빨리 로켓을 완성시킬 수 있었던 것은 박사의 로켓에 대한 천재적인 재능도 있었겠지만, 절대로 두 번 다시 똑같은 실패를 되풀이하지 않았다는 점도 빼놓을 수 없다. 실패의 원인을 철저하게 분석해서 개량할 점, 보강할 점등을 찾아 다시는 그것이 실패의 원인이 될 수 없게 했던 것이다. 그렇게 철저하게 일을 추진하는 것이 결국은 개발 시간을 단축시키고 개발경비를 절약시킨다는 것을 박사는 누구보다도 잘 알고 있었다.

히틀러의 명령으로 생산 공장 건설

도른베르거는 A-4의 성공적으로 발사시험을 마치고 바로 대량생산을 하려고 했지만 그동안 많은 지원을 하던 폰 브라우치 육군 총사령관이 파면 당하고 병기국장인 베커장군이 히틀러의 노여움을 사서 자살하는 바람에 로켓개발의 성공한 사실을 히틀러한테 보고할 수 가 없었다. 또한 히틀러 친위대의 장군이 신무기인 A-4 로켓개발에 성공한 사실을 알고 로켓개발 사업을 육군에서 빼앗아 친위대에서 직접 운영하기 위하여 개발 책임자인 도른베르거에게 로켓개발에서 손을 떼게 하려는 사건 등이 벌어지면서 1년간을 허송세월을 보낸 것이다.

어느 나라든 국가를 위해 헌신적으로 연구하는 과학자들이 있는 반면에 과학자들의 업적을 빼앗아 자기의 출세에 이용하거나 친구의 사업을 위하여 과학자들로부터 연구에 대한 권리를 빼앗는 관료들도 있어 나라를 망치게 하는 경우도 있는 것이다.

1943년 3월 15일에는 폰 브라운 등 핵심과학자들이 체포되었으며 1944년 6월 1일에는 페네뮌데 로켓 연구소가 드디어 육군에서 분리되어 지멘스회사에서 나온 지배인 밑에 군수성이 관리하는 주식회사로 변경되었다.

1943년 7월 7일 도른베르거와 브라운 박사는 A-4 로켓의 성공적인 발사 과정을 영화로 만들어 히틀러에게 보여줄 수 있는 기회가 왔다. 영화를 다 본 히틀러는, "고맙소! 왜 내가 이 연구 성과를 좀더 빨리 신용하지 않았을까? 만일 이 로켓이 1939년에만 완성되었더라면 이런 전쟁을 시작할 것까지도 없을 텐데… " 하고 중얼거리더니, A-4 로켓을 대량으로 생산할 공장을 건설하라고 명령하였다.

이 공장은 적의 폭격이 거의 없는 베를린 남서쪽 200km 지점에 자리 잡은 곳으로, 할츠(Harz) 산맥의 남쪽 놀즈하우젠(Nordhausen) 시에서 가까운 돌소금을 캐낸 폐광 안에 급속히 건설되었다. 이 지하 로켓 공장은 넓이 3만 5천 평에 길이 2.5km에 이르는 두 개의 큰 터널 속에 설치되어, 3만 명의 기술자들이 매일 최고 30발씩 V-2 로켓을 생산해 냈다.

6개월만 빨랐으면 세계 역사가 바뀌었다.

1944년 9월 6일 파리를 향해서 두 발의 V-2가 발사되었다. 그중 한 발은 파리까지 날아가지 못한 채 파리 근방에 떨어졌고 한 발은 시내에 명중했지만, 프랑스군들은 비행기에서 떨어진 폭탄으로밖에 생각하지 않았으므로 혼란은 없었다.

이틀 후인 1944년 9월 8일 저녁 네덜란드의 헤이그 근방에서 발사된 두 발의 V-2가 처음으로 런던을 향해 날아가 명중한 이래, 1945년 3월 2일까지 1,359발이 발사되어 그중 1,115발이 명중, 런던에 치명적인 피해를 주었다. 런던 이외에도 유럽 여러 도시들을 향해서 2,000발의 V-2가 발사됐다. 전쟁이 끝난 후 아이젠하워 연합군 사령관이 "만일 V-2가 6개월만 먼저 나왔어도 세계의 역사는 달라졌을 것이다."라고 말한 것만 봐도 당시 V-2가 얼마나 무서운 비밀병기였나를 알 수 있다.

V-2 로켓의 조립공장

설계 및 제작된 순서에 따라 A-4 로켓이라고 불리던 V-2 로켓은 계속 개량되어 나중에는 2단 로켓으로까지 발전한다. 이 같은 다단계 로켓이 고안된 이유는 이제 공격의 직접 대상을 영국에 그치지 않고 대서양 건너 미국에까지 확대시키려 했기 때문이었다.

V-2 로켓의 구조

V-2 로켓은 크게 네 부분으로 나뉘어 있다. 위에서부터 차례로 탄두 부분, 유도 부분, 산화제 통과 연료통 부분 그리고 제일 아래에 로켓 엔진 등이다.

탄두 부분에는 1톤의 고성능 폭탄이 장전되어 있는데, 이 탄두 부분은 비행 중 공기와의 마찰에 의해 발생되는 열에 잘 견딜 수 있도록 설계되어 있다. 이 부분이 V-2 로켓 중에서 공기 마찰에 의해 표면의 온도가 가장 높게 올라가는 부분이기 때문이다. 유도 부분에는 유도

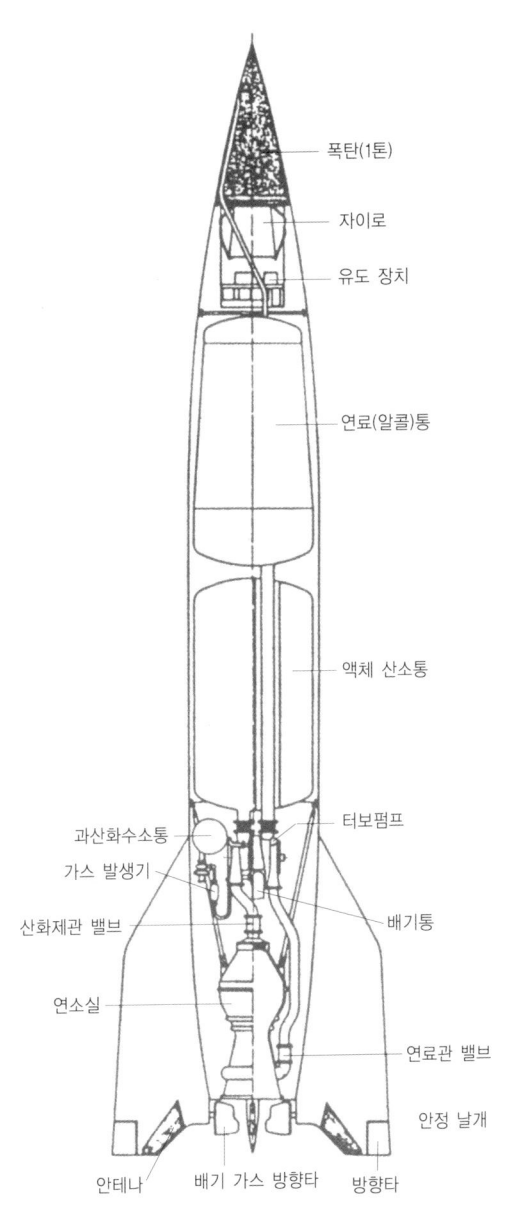

생산용 V-2 로켓의 구조

장치가 들어 있는데, 자이로스코프와 자동 조종장치 및 무선 송수신 장치로 구성되어 있다. 초기의 V-2 로켓은 무선 송수신 장치가 V-2의 속도·고도·지표면과의 경사 각도를 지상에 송신해주면, 안테나를 통해 이것을 수신한 지상의 관제원은 그 자료를 검토해서 V-2 로켓이 정확히 목표를 향하도록 무선으로 수정지령을 내리게 되어 있었다. V-2의 개량형 로켓에서는 단위 시간당 변화하는 속도의 차이를 측정하는 장치인 가속도계를 추가로 장치하면서, 무선 송수신 장치를 없애버렸다. 왜냐하면 이 가속도계가 V-2의 정확한 속도를 측정해서 엔진의 연료 공급을 자동적으로 조정하여 비행진로를 수정할 수 있도록 개조되었기 때문이다. 다음은 V-2 로켓 중에서 가장 많은 부분을 차지하는 추진제통이 들어 있는 부분이다. 추진제통의 위쪽에 있는 것은 연료통으로 연료인 에틸알콜 4,000kg을 채울 수 있고, 아래에 있는 산화제 통에는 산화제인 액체산소 5,000kg를 채울 수 있다. 특히 액체산소통은 외부의 열이 직접 전달되지 않도록 특수하게 설계되어 있다. 액체산소는 영하 183도이므로 실온에서는 금방 기체로 변해버리기 때문이다.

터보펌프 달린 진짜 액체 로켓엔진

엔진 부분에는 윗부분에 산화제와 연료를 연소실에 보내는 터보펌프가 있다. 터보펌프는 과산화수소와 과망간산칼륨을 반응시켜 발생하는 증기로 터빈을 돌려주며 터빈은 연료와 산화제 펌프를 구동시켜 준다. 펌프에 의해 연소실에 공급된 연료와 산화제는 적당히 혼합된 후 점화되어 고압의 초고온 연소가스를 만들어지며 맹렬한 속도로 노즐을 통해 분사되며 강력한 추력을 만든다.

V2 로켓의 제원

로켓의 전장	14m
몸통의 지름	1.65m
날개를 포함한 최대 지름	3.55m
적재할 수 있는 탄두의 무게	4,000kg
발사 전의 총 무게	12,900kg
액체산소(산화제)	4,970kg
알코올(물 25% 포함:연료)	3,965kg
추진제의 연소량(kg/sec)	127kg
알코올과 액체산소의 혼합비(알코올/액체산소)	0.81
연소 시간	65초
추력	25,000kg
연소실의 온도	2,700℃
연소실의 최대 기압	15기압
분사 가스의 속도	2,050m/sec
발사해서 수직 상승하는 시간	4초
49℃로 기울어져서 상승하는 시간	50초
최대 비행 속도	(마하 4.4) 1,600m/sec
지면에 충돌 속도	900~1,100m/sec
최고의 상승 고도	80~90km
비행거리	320km

발사 준비를 하고있는 V-2로켓

발사대는 튼튼한 기반 위에 세워지고, 거기에 수직으로 세우기 위한 철탑과 발사 준비를 위한 각종 시설들이 설치된다. V-2 로켓이 발사대 위에 올려지면 발사 준비는 연료 주입부터 시작된다.

추진제는 발사 직전에 넣는다. 추진제의 화학 성분은 극히 불안정하며 한번 통에 넣으면 절대로 새어나와서는 안 되기 때문이다. 만일 조금이라도 새어나오면 폭발할 위험이 있는 것이다. 추진제의 주입 순서는 제일 먼저 에틸알코올을 넣고, 다음에 과산화수소를 그리고 마지막으로 액체산소와 과망간산칼륨을 넣는다. 과망간산칼륨과 과산화수소는 연료 펌프를 회전시키기 위한 터빈용 증기를 만들기 위한 것이다.

V-2 로켓의 유도는 대기권 속에서와 밖에서 그 유도방식이 각각 다르다. 대기권 속에서는 뒷날개를 부분적으로 움직여서 비행을 유도하지만, 공기가 희박한 대기권 밖에서는 로켓의 분사구멍 끝에 붙어 있는 네 개의 작은 흑연날개가 분사 기류의 방향을 바꾸어 비행 진로를 유도하게 된다. 지상 96km 정도까지 올라가면 그

발사대를 떠나고 있는 V-2로켓

이후에는 포탄과 같이 관성비행을 하여 목표지점까지 비행하도록 설계되었다.

추진제가 연소하는 시간은 65초이며, 이 시간 동안에 연소되는 추진제의 양은 모두 8,935kg에 달한다.

우주 개발에 시동을 건 역사적인 로켓

V-2 로켓은 제2차 세계대전 후 세계 각 국이 인공위성 발사용 로켓을 개발하는 데 가장 큰 공헌을 하였다.

세계 최초의 인공위성인 러시아의 스푸트니크 1호를 발사한 R-7 로켓도 독일의 V-2로부터 시작되었고, 미국 최초의 인공위성을 우주로 보낸 우주로켓 주피터-C 역시 독일 과학자들에 의해 V-2로켓을 모체로 개발되어 발사됐으며, 프랑스의 인공위성 발사용 로켓인 디아망과 중국의 장정 로켓 역시 독일의 V-2로부터 시작되었다.

이처럼 독일의 V-2 로켓은 세계 각국의 우주 개발에 시동을 건 역사적인 로켓이었다. 물론 독일에서 이 로켓을 만든 목적은 우주 개발이 아니라 전쟁용 무기였지만 말이다.

대륙간 탄도 유도탄 계획

V-2 로켓을 완성한 페네뮌데의 독일 육군 로켓과학자들은 A계열의 로켓을 계속 연구해서 사정거리를 더 늘이려 하였다.

A-5 로켓은 A-4(V-2) 로켓이 완성되기 전에 이미 제작되었기 때문에 다음에는 A-6 로켓이 설계되었다. 이 로켓은 실험용으로 다른 추진제를 사용하도록 설계만 되었을 뿐 실제로 제작되지는 않았다.

A-7 로켓은 로켓의 몸통에 날개를 달아 활공비행을 할 수 있도록 설

V-2 로켓 엔진의 연소실 구조

계했는데, 시험 결과가 예상외로 좋아 4,000km 이상 떨어진 미국까지 공격할 수 있는 대륙간 탄도 유도탄(ICBM: Intercontinental Ballistic Missile)을 구상하게 되었다.

이러한 목적에 의해서 처음 설계된 것이 A-8 로켓인데, 이것은 계획으로만 그쳤고, 그 다음에 등장하는 것이 A-9와 A-10을 하나로 연결한 2단계 액체추진제 로켓이다.

독일 육군의 로켓 과학자들은 이 로켓을 아메리카 로켓이라고 불렀는데, A-10을 제1단으로 하고 A-9를 2단 로켓으로 사용하여 독일에서 4,200km 떨어진 미국을 직접 공격할 수 있도록 설계되었다.

독일 대륙간 탄도탄의 구조

대륙간 탄도탄의 설계는 처음과 그 뒤의 것이 조금 달랐으나 나중의 것을 중심으로 하여 그 비행방법과 구조, 성능 등을 알아보기로 하자.

먼저 제1단 구실을 하는 A-10 로켓의 길이는 20m이며 안정날개를 포함한 로켓의 최대 지름이 4.15m나 되는 거대한 로켓인데, 발사 전의 총 무게는 자그마치 69톤이나 된다.

1958년 1월 31일 미국 최초의 인공위성인 익스플로러 1호를 발사했던 주피터-C 로켓의 전체 무게가 29톤이었으니, 독일 대륙간 탄도탄의 크기와 성능을 짐작할 수 있을 것이다. 그리고 연소가 끝난 후에 남은 껍데기만의 무게는 17톤이며, 로켓에 실려 있는 추진제의 무게만도 무려 50톤 가까이 된다.

추진제의 연소량은 매초 1톤이므로 추진제는 50초 동안에 전부 연소하며 200톤의 추력을 낸다. 로켓이 지상 24km쯤 올라갔을 때의 속도는 초속 1,200m가 되고, 이때쯤 제1단 로켓은 연소가 끝나게 된다.

2단 로켓인 A-9 로켓에 점화가 되면 A-10 로켓이 분리되는데, A-

10 로켓은 낙하산을 펴고 지상으로 내려와 재사용할 수 있도록 설계되었다.

초속 2,800m

지상을 떠난 지 50초 후에 점화되는 A-9 로켓은 V-2 로켓(A-4)을 개량한 A-4b 로켓으로 길이 14.2m, 지름 1.65m로 로켓의 동체에 날개가 붙어 있다. 점화할 때의 총 무게가 16톤이며, 연료가 모두 연소되어 활공 비행할 때의 무게는 1톤의 폭탄 무게를 합하여 3톤이 된다.

A-9 로켓에 실려 있는 추진제의 무게는 12톤이며, 추진제를 연소실로 보내는 고압 펌프 동력용 연료의 무게는 350kg에 달한다. A-9 로켓의 모터는 1초에 125kg의 추진제를 소비해서 95초 동안 연소가스를 만들어 분사시키며, 로켓에 실려 있는 추진제가 전부 연소되었을 때는 지상 161km 지점에서 초속 2,800m의 속도로 계속 상승하여 지상 290km까지 관성으로 올라간 뒤 A-9 로켓의 몸통에 달린 날개를 이용, 관성 활공비행을 시작해 4,200km 떨어진 미국까지 폭탄을 보낼 수 있도록 설계되었다.

유인 우주비행 계획

독일 대륙간 탄도 유도탄의 첫 비행을 정확하게 유도하기 위해 처음에는 사람을 탑승시킬 것을 생각했다.

이 탑승자는 목표 지점에 가깝게 도착하자마자 사출식 좌석으로 자동적으로 튀어나와 낙하산을 펼쳐 낙하하도록 계획되었다. 그러나 전쟁이 끝날 무렵인 1944년 4월 9일, 상부의 명령으로 독일 육군 로켓 과학자들이 페네뮌데를 떠나기 직전까지 실험을 끝내가고 있었던 것

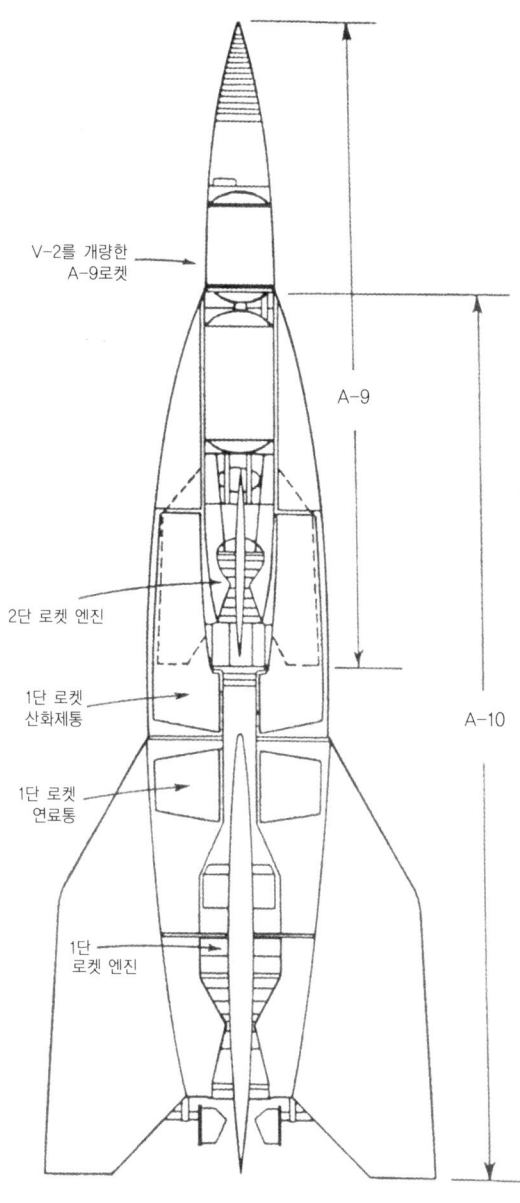

A-9, A-10 로켓의 구조

은 A-4b형 로켓이었다. 즉 A-4 로켓에다 날개를 붙인 것으로 비행거리가 A-4 로켓의 2배가 되는 640km 정도까지 확장시킨 것이었다.

그때까지 A-9 로켓은 어느 정도 완성된 듯했으나, 실제로 중요한 A-10 로켓은 설계만 대충 끝냈을 뿐 설계도는 완성시키지 못하고 있었다. 그런 채로 제2차 세계대전의 종결과 함께 이 거창한 아이디어는 막을 내리고 말았다.

그러나 참여했던 과학자들에 의해 결국 이 계획은 미국과 러시아에 계속 맥을 이어나가 미국과 러시아로 인공위성 발사와 유인 우주비행으로 이어지게 된다.

10년은 앞선 발상

만일 제 2차 세계대전이 몇 년 만 더 계속되어서 A-10 로켓을 발사하는 데 성공했더라면, 이것은 미국이 약 10여 년 뒤인 1961년 5월 5일 셰퍼드 2세가 자유 7호를 타고 지구 상공 185km까지 올라갔던 것에 비교될 수 있는 성과이다. 그렇다면 인간의 유인 우주비행과 달 탐험이 그만큼 앞당겨질 수 있었으리라는 상상을 해볼 수 있다.

A-9, A-10 로켓은 전체 길이가 34m에 추력이 200톤이었다. 1962년 2월 20일, 존 글렌이 탄 우정 7호 우주선을 발사하여 미국 최초로 유인 우주비행을 성공시킨 아틀라스-D(Atlas-D) 로켓의 길이가 22m, 추력이 62.3톤 정도였던 것으로 볼 때, A-9, A-10 로켓을 개조하면 충분히 유인 우주선을 발사할 수도 있었을 것이다.

독일의 대표적인 로켓을 꼽으라면 대부분 V-2 로켓이라고 말할 것이다. 사실 독일의 V-2 로켓만큼 성능이 우수하고, 세계 각 국의 로켓 개발에 큰 영향을 미친 걸작품이 없었던 것도 사실이다. 이렇듯 V-2 로켓이 너무 유명한 나머지 독일의 다른 로켓들은 그 로켓의 그늘에 가려 빛을 보지 못한 것도 있었다.

라인의 사자

페네뮌데 독일 육군로켓연구소 외에도 독일의 로켓 병기 연구소는 몇 곳이 더 있었다. 그중에서 민간 연구소인 라인메탈(Rhinemetall)만큼 많은 로켓을 연구한 곳도 드물다. 그들은 $3\frac{1}{2}$단의 고체 로켓을 완성시켰는데, 이 로켓이 바로 라인보테(Rhinebote: 라인의 사자使者)이다.

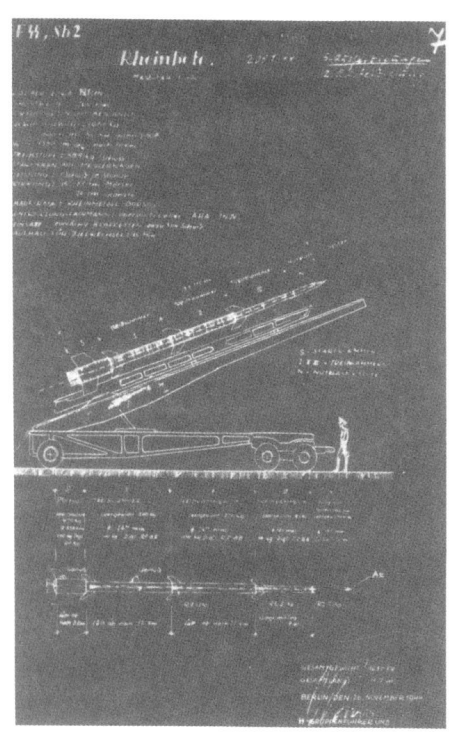

독일의 4단계 고체 추진제 로켓 라인의 사자 설계도(1944.12.20)

부스터(Booster: 추력 보강 로켓은 $\frac{1}{2}$단계로 계산함)가 붙어 있는 이 로켓의 추진제는 고체였기 때문에, 액체추진제 로켓보다 유지비가 적게 들고, 유지하기도 쉬워 경제적인 면에서 액체추진제 로켓보다 좋았다. 단 추력이 좀 약한 것이 흠이었다. 독일 군부가 이 로켓에 눈을 돌린 것은 전쟁이 끝나기 몇 개월 전인 1944년이었으므로 실전에는 몇 번 사용하지 못한 것 같다.

이 로켓의 총 길이는 11.4m이었는데 부스터 부분의 길이가 1.9m, 지름 53.5cm이었으며, 1단의 길이는 3.5m, 지름 26.8

㎝이었고, 2단의 길이와 지름은 1단과 같았다. 그리고 3단과 탄두를 합한 길이는 4m, 지름은 19㎝로 설계되어 있었다.

라인보테의 총 무게는 1,715㎏인데, 이중에서 부스터의 무게가 695㎏으로 제일 무겁고, 제1단 로켓은 무게 425㎏, 추력 5,600㎏, 제2단 로켓이 무게 395㎏, 추력 5,600㎏, 그리고 제3단 로켓이 무게 160㎏, 추력 3,430㎏이었다. 이 로켓은 325초 동안 비행하며 40㎏의 고성능 폭탄을 220㎞까지 운반할 수 있었다.

라인의 딸

같은 연구소에서 제작한 것 중에 '라인토흐터(Rhinetochter: 라인의 딸)'라는 로켓이 있다. 라인의 딸을 만든 목적이 물론 전쟁에 사용하기 위해서였겠지만, 특히 중요한 것은 이 로켓이 지상에서 적기를 쏘아 떨어뜨리는 지대공(地對空) 미사일의 시초였다는 점이다.

이 로켓에 달린 유도시스템은 적외선 유도장치로 완벽에 가까울 정도였으나, 실전에는 몇 번 사용하지 못한 것 같다.

라인의 딸 (Rhinetochter)

이 로켓의 총 길이는 6.28m이었으며, 부스터를 제외한 길이는 5m, 안정날개까지 포함한 최대 폭은 3.05m, 몸통의 최대 지름은 54cm에 달했으며, 발사 시 최대 무게는 1,564kg이었다. 이 로켓은 액체추진제를 사용했는데, 산화제는 쌀바이(Salbei)를 사용했다. 독일 로켓 과학자들은 흔히 질산(HNO_3)을 쌀바이라고 불렀다.

연료는 비졸(Visol)을 사용했다. 부스터에 사용된 추진제는 고체이며, 탄두에는 100kg의 폭탄을 실을 수 있었다. 연소 시간은 45초, 추력은 1,769kg이었으며, 연소 시간 동안 로켓은 8km 높이까지 상승할 수 있었다. 또한 최고 비행 속도는 매초 300m로 거의 음속에 가까웠으므로 당시의 비행기를 충분히 격추시킬 수 있는 고성능 미사일이었다.

스커드의 원조 바써팔

V-2 로켓의 몸체 중간에 날개를 달아놓은 것 같은 착각을 느끼게 하는 바써팔(Wasserfall)이라는 로켓은 1943년에 완성되었다. 전체 크기는 V-2 로켓의 반 정도로, 길이는 7.8m, 지름 88.5cm, 안정날개까지 포함한 최대 지름은 250cm이고, 발사시의 최대 무게는 3,810kg이었다. 산화제로는 쌀바이, 연료는 비졸을 사용해서 7,780kg의 추력을 42초 동안 얻도록 설계된 이 로켓의 최대 비행 속도는 초속 760m로 음속의 두 배 이상이었다. 최대로 상승할 수 있는 높이는 18.3km이었고, 최대 사정거리는 46km였다. 전파 유도방법을 사용한 이 무기는 초속 250m의 속도로 높이 18km 아래로 날아오는 비행기를 모두 격추시킬 수 있는 독일의 가압식 액체추진제 지대공 미사일이었다.

바써팔은 2차 세계대전 이후 러시아에서 개량되어 전 세계 공산국가에 가장 널리 퍼진 유명한 스커드-A(Scud-A) 미사일이 되었고 미국에서는 나이키 어잭스 미사일의 원조가 되었다.

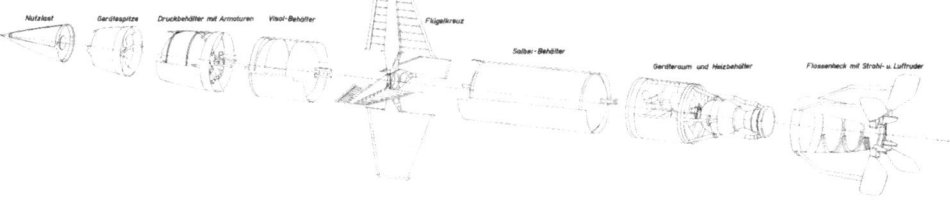

바써팔 로켓의 구조

러시아의 최초위성 발사

ROCKET

4

모스크바 시간 10시 28분 4초.
R-7 로켓에 의해 발사된 스푸트니크 1호는 118초 후 네 개의 1단 로켓이 연소를 끝내고 분리되었다. 곧이어 2단 로켓이 점화되어 200초 동안 연소. 발사 후 300초 만에 228km까지 상승하여 초속 7.9km 이상의 속도가 된 인공위성은 2단 로켓과 분리되며 지구 궤도에 성공적으로 진입한다. 드디어 인류 최초의 인공위성이 탄생되어 우주 개발의 막을 올린 것이다.

1. 러시아의 액체추진제 로켓

독일로부터 V-2로켓을 얻기 전에도 러시아에는 로켓이 있었을까? 러시아도 1929년경부터 액체 추진제 로켓을 만들어 발사시험을 하고 있었다. 그 중심에 있었던 과학자가 F. A. 찬더이다.

찬더의 그룹

러시아에서는 1929년 12월 이후부터 로켓 연구 그룹이 생겨 로켓을 실험하고 있었으나, 현대적인 로켓은 프리드리히 A. 찬더(Fridrikh A. Tsander)에 의해서 처음으로 실험·연구되었다. 찬더는 살아 있는 동안 로켓을 제작하는 데 필요한 여러 가지 문제점을 해결하려고 많은 연구를 했다. 그는 순수한 이론 연구만을 한 것이 아니라 1929년부터는 실제 로켓을 실험하기도 하였다.

1930년 초 찬더는 그의 첫 번째 실험용 로켓 엔진인 OR-1을 제작했다. 이 초보적인 로켓 엔진은 가솔린과 압축공기를 사용해서 5kg의

러시아의 초기 로켓엔진(RD-1)　　　　　러시아의 RD-100엔진

추력을 낼 수 있는 정도였지만 보다 더 효과적인 로켓 엔진을 제작할 수 있는 가능성을 암시해주고 있었다.

다음해 1월 찬더는 오사비아킴(Osaviakhim)과 함께 제트 엔진 연구반(TS GIRD)을 창립했다. 이 연구반은 회원과 후원자들에 의해서 자발적으로 운영되었다. 1932년 4월에 오사비아킴을 중심으로 한 회의에서 이 그룹은 앞으로 순환 냉각식 로켓 엔진을 연구하기로 결정하고 모스크바로 옮겨 모스거드(Mos GIRD)라는 이름으로 바꾸었다.

이 그룹은 러시아 로켓의 기술을 발전시키기 위해서 많은 노력을 했다. 이 그룹의 구성원인 천문학자, 기술자, 설계자, 학생들은 이 일에 매우 열심이어서 실험에 이용할 수 있는 시간이 생기기만 하면 실험실에서 살 정도였다.

OR-2는 거드에서 완성되었다. 연료는 휘발유(Petrol), 산화제로는 액체산소를 사용한 이 로켓 엔진은 22.7~90.6kg의 추력을 냈다. 로켓에 대한 훌륭한 아이디어를 갖고 있었던 물리학자 찬더는 OR-2를 설계한 후 병원에 입원, 치료를 받다 1933년 3월 18일 실험이 성공적이었다는 연락을 받은 후 열흘 만에 죽었다.

1930~32년 사이에 찬더는 1~5톤의 추력을 낼 수 있는 다른 액체 로켓 엔진을 설계해서 거드에 마지막 선물로 남겼다.

첫 번째 비행

첫 번째로 비행한 두 개의 로켓은 거드(GIRD)에서 제작한 것으로 1933년 8월 17일 모스크바 시외의 비행장에서 발사되었다.

거드-10호 로켓의 개발팀. 왼쪽 첫 번째가 개발팀장인 코롤레프

O-9로켓은 송진과 휘발유를 혼합한 액체연료와 액체산소를 산화제로 사용하였다. 이 로켓은 이날 비행에서 457m를 상승하여 로켓 연구에 정열을 쏟은 젊은 거드 회원들에게 많은 용기를 주었다. 다음해 1월에는 이 로켓을 개량해서 1,520m까지 올리는 데 성공하였다.

거드-9호 역시 거드에 의해서 제작되어 8월 17일 성공적으로 발사되었다.

찬더가 설계한 거드-10호는 무척 정밀하고 건실한 로켓이었다. 이것은 지금까지 설계·실험된 거드 계열의 로켓과 비슷한 것이었다. 길이 2.2m, 지름 14cm, 무게 29.5kg인 이 로켓은 알코올과 액체산소를 사용하여 1933년 11월 25일의 실험에서 68kg의 추력을 냈다. 거드-10호는 연료와 추진제통에 각각 압력을 가해주어 연료와 추진제를 연소실에 보내게 되어 있는 새로운 형의 로켓이었다.

짧은 발사 절차를 받은 거드-10호는 천천히 발사대를 솟아올랐다. 어느덧 로켓의 속도는 점점 가속되어 하늘로 맹렬히 치솟아 빨려 들어가고 있었다. 회원들은 환호성도 못지를 정도로 감격하고 있었다.

거드 회원들은 회장인 코롤레프(Sergei Pavlovich Korolev)와 수석 기술자인 N.I. 티혼라보프를 중심으로 하여 1935년에는 4,870m까지 상승할 수 있는 아주 진보적인 로켓을 제작했다.

가압식 로켓 엔진 ORM

같은 기간 동안 레닌그라드에서도 매우 재미있는 연구를 한 그룹이 있다. 그르슈코(Glushko)를 중심으로 한 가스역학연구그룹(GDL)이 1928년에 발족되었는데 이들은 제2차 세계대전이 일어날 때까지 계속 활동하면서 주로 군사형 로켓에 대해 연구했다.

그들은 1930년부터 본격적으로 액체추진제 로켓 엔진인 ORM-1을

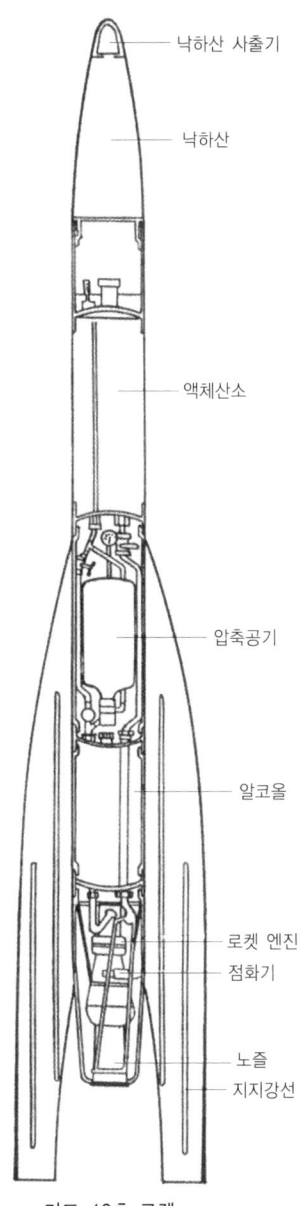

거드-10호 로켓

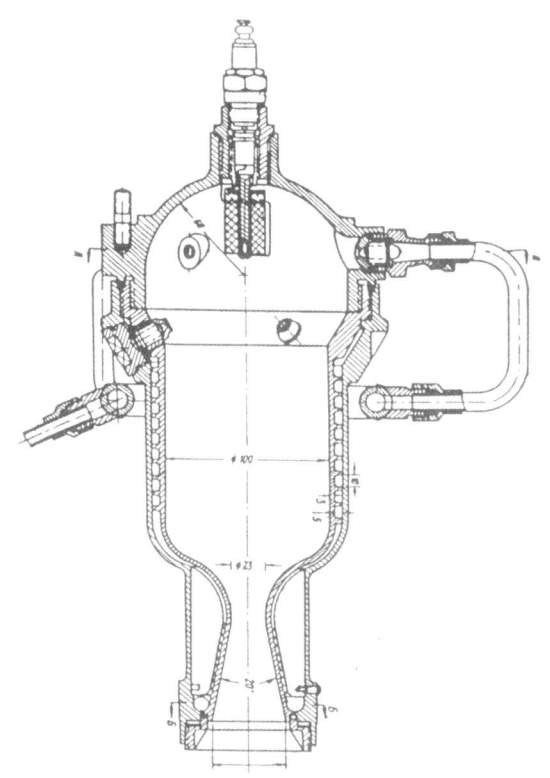

ORM-65 로켓엔진 설계도(1936)

제작 실험하기 시작했다. 과산화질소와 톨루엔을 작용시켜 추력을 얻을 수 있게 된 이 계열의 로켓 엔진은 1933년에 22.7kg의 추력을 얻었다. 그리고 케로신과 질산이 연료와 산화제로 사용되도록 개량된 ORM-50과 ORM-52의 로켓 엔진은 150kg과 300kg의 추력을 얻을 수 있게 발전되었다.

1934년에는 좀더 효과적인 로켓 엔진 연구를 위하여 코롤레프가 이끄는 모스거드와 가스역학 연구그룹을 통합하여 순환 냉각식 추진기관 연구소(RNII)를 설립하였다.

3년 후 ORM-65는 예상대로 정확히 동작했다. 이 로켓의 내부구조는 거드와 비슷했는데, 이로써 압축가스를 이용하여 산화제와 연료를 연소실로 밀어내는 방법이 정확하다는 것이 증명되었다. ORM-65는 49초간 계속된 이 날의 실험에서 50~170kg의 추력을 냈다.

 이들 그룹에서는 1932년부터 1941년까지 11개의 로켓을 실험하였는데, 그중 최고의 기록은 9.6km까지 상승한 것이었다.

2. 러시아의 V-2 로켓

2차 세계대전 이후 러시아도 독일의 V-2로켓을 가져와서 본격적으로 대형 로켓을 연구하기 시작했다. 그 당시 이 사업에 참여했던 러시아 과학자는 반년 만에 로켓을 복제하여 러시아제 V-2 로켓을 만들었다고 한다.

러시아로 온 V-2 로켓

독일의 V-2는 미국과 마찬가지로 러시아에 있어서도 로켓에 관한 인식을 달리하게 만들었다. 제2차 세계대전이 끝날 무렵 러시아는 마치 독일 점령의 최대 목적이 V-2 제조공장과 연구소를 차지하는 데 있었다는 듯이 페네뮌데를 점령했지만 이미 연구소의 중요한 과학자와 연구 자료는 미국으로 운반된 뒤였다. 두 달 후 러시아는 알타기아노프 교수의 지도 하에 될 수 있는 한 빨리 이 연구소가 재건되도록 지시했다. 연구소의 많은 독일인 기술자들이 소환되고 많은 자료가 재

수집 되었다. 그 중에는 V-2에 관한 모든 자료가 있었을 뿐 아니라 독일이 미국 공격용으로 연구 중이던 대륙간 탄도 유도탄(A-9, A-10의 2단계 로켓)에 관한 것도 있었다.

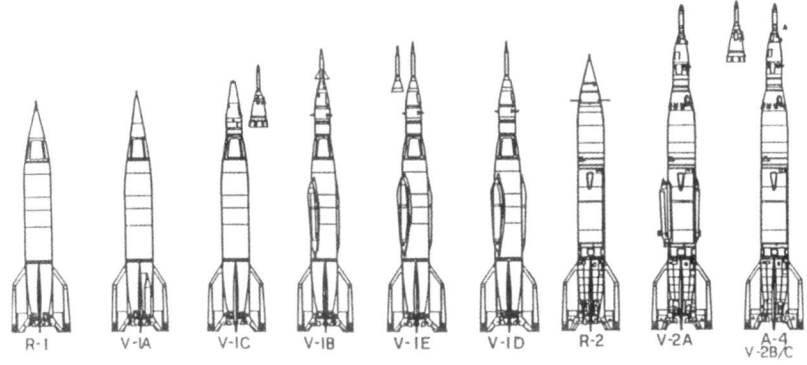

제 2차 세계대전 이후의 러시아 로켓

러시아에서 최초로 장거리 로켓의 군사적 이용이라는 것에 대해 흥미를 가지기 시작한 것은 1944년 4월 표구로프스키가 쓴 「장거리 로켓의 이용」이라는 논문이 발표된 이후부터이다. 또 1946년 5월 M. 게라시모프 중장은 자신이 쓴 글에서, 로켓포(미사일)는 수백 내지 수천 킬로미터 떨어진 목표물을 정확히 명중시킬 수 있고 또 그 발사위치의 탐지가 곤란하다는 좋은 점도 있다고 하면서 현재 그 연구는 진행 중이라고 발표하여 세간의 이목을 집중시켰다.

1946년 10월 러시아는 200여명의 독일인 로켓 기술자들을 본국으로 데려가 모스크바와 레닌그라드 사이에 있는 오슈타스코프 및 모스크바 교외에 있는 리브크에 수용하여 로켓연구에 강제 동원하였다. 거드의 회장이었던 코롤레프가 책임자로 독일의 V-2 로켓을 분석하고 연구, 1947년 10월 18일 러시아에서 만든 첫 V-2 로켓의 발사시험이 성공하였다.

액체 로켓 엔진의 개발

　로켓의 대형화에서 가장 중요한 것은 큰 추력을 발생하는 액체 로켓 엔진의 개발이다. 이 문제는 그르슈코가 담당해서 개발하였다. 첫 번째 일은 당시로는 초대형 액체 엔진인 독일의 V-2 엔진을 이해하고 모방하여 똑같은 것을 러시아에서 만드는 일이었다. 러시아에서 만든 V-2엔진을 그들은 'RD-100' 이라고 불렀으며 이 엔진은 산화제로 액체산소를, 연료는 에틸 알콜 대신 파라핀 기름을 사용해 V-2 로켓 엔진과 같은 27톤의 추력을 만들어냈다. V-2엔진의 모방에 성공한 러시아는 계속해서 RD-100 엔진을 개량하여 RD-101, 102, 103을 만들어 냈다.

V-2R 과학실험 로켓의 탑재부에 탑승한 강아지들이 기념촬영을 하고있다

러시아는 연소실 압력을 16.2기압에서 21.6기압으로 올려 26.2톤의 추력을 37톤으로, 그리고 연소시간을 65초에서 85초로 향상시킨 RD-101 엔진을 이용하여 R-3 로켓을 개발, 1949년 300km를 비행하였다. R-3 로켓을 개조한 V-2A 과학 관측 로켓은 212km까지 2,200kg의 과학 관측 탑재물을 올리기도 하였다. 또한 RD-101엔진을 좀더 개량한 RD-103M 엔진을 개발, 연소실 압력을 24.4기압으로 올려 추력을 44톤으로 키웠다. RD-103 엔진을 탑재한 직경 1.6m, 길이 23m의 V-5V 과학 관측 로켓은 1,300kg의 과학탑재물을 512km까지 올렸다.

러시아는 점차 대형로켓의 개발에 성공하면서 인공위성의 발사준비를 진행시켰다. 코롤레프는 인공위성을 발사할 수 있는 R-7 로켓의 개발을 시작했다.

3. 러시아의 우주 발사체 R-7

V-2로켓의 국산화로 대형 액체 추진제 로켓의 개발에 자신감을 얻은 러시아는 대형로켓을 만들어 인공위성을 발사하기 계획하였다. 미국이 폰 브라운 박사가 있어 인류가 달에 착륙하는데 성공했다면 러시아에는 코롤레프가 있어 초기의 우주 개발에서 미국을 앞설 수가 있었다.

러시아의 폰 브라운, 코롤레프

러시아의 폰 브라운이라 불리는 코롤레프는 인공위성용 대형로켓을 개발하기 위해서 추력 200톤 이상을 만들 수 있는 대형 로켓이 필요했다. 대형 로켓을 개발하는데 가장 필요한 것은 큰 추력을 생산하는 액체추진제 로켓 엔진이었다. 액체 로켓 엔진의 추력을 키우는 방법은 연소실을 크게 하여 높은 압력에서 많은 추진제를 태우는 것이다. 연소실을 크게하여 추력을 키우는 데는 많은 시간과 노력이 필요했다.

연소실이 커질수록 많은 추진제가 타면서 생기는 불안전한 연소를 해결하기가 쉽지 않기 때문이다. 엔진의 연소실에서 추진제가 타다가 발생하는 불안전 연소는 갑자기 연소실의 압력을 몇 배나 높여주어 엔진을 폭파시켰다. 코롤레프가 인공위성 발사체에 사용하려고 설계한 로켓엔진은 RD-105엔진이었다. 이 엔진은 58.8 기압에서 55톤의 추력을 발생하도록 설계하였다. 연소실은

세르게이 파블로비치 코롤레프

긴 원통형으로 직경이 60cm였다. 그러나 이 엔진은 연소 시험 중 불안전 연소가 많이 발생하여 불안전하였다. 게다가 당시 러시아는 미국보다 빨리 대륙간 탄도탄을 개발해야 했기 때문에 과학자들에게 많은 시간을 주지도 않았다.

R-7로켓의 발사과정

여러 생각 끝에 코롤레프는 많은 시험을 통해 안정성이 확인된 직경 43cm 크기의 연소실 여러개를 다발로 묶고, 대신 큰 추진제 공급용 터보펌프를 붙이기로 했다. RD-107엔진에 채용된 연소실은 그 동안 사용되었던 V-2 로켓의 연소실과는 달리 원통형의 형태이며 분사기는 평판에 붙이도록 고안된 것이다. 이러한 종류의 연소실은 제작이 편리하여 이후 러시아에서 개발된 모든 로켓엔진의 기본이 되었다. 그리고 그는 이 대형 엔진이 달린 로켓을 다시 4개를 다발로 묶어 1단 로켓으로 사용하여 추력을 증강시키는 아이디어를 생각해냈다. 사실 이 아이디어는 러시아 우주 개발의 시조격인 지올코프스키가 1900년대 초에 밝힌 아이디어로써 똑똑한 선배의 아이디어를 착실한 후배가 잘 활용한 좋은 예이다.

연소실을 다발로 묶은 RD-107엔진

1952년 코롤레프 연구그룹은 사정거리 7,000km의 대륙간 탄도탄인 R-7 개발에 착수하였다. 처음 2년간은 RD-105엔진 개발에 많은 노력을 쏟았으나 좋은 결과가 나오지 않자 바로 방향을 바꾸어 RD-107엔진의 개발을 시작하였다. RD-107엔진은 로켓 액체산소와 케로신을 추진제로 사용한다.

20.4톤의 추력을 발생하는 연소실 네 개에 대형 터보펌프 하나를 달아 모두 81.6톤의 추력을 118초 동안 낼 수 있는 성능인데 1954년에 설계를 시작하여 1957년 개발을 끝마쳤다. 코롤로프가 구상한 R-7 로켓은 기존의 다단계 로켓과는 달리 2단 로켓을 중심으로 그 주위에 네 개의 1단 로켓을 다발로 묶는 형태였다.

대형 로켓 개발에서 가장 어려운 기술 중의 하나는 대형로켓 엔진의 개발이다. 러시아는 이 문제를 기존에 안정성이 입증된 소형 연소실

RD-108엔진. RD-107엔진보다 추력은 조금 작고 연소시간은 긴 것이 특징이다

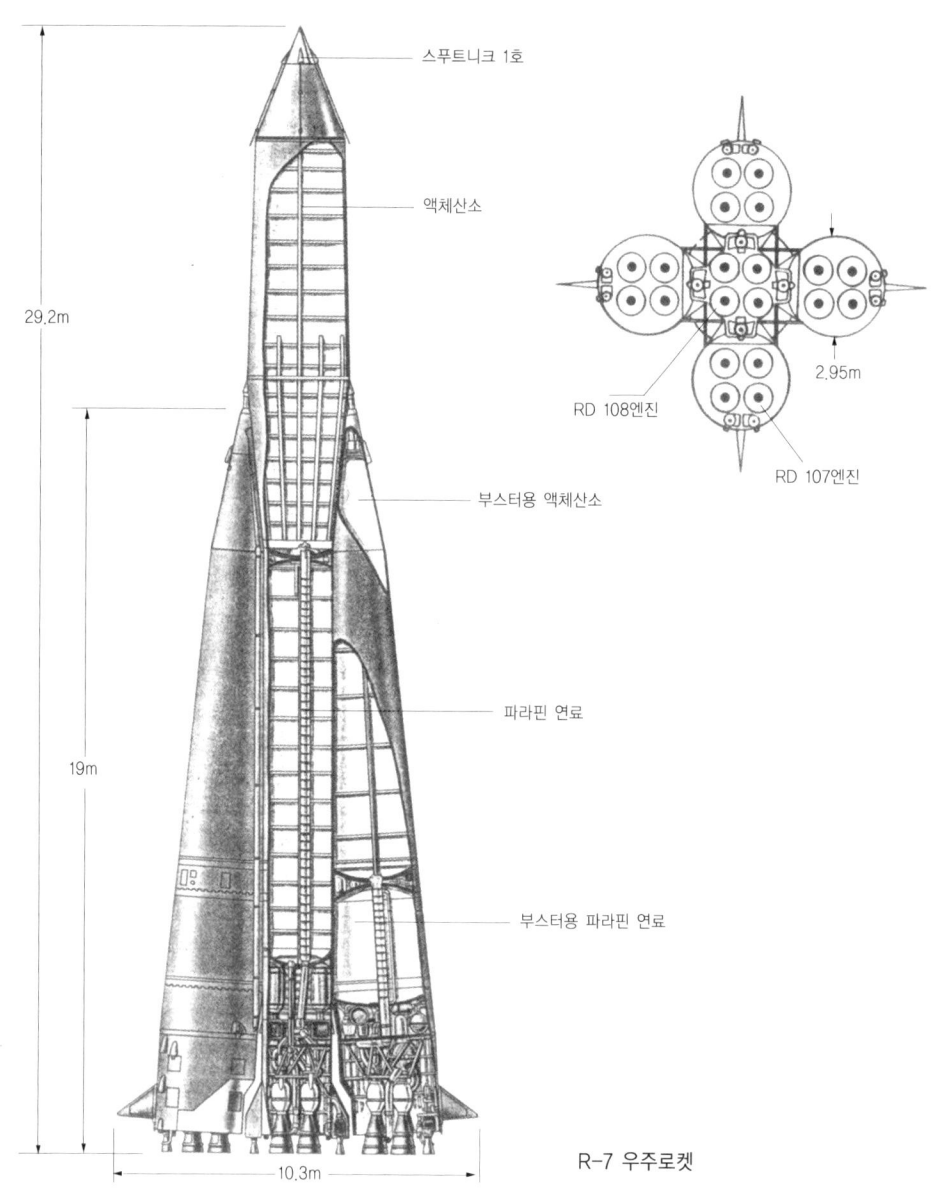

R-7 우주로켓

네 개를 다발로 묶은 뒤, 그 성능에 알맞은 대형 터보 펌프를 하나 개발하여 추진제를 공급함으로써 아주 짧은 시간 안에 해결할 수 있었다. 또 대형 엔진을 단 로켓을 몇 개를 묶어 1단 로켓으로 사용하는 방식으로 초대형 로켓을 빠른 시일 동안 경제적으로 개발할 수 있었던 것이다. R-7 로켓의 2단 로켓에 사용한 엔진은 RD-108로 RD-107엔진의 연소압력을 줄이고 대신 연소시간을 길게 한 것으로 근본적으로는 같은 엔진이다. 이러한 대형 로켓 개발 방식은 오늘날까지도 러시아의 대형 로켓 개발의 근본을 이루고 있다. RD-107과 RD-108엔진은 45년이 지난 지금도 사용되고 있는 최장수 로켓엔진이기도 하다.

로켓을 다발로 묶은 R-7 우주 발사체

R-7 로켓은 전체길이 29.2m, 최대 직경 10.3m였다. 1단에는 RD-107엔진 1개씩 단 부스터를 4개 장착하여 모두 327톤의 추력을 발생시켰다.

2단 로켓은 1단 로켓 엔진과 같은 종류의 추진제를 사용하는 RD-108 엔진을 개량한 것으로 추력은 73.6톤으로 줄인 대신 연소 시간을 244초로 늘린 것이다. 추진제를 채운 발사 직전의 최대 무게는 260톤으로 1.3톤짜리 인공위성을 지구 저궤도에 올릴 수 있는 성능이다.

당시 미국에서 폰 브라운 박사팀이 개발하고 있던 주피터-C 로켓의 1단 로켓 엔진 추력이 37.6톤, 로켓 전체의 무게가 29톤이었던 것과 비교해 보면 러시아의 R-7 로켓은 주피터-C의 10배나 되는 성능을 갖춘 초대형 로켓이었다. 미국과 러시아의 우주 개발은 이렇게 큰 수준의 차이에서 시작되었다. R-7 로켓의 본격적인 개발은 1954년부터 57년 사이에 진행되었다. 몇 번의 실패 끝에 1957년 8월 3일 처음으로 성공적인 발사 시험이 이루어졌다. 그리고 며칠 뒤인 1957년 8월 27

R-7 우주로켓의 조립 광경

일에는 R-7 로켓이 바이코누르 발사장에서 발사되어 8,000km 이상을 날아갔다.

최초의 인공위성 스푸트니크 1호

다시 6주 뒤인 1957년 10월 4일에는 세계 최초의 인공위성인 스푸트니크 1호가 R-7 로켓에 의해 성공적으로 발사되어 온 세상을 깜짝 놀라게 하였다. 러시아는 2차 세계대전이 끝난 뒤 불과 12년 만에 미국을 앞질러 첨단 과학기술의 상징인 인공위성을 발사함으로써 미국의 자존심을 짓밟아 버린 것이다.

스푸트니크 1호는 직경 58cm짜리 구형 인공위성으로써 무게는 83.6

kg이며, 네 개의 긴 안테나가 달려 있는 모양이다. 모스크바 시간 10시 28분 4초, R-7 로켓에 의해 발사된 스푸트니크 1호는 118초 후 네 개의 1단 로켓이 연소를 끝내고 분리되었다. 곧이어 2단 로켓이 점화되어 200초 동안 연소하였다. 발사 후 300초 만에 228km까지 상승하여 초속 7.9km 이상의 속도가 된 인공위성은 2단 로켓과 분리되며 지구 궤도에 성공적으로 진입하였다. 드디어 인류 최초의 인공위성이 탄생되어 우주 개발의 막을 올린 것이다.

스푸트니크 1호는 228~947km의 지구 타원궤도를 96분 17초에 한번씩 회전하면서 21일 동안 "비-프", "비-프"하는 신호음을 지구에 보내며 대기 압력과 온도를 측정하다 1958년 1월 4일 지구 대기권에 들어와 소멸되었다.

미국의 첫 위성 발사

5

러시아에서 세계 최초 인공위성이 발사된 지 109일 만인 1958년 1월 31일. 발사지로부터 수십 킬로미터까지 울린 폭음과 함께 강렬한 불꽃을 뿜으며 길이 21.12m의 주피터-C 로켓이 유유히 발사대를 벗어났다. 강렬한 탐조등 불빛 속에서 거대한 몸뚱이를 마음껏 자랑하며 하늘 속으로 빨려들어 간다. 여기저기서 환성이 터진다. "와! 성공이다."

1. 미국의 V-2 로켓
- 현대로켓의 개척자

　제 2차 세계대전이 끝나고 평화의 시대가 시작될 무렵, 과학자들의 관심은 온통 우주로 쏠렸다. 우리가 살고 있는 지구라는 땅덩어리 밖, 즉 우주에 대해 많은 의문을 갖기 시작했다.
　공기는 과연 어디까지 있을까? 태양에서 나오는 우주선(Space Ray)에는 어떤 종류가 있고, 또한 무엇으로 구성되어 있나? 지구 주위의 공간은 무엇으로 구성되어 있나? 이러한 많은 의문점을 파헤치기 위해 과학자들은 로켓을 이용하기로 했다. 로켓의 제일 윗부분에 과학 관측기구, 온도계, 압력계, 방사능 탐지기, 우주선 탐지기 등을 싣고 세계 각국에서는 누가 좀더 높이 올라가나 경쟁을 벌였다.

화이트 샌드

　제 2차 세계대전이 끝날 무렵, 미 육군은 페이퍼 클립 작전을 비밀리에 계획해서 독일로 진격하는 즉시, V-2 로켓 공장이 있는 놀드하우

화이트 샌드에서 V-2 로켓의 발사시험을 준비하는 모습

젠에서 러시아군이 도착하기 전에 수많은 로켓의 부분품과 조립중인 V-2 로켓의 부속품을 깡그리 긁어모아 본국으로 보냈다.

더욱이 미국으로서 다행스러웠던 일은 해체된 페네뮌데 연구진의 투항을 받은 것이다. 그들 중에서 폰 브라운 박사와 독일 육군 로켓연구소 책임자였던 발터 도른베르거 등을 포함한 180여 명의 로켓 관련 최고의 과학자와 기술자들이 미국으로 건너왔으며, 연구진 중 단 한 사람만이 러시아를 택했다.

미 육군 공병단은 독일 로켓 과학자들의 연구를 위해서 뉴멕시코에서 고산으로 둘러싸여 있는 분지를 얻었다. 이곳은 분지임에도 불구하고 전부 모래로 되어 있는데, 길이 160km, 폭 64km의 광활한 사막지대였다. 이곳의 모래가 흰색이어서 화이트 샌드(Whitesand)라고 불렀는데, 그다지 멀지 않은 곳에 세계 최초의 원자폭탄을 실험한 곳이 있었다. 이곳에는 장차 각종 로켓의 발사 실험을 위해 주택, 사무소, 공장 등이 세워졌고, 시내에서 11km 떨어진 지점에 발사대, 조립공장 및 부대시설이 갖추어졌다. 그리고 그 주위에 추적용 레이더와 천체망원경, 관측소 등을 세워 로켓 실험장으로서의 면모를 갖추었다. 필자는 미국에서 공부가 끝날 무렵인 1985년 여름, 이곳을 방문했다. 이곳에는 로켓관련 우주박물관도 하나 세워져 있었고 많이 낡은 오래된 길가의 주막이나 상점에는 로켓을 연상하는 즉 '로켓 카페(Rocket Cafe)' 같은 간판이 달려있어 독일에서 온 과학자들이 이곳에서 맥주를 마시며 고향생각을 많이 했을 것이다.

과학관측 실험에 이용된 V-2 로켓

1946년 1월, 미 육군 공병단에서는 V-2 로켓의 발사 시험에 참가해달라는 내용의 안내장을 각 정부기관과 대학의 물리학과에 발송했다. 그 안내장에는 지상 100km 이상의 높은 곳에서 실험해보고 싶은 각종 계획을 제출하면 실험할 기회를 주겠다는 제안이 들어 있었다. 고층 대기권의 상태에 많은 관심을 가진 과학자들은 곧 로켓의 앞머리에 실을 각종 실험 기구와 기록 장치를 준비하면서 하루 빨리 자기들의 실험이 행해지길 기다렸다.

이 실험 계획이 과학자들로부터 열광적인 찬사를 받았던 이유는 기구를 이용한 측정은 지구 표면으로부터 32km까지 밖에 올라가지 못하지만, 로켓은 지구 표면으로부터 160km 이상의 높이에 있는 전리층(지구 상공에서, 대기가 이온화하여 전자나 산소, 헬륨, 질소 등의 이온이 많이 존재하는 층)까지 상승할 수 있으므로 로켓에 실린 관측 장치들을 이용하여 신비스러운 이곳의 정보를 알 수 있는 기회였기 때문이다.

1946년 3월 15일 미국에서 최초로 조립된 V-2 로켓은 실제로 발사

V-2 로켓의 발사 장면

되기에 앞서 산을 깎은 곳에 설치한 발사대에 올려져 연소 실험이 행해졌다. 첫 발사는 1946년 4월 16일 각 대학에서 물리학, 천문학교수들이 제작한 각종 관측 장치들이 폭탄 대신 실린 채 화이트 샌드 발사장에서 이루어졌다. 그러나 발사된 로켓은 8km 정도밖에 솟아오르지 않아 실패로 끝나고 말았다.

로켓과 지상 사이 송수신 방법 개발

1946년이 다 지나가기 전에 이들은 16발의 V-2 로켓을 발사해서 최고 182km까지 올리는 데 성공하였다. 이들의 발사가 이렇게 늦어진 것은 그 동안 정밀하게 만든 각종 과학 실험용 측정 장치를 발사 후에 안전하게 되돌아오게 하는 문제, 그리고 낙하산의 배치 같은 것을 해결하는 데 많은 시간이 걸렸기 때문이었다. 한편 과학자들은 로켓 실험에서 얻은 각종 자료를 지상으로 보내는 새로운 장거리 송수신 방법을 개발했다. 공기의 온도, 밀도 등을 기록 장치가 점(·)과 대시(一) 등의 부호로 기록하면, 로켓 앞부분에 설치된 송신기가 이 기록들을 지구의 관측소로 송신하게 되어 있다. 그리고 지상에서 이 부호를 포착하면 즉시 해석되어 측정치를 알 수 있도록 설계되었다.

이러한 방법은 그 후 무선 송수신 및 탄도탄이나 인공위성이 항행하는 도중 여러 가지 실험을 하는 데 가장 믿을 수 있는 송수신 방법으로 발전되었다.

2단 로켓을 위한 범퍼 와크 계획

V-2 로켓이 독일에서 계획했던 대륙간 탄도 유도탄인 '아메리카 로켓'에 있어서는 날개를 달아 2단계 로켓 역할을 하도록 설계되었지만, 미국으로 건너와 미국 육군이 개발해서 실험을 끝낸 와크 코퍼럴(Wac-Corporal) 로켓에 있어서는 1단계 로켓 역할을 하는 신세로 변했다.

이 2단 로켓의 개발이 '범퍼 와크(Bumper-Wac)' 계획이다. V-2 로켓과 와크 코퍼럴 로켓을 연결한 길이 20m, 총 무게 15톤의 2단계 로켓을 이용하여 고공에 탑재물(각종 실험기구 및 송수신기)을 올리고, 다단계 로켓의 시스템을 실험해보기 위한 것이 이 계획의 목적이었다.

와크 코퍼럴 로켓은 길이 4.87m, 지름 30.48cm로 세 개의 날개를 가졌으며, 발사할 때의 무게는 302kg이었다. 681kg의 추력을 45초 동안 발생시켜 30km쯤 상승할 수 있는 이 액체추진제 로켓은 에어로 제트 회사의 엔진을 사용했다.

390km 올라가 세계 기록

1948년 5월 13일 발사된 최초의 범퍼 와크 로켓은 112km를 상승했을 뿐이었으나, 1949년 2월 29일 발사된 로켓은 390km까지 올라가 당시 세계 최고의 기록을 세웠다.

지금까지 각종 로켓을 발사하는 데 사용됐던 화이트 샌드 발사장은 작은 규모의 과학 관측 로켓을 실험하기에는 적당하였으나, 대형 다단계 로켓이나 탄도 미사일을 실험하기에는 적당치 않았다. 이 때문에 적합한 장소를 물색하던 중 플로리다 주의 마이애미 북쪽에 자리 잡고 있는 케이프 커내버럴이 선정되었다. 이곳이 로켓 발사 실험장으로 설계된 것은 1949년 5월 11일 당시 트루먼 대통령의 허가를 받은 이후이다. 케이프 커내버럴의 위쪽 넓은 부지에는 1960년초 새턴 5형 달로켓의 발사장이 건설되었는데 미국의 우주 개발을 급속도로 발전시킨 케네디 대통령을 추모하기 위해 1963년 10월 이곳을 케이프 케네디 우주센터로 이름 지었다.

케이프 커내버럴에서 발사된 최초의 로켓은 역시 범퍼 와크 계획의 여덟 번째 로켓으로, 1950년 7월 24일 오전 9시 29분에 발사되었다.

순수한 액체 과학 로켓 에어로비

육군에서 범퍼 와크 계획이 한창 진행되고 있을 때 해군에서는 바이킹 로켓과 바이킹보다는 작고 와크 코퍼럴보다는 큰 에어로비(Aerobee)라는 로켓을 제작하기로 했다.

존스 홉킨스 대학 응용물리학 연구소의 지도로 더글러스 항공사와

와크 코퍼럴 미사일

에어로제트 회사가 합작해 만든 이 액체추진제 로켓의 길이는 5.79m, 지름 38.1㎝, 발사 직전의 무게 855kg, 탑재물의 무게 68kg에 추력 1,860kg으로 상승 고도 100~110km였다. 이 에어로비 로켓은 순수 과학 관측용으로 미국 해군의 요구로 제작되었다. 와크 코퍼럴은 탑재물의 무게가 11kg 정도였지만, 에어로비 로켓은 68kg으로 비교적 많은 탑재물을 실을 수 있었다.

에어로비 로켓은 와크 코퍼럴 로켓을 모델로 하여 제작된 것으로 추진제는 산화제로 질산을 그리고 연료는 아닐린과 알코올을 섞어 사용

에어로비 로켓의 조립

하였고, 추진제는 고압의 질소가스에 의해서 연소실로 보내지도록 설계되었다. 고체추진제 로켓을 추력 보강용 로켓(부스터)으로 사용했다.

첫 번째 에어로비 로켓은 1947년 11월 14일 성공적으로 발사되어 1957년까지 모두 165기가 고공에서의 과학 실험을 위해 발사되었다. 1955년에는 에어로비를 개량한 에어로비 하이(Aerobee-Hi) 로켓을 발사해 성공했다. 에어로비 하이 로켓은 연소 시간이 42.3초로 이전의 에어로비 로켓보다 10여 초 이상 연소 시간이 길어져 228km까지 상승할 수 있도록 성능이 향상되었다. 특히 이 로켓의 성능과 신뢰성은 아주 우수해서 미국의 육군, 해군, 공군 등에서 과학 실험용으로 사용했으며, 나중에는 IGY(국제지구관측년: 1957년 7월 1일부터 1958년 12월 31일까지 18개월 동안을 지구를 연구하고 관측하는 해로 정해 세계 70여 개 국가에서 3만여 명의 과학자들이 참여했다) 기간 동안 지구의 고층권 연구를 위해 여러 번 발사되었다.

고체 과학로켓 나이키 데콘과 카준

과학 관측 로켓은 로켓의 머리 부분에 각종 과학관측 및 실험기구를 싣고 지구의 고층(수십 킬로미터부터 1,000km 이상까지)에 올라갔다

내려오면서 지구 대기 등에 대한 각종 관측과 실험을 실시해 그 결과를 지구로 보내왔다.

이러한 로켓 중에 대표적인 것으로 에어로비 로켓 이외에 나이키 데콘(Nike-Deacon)과 나이키 카준(Nike-Cajun) 로켓이 있다.

나이키 데콘 로켓은 제2차 세계대전 말기에 개발된 미사일로, 미국 항공우주국에서 구매하여 나이키 로켓에 붙여 과학관측용으로 사용했으며, 카준 로켓은 데콘 로켓에다 추진제만 개량한 것이다. 데콘 로켓의 길이는 2.72m, 지름 18cm이며 고체추진제를 이용해 2.7톤의 추력을 3초 정도 낼 수 있었다. 카준 로켓의 크기는 데콘 로켓과 비슷하며 3.8톤의 추력을 3초 동안 낼 수 있었다. 이 로켓은 1955년 22kg의 탑재물을 싣고 발사되어 110km까지 올라갔으며, 나이키 카준 로켓은 1956년에 같은 무게의 탑재물을 싣고 166km까지 상승하였다. 이들 두 종류의 로켓도 국제지구관측년 동안 세계 각국에서 많이 발사되었다.

나이키 카쥰 과학 관측 로켓(미국)

2. 미국의 우주 발사체 뱅가드

-순수한 미국 토종 팀의 로켓

독일의 V-2 로켓이 미국의 로켓 발달에 기여한 점은 지금까지 보아온 바와 같다. 민간 연구 단체나 육군 이외에도 미국 해군에서는 V-2를 기초로 해서 거대한 액체추진제 로켓을 제작했는데, 그 이름은 악명을 떨친 고대 북유럽의 해적을 대표하는 바이킹이었다.

바이킹 로켓

해적으로 유명한 바이킹(Viking)에서 이름을 딴 해군의 거대한 액체추진제 로켓 바이킹은 1946년경부터 독일의 V-2 로켓을 기초로 해서 해군연구소의 밀톤 W. 로젠 박사가 중심이 되어 마틴 항공사와 리액션 모터스 회사에서 제작되었다.

초기 바이킹 로켓의 길이는 V-2 로켓보다 약간 긴 14.8m였으며, 지름이 81.2cm, 탑재물 무게 227kg, 발사 직전의 로켓 무게는 5.2톤, 추력 9,275kg로 최고 152km까지 상승할 수 있게 설계했다가, 바이킹 8호

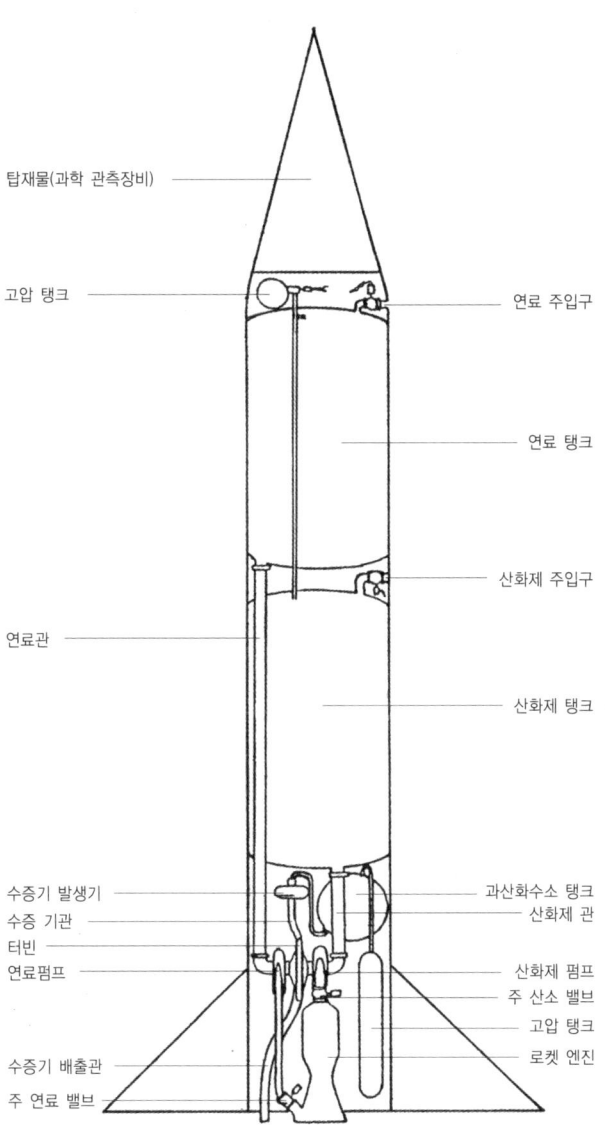

바이킹 로켓의 구조

부터는 길이 12.8m, 지름 114.3cm, 탑재물 무게 453kg에 발사 직전의 무게는 6.7톤, 추력 9,275kg로 약간 커져 상승 한도가 215km로 증가되었다.

바이킹 로켓의 특징은 외피를 가볍게 하기 위하여 알루미늄으로 만들었다는 것이다. 그리고 로켓엔진 상부 주위에 짐벌을 달아서 로켓의 비행방향에 변동이 생겼음을 상부에 장치된 자이로스코프를 이용하여 알게 되면, 기울어진 정도만큼의 전기 신호가 꼬리 부분에 있는 엔진에 전달되어 추진 방향을 수정했다는 점이다. 신호를 받은 엔진이 방향 오차를 수정하는 데 필요한 방향과 각도를 자동적으로 기울어지게 함으로써 자세를 바로잡게 되어 있다. 이 엔진은 리액션 모터스 회사에서 설계·제작한 것이다. 바이킹 로켓이야말로 경제적이고 깨끗한 로켓이었다.

연료 주입에서 발사까지

밀톤 W. 로젠 박사가 지은 『바이킹 로켓 이야기』와 데이비드 O. 우드버리가 지은 『우주로 가는 길』을 참고로, 바이킹 로켓에 연료를 주입해서 발사하는 과정을 살펴보자.

각종 연료를 주입하는 작업은 무척 위험하다. 추진제의 주입 작업은 발사 세 시간 전에 알코올을 실은 자동차가 발사대 위에 올라오면서 시작된다. 알코올을 주입하는 데는 거의 문제되는 일이 없다. 손으로 펌프질을 해서 넣는데, 약간 흘러도 위험하지는 않다. 그렇지만 그 다음에 주입되는 과산화수소의 경우는 무척 위험하다. 일반적으로 약국에서도 소독제로 사용하는 것은 2%의 과산화수소 수용액(옥시풀)이고, 로켓에 사용하는 과산화수소는 거의 99%에 가까운 순수한 것이기 때문에 불안정하고 독성이 강해 언제나 발화 또는 폭발할 염려가 있다.

과산화수소는 로켓이 발사되기 직전 과망간산칼륨과 맹렬하게 화학반응을 일으켜 산소와 수증기를 발생시키는데, 이때 발생되는 가스는 연료와 산화제를 연소실로 공급해주는 펌프에 달린 터빈으로 주입되어 펌프를 회전시킨다. 연료와 산화제 주입용 펌프는 고속 원심 펌프로서 대단히 힘이 세야 하는데, 바이킹 로켓에 사용하는 것은 소방차에 사용했던 펌프로 매초 113 l 의 액체산소와 알코올을 로켓의 연료 및 산화제통에 주입할 수 있는 것이었다.

마지막으로 액체산소를 주입하면 추진제 주입은 끝나게 된다. 이 액체산소는 화이트 샌드에서 발사하는 모든 로켓에 제공하기 위하여 특수 이중 탱크로 만든 트럭으로 운반해온다.

액체산소 주입

액체산소는 기체 상태의 산소에 섭씨 영하 183도의 저온과 고압을 가하여 청색의 액체상태로 만든 것이다. 그렇기 때문에 액체산소는 저온과 고압의 유지를 위해 안전밸브가 달린 특수 보존용기에 담겨져 있다.

액체산소는 특수용기 속에서도 외부의 온도 때문에 항상 서서히 기화되는데, 그 가스는 밖으로 내보내야만 한다. 기화된 가스 역시 영하 100도이며, 공기 중의 습기를 만나면 순간적으로 그것을 빙결시켜 눈과 같은 결정을 만들며 날아가면서 수증기로 변해버린다. 이러한 액체산소의 특성 때문에 액체산소를 로켓에 주입하는 파이프 및 로켓의 산화제통 부근은 공기 중의 습기와 만난 산소인 얼음으로 온통 뒤덮이게 된다. 얼굴에는 두꺼운 플라스틱 마스크를 쓰고 특수복을 입은 전문가들이 트럭에 실려 있는 액체산소를 로켓의 산화제통에 2~3분의 빠른 시간 안에 옮겨 넣을 수 있도록 산소통의 상부 밸브를 미리 열어놓아야 한다.

일단 액체산소가 주입되고 나면 되도록 행동을 빨리 취해야 한다. 만일 오랜 시간 카운트다운이 중단되면 알코올을 충분히 연소시킬 액체산소가 부족해져 로켓의 비행거리가 그만큼 짧아지기 때문에 몇 번이라도 다시 액체산소를 채워 넣어서 충분하게 줘야 한다.

긴장된 마지막 순간

추진제 주입이 끝나고, 발사 15분전이 되면 전기 스위치를 넣어 자이로 원동기, 밸브 개폐장치 등 복잡한 장치에 전원을 공급시켜주고, 각 부분의 마지막 점검이 급속하게 진행된다. 조정판의 붉은 등이 안전을 나타내는 파란 등으로 변해간다.

발사 60초 전에는 액체산소의 밸브를 잠근다.

발사대에서 50~60m 떨어진 곳에는 피라미드같이 생긴 로켓 발사 조종실이 있다. 4.5m 두께의 철근 콘크리트 벽으로 된 이곳에서 사람들은 두꺼운 유리로 된 조그만 창으로 밖을 내다본다. 그야말로 긴장된 순간이다. 로켓이 발사되는 광경을 이렇게 가까운 곳에서 볼 수 있는 사람은 몇 사람에 지나지 않는다.

모든 준비가 완료되면 카운트다운 되는 숫자가 점점 작아진다.

3, 2, 1, 0, 발사!

발사 책임자는 안전키를 잡아당기고 붉은 단추를 누른다.

이 순간부터 로켓은 자유의 몸이 된다. 폭발하고 싶으면 폭발하고, 올라가고 싶으면 올라갈 수 있는 것이다. 무섭게 으르렁대는 연소가스의 분사음과 조종실의 긴장된 침묵으로 입 속에 있는 침마저 목구멍으로 넘어가지 않는다. 철봉 마스트가 놀란 토끼처럼 뒤로 물러나

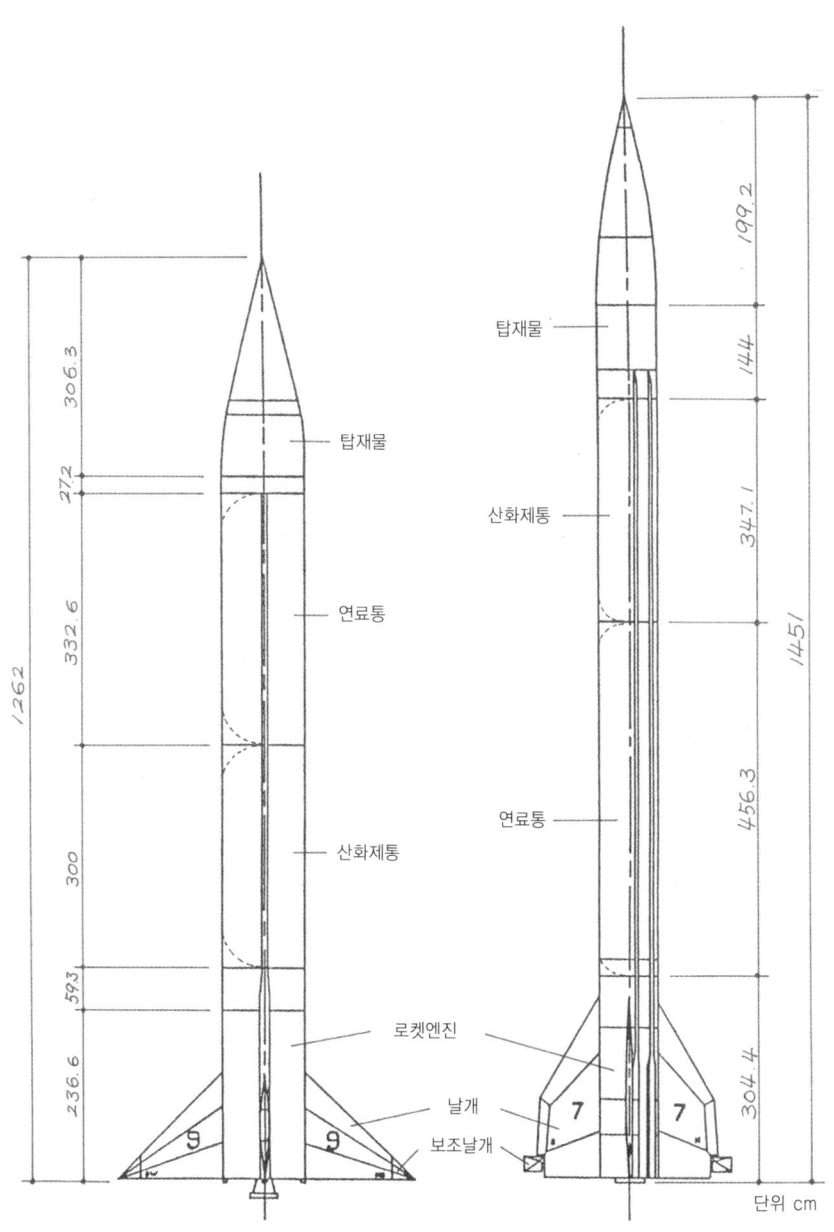

바이킹 7호와 9호의 모습

야 로켓에 달려 있던 긴 케이블이 흔들리며 떨어진다. 알코올과 액체산소가 터빈의 압력에 못 이겨 움푹한 연소실로 분사되어 나와 서로 만난 후 맹렬히 연소하면서 로켓 엔진 밖으로 튀어나오는 광경은 보는 이로 하여금 탄성을 지르게 한다. 로켓 엔진에서 내뿜는 화염으로부터 발사대를 보호하기 위해 갑자기 홍수 같은 물들이 발사대 밑에서 위로 솟구쳐 오른다. 물의 일부는 액체산소통 주위에 얼어붙게 되지만, 일부는 로켓의 엔진에서 나오는 화염과 싸우다 지쳐 수증기 구름으로 변해 발사대 주위를 감싸게 된다.

'로켓은 제대로 올라갈까? 로켓의 무게보다 추력이 작아서 혹시 못 올라가지나 않을까? 아니야! 아직 추력이 정상에 도달하지 못한 때문일 거야.'

이런저런 생각을 하는 사이에 바이킹 로켓은 불꼬리를 길게 늘어뜨리며 서서히 하늘로 올라간다. 발사대를 벗어난 바이킹 로켓은 주위에 주황색 여운만을 남겨놓은 채 하늘 깊은 곳으로 사라진다.

뱅가드 로켓의 모체 바이킹 로켓

1949년 5월 3일, 화이트 샌드에서 발사된 바이킹 1호는 54.5초 동안 연소한 후 109.5초 동안 관성비행을 하여 최고 80km까지 상승하는데 성공했다.

바이킹 로켓은 그 이후 1955년 2월 4일 230.4km까지 상승한 바이킹 12호에 이르기까지 연달아 발사되었는데, 이중 바이킹 4호는 잠수함 감시선인 노튼 사운드 호에서 발사되어 168km까지 상승하였으며, 1954년 5월 24일 발사된 바이킹 11호는 254km까지 상승함으로써 단일 로켓으로서는 최고의 상승 기록을 수립하기도 했다. 바이킹 로켓들은 태양의 복사열, 우주선의 측정, 지구 관측 등에 필요한 각종 과학 실험용 기재 374kg을 싣고 올라갔다. 이 로켓은 후에 미국의 인공위성 발사용 로켓인 뱅가드 1단 로켓의 모체가 된다.

땅에 떨어진 미국의 체면

러시아가 세계 최초로 위성을 발사한 후, 미국에서는 대혼란이 일어났다. 단순한 농업국가인 줄로만 알았던 러시아가 언제 이렇게 준비를 하여 인공위성을 발사할 수 있는 능력을 갖추었단 말인가?

의회에서는 과학계에 대한 꾸지람과 원망의 소리가 터져 나왔고, 언론계에서도 "그 동안 미국의 과학자들은 무얼 하고 있었느냐?"는 투의 기사를 연일 게재했다. 미국 국민들은 공포에 떨었다. 혹시 러시아의 인공위성이 미국의 머리 위에 왔을 때 원자폭탄이라도 떨어뜨린다면 어쩌나 하는 우려 때문이었다. 러시아의 인공위성 발사 성공은 미국의 체면을 땅에 떨어뜨려 놓기에 충분하였고, 자존심 회복을 위해 미국의 대통령은 우주 과학자들에게 빨리 인공위성을 발사하도록 명령하였다.

"소형 위성을 발사하겠다."

1957년 7월 1부터 1958년 12월 31일까지의 18개월은 국제지구관측년(International Geophysical Year : IGY)이었다. 여기에 참가한 나라는 IGY 특별위원회 가맹국 55개국과 비공식 관측 참가국 등 모두 70여 개 국가에 달했고, 세계 각국에서 참여한 인원만도 6만 명 이상이었다.

관측 종목은 ①기상 ②지자기 ③극광과 야광 ④태양의 활동 ⑤우주선(Space Ray) ⑥위도와 경도 ⑦빙하와 기후 ⑧해양 ⑨자장 ⑩중력의 측정 ⑪방사능 측정 등이었다.

　IGY의 주요 관측 종목들은 초 고공에서 관측하도록 되어있어 이를 위해선 과학 관측 로켓(Sounding Rocket)을 사용해야 했다. 그러나 과학 관측 로켓으로는 지구의 한 부분을 짧은 시간 동안 조사할 수밖에 없기 때문에 인공위성을 발사해서 계속적이고 광범위한 관측을 하자는 제안들이 많이 나오게 되었다.

　특히 미국로켓협회(ARS)는 과학아카데미에 편지를 보내 인공위성 발사 계획을 IGY 계획에 포함시켜야 한다고 주장했다. 그리고 일부 국가(러시아)에서는 벌써 그것을 준비하기 시작했는데 이때가 바로 1955년이다. 1955년 7월 23일 아이젠하워 미국 대통령은 기자 회견을 통해 "미국은 IGY 계획의 일환으로 농구공만한 소형 인공위성을 지구 궤도에 발사할 계획을 세우고 있다"고 발표했다.

　곧이어 미국 정부는 해군 과학자 팀에게 인공위성을 발사하도록 명령했다. 당시 미국에서는 육·해·공군 등이 각각 미사일을 개발하고 있었고, 특히 해군과 육군은 인공위성 발사계획을 가지고 있었다. 그런데 해군 로켓연구팀은 순수한 미국 과학자들로 구성되어 있었고, 육군 로켓 연구팀은 V-2 로켓을 연구하던 독일 로켓 과학자들로 이루어진 팀이었기 때문에 순수한 미국 과학자들로 짜여진 해군 팀에게 미국 최초의 인공위성 발사 임무가 주어진 것은 미국의 체면을 살리기 위해서라도 당연한 선택이었는지 모른다.

　해군은 인공위성을 발사할 로켓과 인공위성을 제작하고 육군의 통신대는 전파 관측을, 공병대는 산화제로 사용할 액체 산소의 제조 및 수송·주입의 임무를 각각 맡았다. 이외에 발사대도 만들도록 결정되었으며, 공군은 발사 장소로 케이프 커내버럴을 제공하기로 하였다.

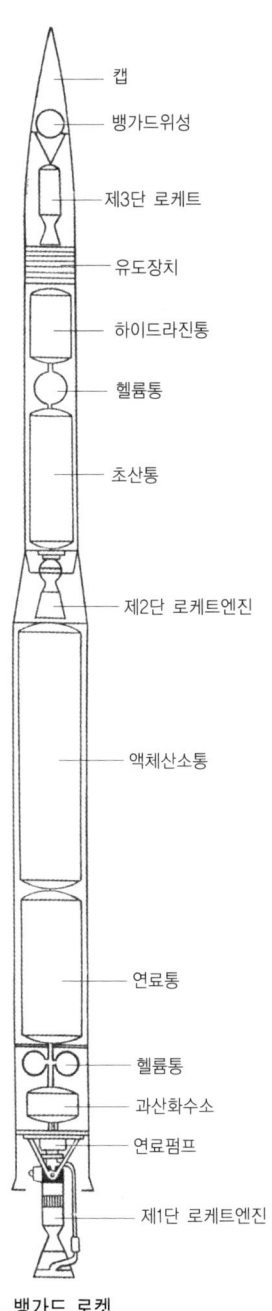

뱅가드 로켓

1단은 바이킹, 2단은 에어로비

　미 해군이 설계한 로켓의 이름은 뱅가드(Vanguard : 선구자)로 붙여졌다. 뱅가드 로켓은 3단계로 구성되었는데, 제1단 로켓은 과학 관측 로켓이었던 바이킹 로켓을 개량한 것으로 길이는 13m, 지름은 1.25m였으며, 추진제의 연료로는 케로신을 산화제로는 액체산소를 사용하였다. 추진제통(연료통과 산화제통)에 들어있는 추진제를 연소실에 주입하는 데는 과산화수소(농도 95%의 H_2O_2)와 고압 헬륨(He) 가스에 의해서 작동되는 가스터빈 펌프를 이용하였다. 몸통은 알루미늄(Al)을, 로켓 엔진은 마그네슘(Mg)을 재료로 삼아 제작했다. 바이킹 로켓에 부착되었던 안정날개는 오히려 안정에 불필요하다는 결과를 얻었기 때문에, 뱅가드 로켓에서는 떼어버렸다.
　제2단계 로켓은 에어로비(Aerobee)로켓을 개량한 것으로, 길이는 약 6m, 지름 80㎝였다. 연료로는 디메틸 하이드라진(UDMH)을 산화제로는 초산을 사용하였는데, 이들은 고압의 헬륨가스에 의해 각각 연소실에 주입된다. 엔진은 마그네슘과 토륨의 합금으로 제작되었다.
　3단계 로켓은 길이 2.2m의 고체 추진제 로켓인데, 이 로켓 위에는 무게 1.35kg짜리 뱅가드 인공위성이 올라앉아 있다.
　뱅가드 계획은 실제로 인공위성을 발사하기 전에 6단계의 실험을 거치도록 되어 있었다.

조급한 위성 발사, 결과는 실패

　이 6단계 계획은 TV-1에서 TV-6까지인데, TV-1에서 TV-2까지는 제1단계 로켓만 진짜로 사용하고, 제 2, 3단 로켓은 같은 무게의 모형을 달아서 발사하도록 되어 있으며, TV-3에서는 제1단과 제2단은 진짜

뱅가드 위성의 발사 실패 순간

로켓을, 제3단은 가짜 로켓을 달아서 실험하고, TV-4에서 비로소 모든 단계를 진짜 로켓으로 실험하도록 계획되었다.

그런데 1957년 10월 4일 러시아가 스푸트니크 1호를 성공적으로 발사했을 때는 겨우 TV-2의 실험까지만 끝났을 뿐이었다. 뱅가드 로켓 개발팀은 나머지 실험을 취소한 채 1957년 12월 6일 자유세계의 관심을 케이프 커내버럴 발사장으로 집중시키게 한 후 카운트다운을 시작했다. 발사 팀들은 단지 이 로켓의 제1단계 로켓만을 실험해보는 것이라고 발표했으나, 사실은 모든 것이 잘 되어 미국의 체면을 세워주길 바랐다.

해군에서 육군으로 넘어간 발사 계획

'…4, 3, 2, 1, 0, 발사!'

뱅가드 로켓은 점화 후 화염을 내뿜으며 발사대를 벗어나려고 갖은 애를 썼으나, 1.5m도 채 올라가지 못하고 발사 2초 만에 그 자리에 주저앉아 화염에 싸인 채 폭발하고 말았다.

후에 폰 브라운 박사까지도 경제적이고 아주 정밀한 미래의 로켓이라고 칭찬을 아끼지 않았던 뱅가드 로켓은 정부의 독촉을 받고 서둘

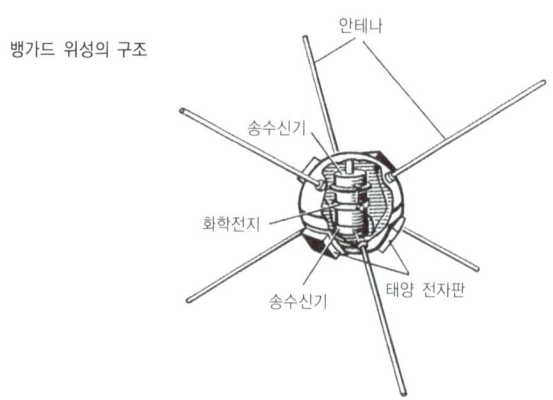

뱅가드 위성의 구조

러 발사 하려다 실패, 미국 국민들과 정부 당국자들에게 큰 실망만을 안겨주게 된다. 이렇게 해서 미국의 인공위성 발사 계획은 육군의 폰 브라운 박사 팀으로 넘어갔다.

3. 폰 브라운의 우주 발사체 주피터-C —주피터 계획

순수한(?) 미국인들끼리 만든 로켓을 이용하여 위성을 발사해 보려던 미국은 뱅가드 로켓이 발사대를 벗어나자마자 폭발, 또다시 국제적 망신을 당하고 말았다. 이에 다급해진 미국은 누구든지 미국에서 만든 로켓으로 미국 내에서 위성만이라도 성공적으로 발사해주기를 바랬다. 이러한 기대는 독일에서 V-2를 개발한 뒤, 미 육군에서 미사일을 개발하고 있는 폰 브라운 박사에게 집중되었다.

2,400km나 날아간 주피터 로켓

미국 육군의 폰 브라운 박사 팀의 구성원은 주로 독일 출신의 로켓 과학자들로, 제2차 세계대전 이후 미국으로 건너온 사람들이었다. 그들은 처음에는 뉴멕시코 주의 화이트 샌드에서 로켓을 개발하다가 미국 시민권을 받은 후 앨라배마 주의 헌츠 빌(Huntsville)에 있던 레드스톤 육군 병기창 팀들과 함께 몇 개의 로켓을 개발해서 실험하고 있었다. 그 중에는 사정거리 320㎞의 레드스톤 로켓도 있었다. 후에 이 로켓은 2,400㎞까지 비행할 수 있는 주피터(Jupiter)로켓으로 개량되었다.

폰 브라운 팀이 레드스톤 로켓을 개량해서 성능이 우수한 주피터로 만든 이유는, 이것을 미사일(missile : 로켓 엔진을 추진기관으로 하여 자동유도장치에 의해 날아가는 폭발물을 갖춘 무기)로 사용할 목적도 있었지만, 그 이면에는 1954년에 해군과 육군이 공동으로 합작해서 인공위성을 띄우려 했던 오비트(Orbit)계획이 깔려 있었다.

오비트 계획에 의하면 육군에서는 인공위성을 지구 궤도에 올릴 수 있는 로켓을 제공하고, 해군에서는 지구의 자전 속도가 제일 빠른 적도 지방에서 로켓을 발사할 수 있게 로켓 발사대가 달린 배를 개발하도록 되어 있었다.

1년 동안 잠잔 미사일 29호

그러나 군의 미사일로 인공위성을 쏘아 올리면 세계의 여론이 좋아하지 않을 것이라는 우려 때문에 이 계획은 중단되었다.

1950년 9월 26일에 실시된 미사일 27호 발사 시험에서 주피터-C 로켓은 최고 1,091㎞까지 상승했으며 2,400㎞ 떨어진 곳까지 비행했다. 이 미사일 27호의 탄두에는 인공위성 대신 모래자루가 들어 있었다. 며칠 후 그들은 모래자루 대신 10여 개의 소형 로켓을 다발로 묶어 부착한 새로운 로켓에 미사일 29호라는 이름을 붙여 실험할 수 있게 허가해 달라고 상부에 요청했으나 보기좋게 거절당하고 말았다. 미사일 29호는 할 수 없이 고위층의 마음이 변할 날만 기다리며 창고 안에서 잠 잘 수밖에 없었다.

실험을 거절당한 이유 중 하나는 미사일 29호를 개발한 연구팀이 거의 전부가 독일인들로 이루어졌다는 것이고, 또 다른 이유는 이미 1955년 7월에 발표된 해군의 인공위성 발사 계획을 미국 정부 및 고위층이 적극적으로 지원하고 있었기 때문이다.

신임 국방장관 매켈로이의 지원

그러나 1957년 10월 4일 러시아가 스푸트니크 1호 발사에 성공한 반면, 12월 6일 미국 해군 과학자 팀이 뱅가드 위성 발사에 실패하면서 사정이 뒤바뀌었다. 사실 러시아의 인공위성 발사 성공은 미국 국민은 물론, 세계 각국의 모든 과학자들을 놀라게 했지만 서방진영의 과학발달을 위해서는 오히려 잘된 사건이었다. 이 일을 계기로 해서 당시 미국의 국방장관이었던 윌슨은 부득이 자리를 떠나지 않을 수 없었다. 그에 이어 미사일 29호 실험의 찬성자였던 매켈로이가 국방장관이 되면서 미사일 29호의 실험을 허락하게 되었다.

러시아가 인공위성을 발사했을 때 매켈로이와 만난 폰 브라운 박사는 이렇게 말했다.

"그들이 이렇게 할 것이라는 것을 우리는 벌써 알고 있었습니다. 뱅가드 계획으로는 어림도 없어요. 지금까지 우리는 허송세월을 보냈습니다. 제발 좀 우리 마음대로 하게 해주십시오. 우리는 60일이면 인공위성을 지구 궤도에 올려놓을 수가 있습니다. 매켈로이씨, 제발 허락해주십시오. 단 60일만이라도 좋습니다."

흥분해 있는 박사의 손을 꼭 쥐고 매켈로이는 웃으며 말했다.

"아닙니다. 폰 브라운 박사님, 90일입니다, 90일."

창고에서 다시 꺼낸 미사일 29호의 발사 예정일은 아이러니컬하게도 1958년 1월 29일이었다.

미사일 29호의 발사 준비를 하고 있던 중, 해군 과학자 팀이 제작한 뱅가드 로켓이 발사에 실패했다는 소식을 들은 폰 브라운 박사 팀은 발사 준비에 더욱 정성을 쏟았다.

주피터-C 로켓

주피터-C 로켓은 4단 로켓으로서 제1단 로켓은 V-2 로켓을 개량한 레드스톤이라는 액체 추진제 로켓이다.

제1단 로켓의 길이는 17.74m, 지름은 1.75m이며, 산화제는 액체산소를, 연료는 히드라진(NH_2NH_2)을 사용, 37.6톤의 추력을 낸다. 내부 구조는 V-2 로켓과 비슷하다. 연소 시간은 150초, 제1단 로켓과 제2단 로켓 사이는 베어링으로 연결되어 있어 2단계 이상을 회전시킬 수 있게 설계되어 있다.

제2단 로켓은 지름 76cm, 높이 135cm의 원통 속에 지름 15.24cm, 길이 120cm짜리 소형 로켓 11개로 구성되어 있다.

제3단 로켓은 2단에 사용한 것과 같은 크기의 소형로켓 네 개를 묶어, 전체 지름이 38.5cm인 원통이 되도록 하였다.

제4단 로켓은 제2, 3단에서 사용한 작은 로켓 한 개를 이용했으며, 4단 로켓의 위에는 계속해서 익스플로러(Explorer : 탐험자) 1호 인공위성이 붙어 있다. 4단 로켓과 인공위성의 직경은 15.24cm로 같다. 연소가 끝난 후의 4단 로켓과 인공위성을 합한 무게는 13.94kg이다.

이와 같은 4단계 주피터-C 로켓의 총 무게는 29톤에 달했다.

주피터-C 로켓의 첫 발사는 1958년 1월 29일로 예정되어 있었다. 그러나 바람이 심하고 날씨가 좋지 못하여 계속 연기되다가 드디어 1월 31일 밤 10시 49분 발사되었다.

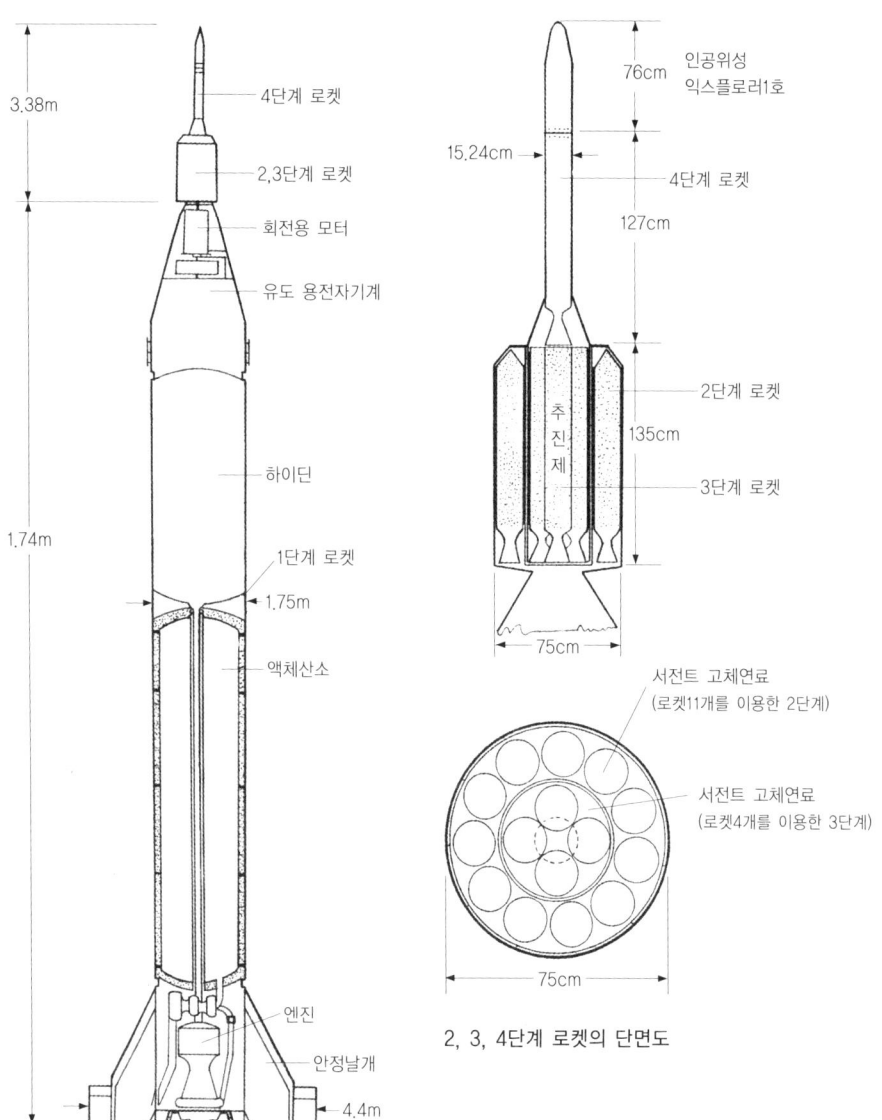

주피터-C 로켓의 구조

2, 3, 4단계 로켓의 단면도

매분 760회전으로 안정된 비행

주피터-C 로켓이 발사되기 전에 제2단, 3단, 4단의 로켓과 인공위성을 매분 760회씩 회전시킨다. 2단 이상의 로켓을 회전시키는 이유는,

첫째, 회전을 시킴으로써 로켓이 비행 중 안정을 유지할 수 있도록 하며,

둘째, 2단 로켓에 들어 있는 11개의 고체 추진제 로켓의 추력을 골고루 분배할 수 있게 하기 위서다. 11개의 로켓에 아무리 정확히 불을 붙여준다고 해도, 약간의 시간 오차가 생길 수 있고 로켓의 추력 또한 모두 같지 않기 때문에, 회전을 시키지 않는다면, 로켓을 일정한 방향으로 비행시킬 수 없게 되기 때문이다.

"와! 성공이다."

어느덧 카운트다운을 하는 목소리가 떨리기 시작한다.

"4, 3, 2, 1, 0, 발사!"

러시아에서 세계 최초 인공위성이 발사된 지 109일 만인 1958년 1월 31일 밤, 수십 킬로미터 멀리까지 울린 폭음과 함께 황귤색 불을 뿜으며 길이 21.12m의 주피터-C 로켓은 유유히 발사대를 벗어나, 강렬한 탐조등 불빛 속에서 거대한 몸뚱이를 마음껏 자랑하며 하늘 속으로 빨려들어 갔다. 여기저기서 환성이 터졌다.

"와! 성공이다."

타원 궤도 진입

케이프 커내버럴 발사장에서 발사된 주피터-C 로켓은 150초 동안

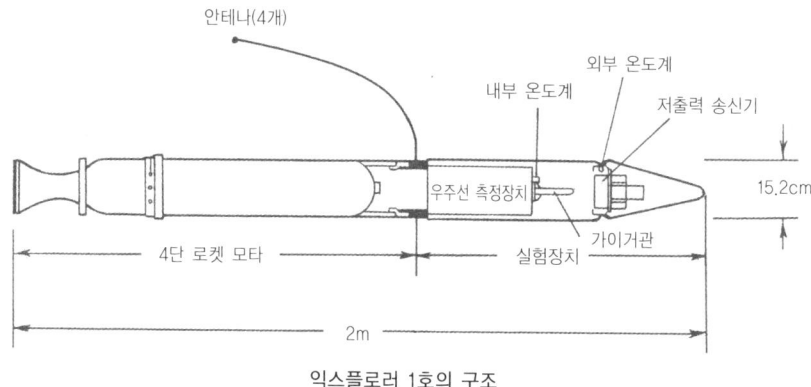

익스플로러 1호의 구조

수직으로 96km까지 상승하다가 1단 로켓이 먼저 대서양에 떨어졌다. 1단 로켓이 떨어진 후 나머지 부분인 2단, 3단, 4단 로켓과 인공위성은 계속해서 올라오던 힘인 관성에 의해 더욱 상승하면서, 비행 방향은 점차로 대서양쪽을 향했다. 240초 동안 관성비행을 하고 났을 때 전파로 지령을 하여 2단 로켓에 불을 붙였다. 이 2단 로켓은 6초 동안 연소하면서 대서양 상공 320km지점을 비행했다. 6초 후 연소가 끝난 2단 로켓도 분리되어 역시 대서양에 떨어지며 공기와의 마찰 때문에 타버렸다. 2단과 분리 된지 2초 후에 새로 점화된 3단 로켓에서 불을 뿜으면서 다시 속도가 늘어났다. 3단 로켓 역시 6초 동안 연소한 후 분리되어 대서양에 떨어졌고, 3단 로켓의 연소가 끝난 지 3초 후 4단 로켓에 점화가 되어 마지막으로 인공위성의 속도를 증가시켰다. 이 4단 로켓의 연소가 끝났을 때, 즉 발사대를 떠난 지 6분 52초 후에 인공위성의 속도는 초속 8.2km가 되었다.

초속 7.9km 정도만 되어도 인공위성이 될 수 있는데 이보다 빠른 8.2km로 비행하여 미국 최초의 인공위성이 된 익스플로러 1호는 지구에서 가장 멀어졌을 때의 거리가 2,580km이고, 지구에서 가장 가까워

미국 최초의 인공위성인 익스플로러 1호가
1958년 1월 31일 성공적으로 발사되고 있다

졌을 때가 370km인 타원 궤도에 진입하였다. 이 궤도에서 인공위성이 지구를 한 바퀴 회전하는 데 걸리는 시간(주기)은 114.7초이며, 지구 적도와의 궤도각은 33.3도이다.

뜻밖의 성과

익스플로러 1호 인공위성의 구조는 제4단 로켓과 각종 관측 장치가 들어있는 탑재물(payload)로 나눌 수 있는데, 로켓 추진기관의 무게가 5.8kg(속의 추진제가 타버린 빈 껍질의 무게)이고, 탑재물의 무게가 8.2kg이다. 탑재물 또한 보호용 외피의 무게가 3.4kg, 순수한 전자장치 및 각종 관측기구의 무게가 4.8kg이다.

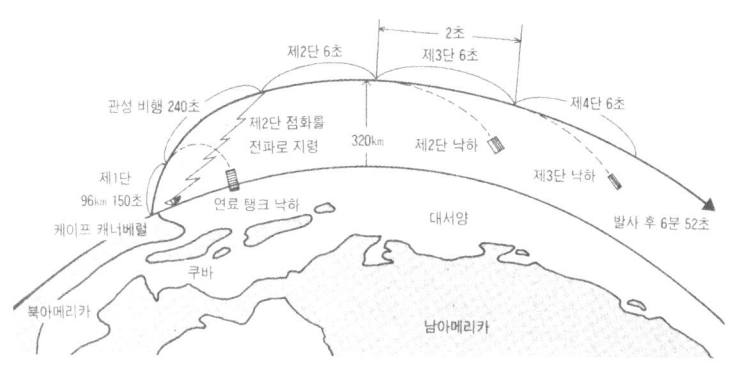

익스플로러 1호의 궤도 진입 과정

이 인공위성에는 위성의 표면온도, 내부온도, 우주선(宇宙線), 우주먼지 등을 측정하도록 방사선 측정기, 운석 측정용 마이크로폰, 온도계, 기압계 등이 실려 있으며, 그 측정 자료는 지구로 송신하도록 설계되었다. 수집된 자료는 두 개의 송신기를 이용해 지구로 보낸다.

제1송신기의 주파수는 108.03MHz이고 출력은 0.06W이다. 이 송신기는 2~3주간 동작하고, 제2송신기는 0.01W의 출력으로 주파수 108MHz의 전파를 발사하며 수명은 2~3개월로 설계되었다.

미국의 첫 인공위성발사에 성공한 후 폰 브라운 박사가 익스플로러1호에 대하여 설명하고 있다

인공위성이 보낸 자료에 의하면 인공위성 내부의 온도는 10~30℃ 정도로 측정되었고, 지구 주위에 형성되어 있던 강력한 방사능대를 발견하는 큰 성과를 올리기도 했

다. 뜻밖에 많은 소득을 올린 이 위성은 1970년 3월 31일까지 궤도에 머물다가 지구 대기권에 들어와 타버리고 말았다.

미국의 토종 우주로켓 뱅가드도 우주로

익스플로러 1호가 성공한 후, 오랜 진통을 겪은 뱅가드 위성도 발사에 성공하였다. 1958년 3월 17일, 무게 1.4kg의 뱅가드 1호는 11.25톤의 추력을 이용해 지구 궤도에 진입했다.

미국의 인공위성 무게가 14kg, 1.4kg인데 비하여 러시아의 인공위성인 스푸트니크 1호, 2호는 무게가 83.6kg, 508.3kg으로 미국의 것과는 비교가 되지 않을 정도로 컸다. 훨씬 무거운 인공위성을 발사할 수 있었던 것은 그만큼 추력이 강력한 로켓을 갖고 있었기 때문에 가능했던 것이다.

엔진종류	직경(m)	길이(m)	추력(톤) 지상/진공	압력(기압)	연소시간(초)	추진제 및 기타
V-2	1.6	3.7	26 / 31.3	15.9	65	LOX / 알코올
X-405	-	-	12.7 / 13.7	42	145	LOX/케로신(RP-1), 뱅가드 우주발사체 1단 엔진
A-7	1.8	-	37.6 / 42.4	-	155	LOX/Hydyne, 주피터-C 우주발사체 1단 엔진

제 3국의 위성 발사

6

구름이 낮게 깔려있는 상황에서도 카운트다운은 계속되어 우리별 3호를 비롯해 독일의 소형위성과 인도의 위성 등 3개를 싣고 거대한 PSLV 우주 발사체가 지축을 흔들고 우주로 치솟아 올랐다. 인도의 국민들은 거대한 우주로켓이 하늘로 치솟는 것을 보면서 부강해질 인도의 미래를 꿈꾸겠구나하는 생각이 들었다.

1. 프랑스

프랑스 사람들은 로켓 이름에 보석 이름을 많이 붙였다.
루비, 에메로드, 사피르 등등 ….

액체 과학 로켓 베로니크

프랑스에서 제일 먼저 로켓에 관해 흥미를 갖고 연구한 사람은 로베르 에스놀 펠트리(Robert Esnault Pelterie)였다. 그는 초기(1910~20)에는 원자력을 이용한 로켓만을 생각하다가 후에는 화학추진제를 사용해서도 지구 대기권의 상층부는 탐색할 수 있을 것 같다고 생각, 96km까지 과학장치를 올릴 수 있게 설계된 액체추진제 로켓을 제작했다. 그러나 그는 운이 없었다. 폭발사고가 나서 한쪽 손의 손가락 몇 개를 잃었고, 다시 실험을 하려고 준비했을 때에는 이미 제2차 세계대전이 일어나 연구를 계속할 수가 없었다.

이렇게 시작된 프랑스의 로켓 개발은 1950년을 전후로 다시 시작되었다. 비넌이라는 계획 아래 그들은 베로니크(Veronique) 로켓을 제

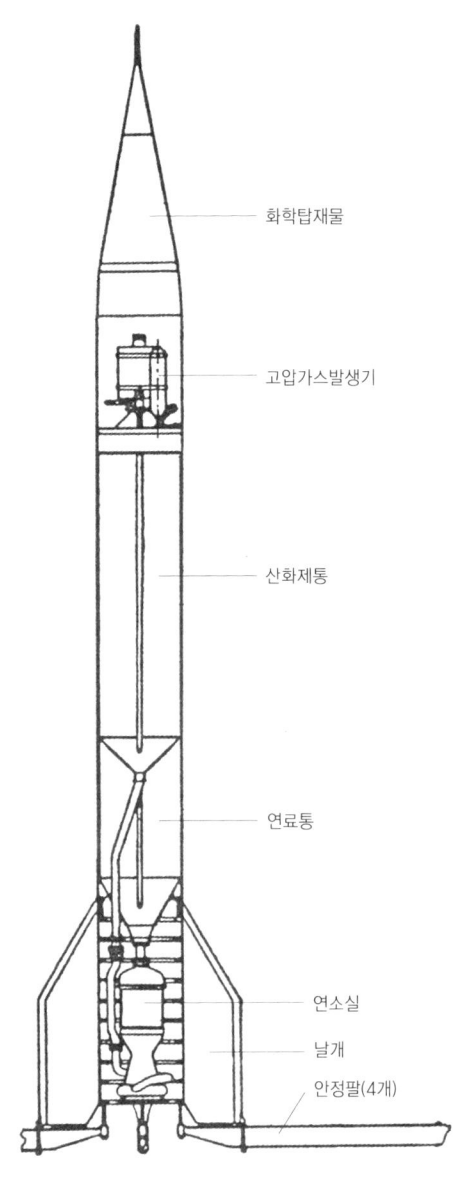

베로니크 로켓의 설계도

작했는데 이들도 역시 독일의 V-2 로켓을 많이 참고했다.

이 로켓은 디젤 기름을 연료로 사용하였고 산화제로는 질산을 사용하였다. 점화는 연료와 산화제가 접촉하면 자동으로 불이 붙는 방식을 선택했으며, 고압가스의 압력에 의해 추진제를 연소실에 공급하는 방식을 사용했다. 수직발사대 위에 네 개의 안정 쇠막대로 묶여져 있던 로켓은 안정 쇠막대를 달고 발사되어 상승하다가 자세가 안정되면 네 개의 안정 쇠막대가 로켓으로부터 분리되며 계속 비행을 하는 독특한 구조를 갖고 있다. 이 로켓은 프랑스 남부 해안가의 발사장과 북아프리카에 있는 발사장에서 1952년부터 1973년 4월까지 83개가 발사되었다.

프랑스의 베로니크 로켓 발사광경

독특한 베로니크 로켓은 그 종류가 N, NA, AGI, 61, 61M 등이 있었는데 그 중에서 NA는 길이가 7.3m, 지름 55㎝, 발사 전의 무게 1,435㎏인데 이중 추진제의 무게는 962㎏이며 추력은 4,000㎏이다. 앞부분에는 실험 장치를 60㎏까지 실을 수 있으며, 1954년 2월 21일 발사된 로켓은 175초 동안 최고 135㎞까지 상승하였다.

프랑스가 로켓을 발사하는 곳은 북아프리카 사하라 사막에 있는 알제리의 아마기르 발사장과 모로코의 국경 근처 해안에 있는 콜롬 해안이었다.

개량된 베로니크 61M 로켓은 길이가 11.7m로 늘어났으며 탑재물

프랑스 코랄리 로켓의 발사광경. 코랄리 로켓은 유로파 로켓의 제2단계 로켓으로 28톤의 추력을 96.5초에 낼수 있는 성능을 가지고 있다.

을 포함한 전체의 무게는 2,138kg로, 추력은 6,320kg로 늘었다. 이 로켓은 1964년까지 준비되어 1964년 6월부터 1973년 4월까지 발사되었다. 베로니크 61M 로켓 중에는 115kg의 탑재물을 싣고 328km까지 상승한 로켓도 있었다. 프랑스의 우주과학 관계자들은 우주시대의 열강으로 발돋움 하려고 많은 시간과 노력을 들여 로켓의 개발을 계속해 나갔다.

1961년 그들은 4단계 고체추진제 로켓을 제작하여 112km와 272km까지 쏘아 올린 뒤 지구로 재돌입할 때 생기는 궤적에 대한 연구를 하였다. 프랑스는 계속해서 아가테(Agate), 디아망(Diamant), 에메로드(Emeraude), 루비(Rubis), 사피르(Saphir), 토파즈(Topaze) 등의 로켓을 개발하였다.

사피르는 에메로드를 1단으로 하고 토파즈를 2단으로 한 로켓이다.

에메로드 로켓은 액체추진제 로켓이며, 토파즈 로켓은 고체추진제 로켓이다.

루비 로켓은 1964년 4월 22일 성공적으로 33.5kg의 짐을 싣고 발사되어 2,023km를 상승하였다. 이 2단계 로켓의 길이는 9.61m, 최대 지름은 80.5cm, 발사시 최대 무게는 3,470kg이었으며, 이중 추진제만의 무게는 2,540kg에 달했다.

에메로드 로켓은 테레벤틴을 연료로, 질산을 산화제로 사용하는 로켓으로 1964년 6월, 8월, 11월의 발사 실험에서는 계속 실패하더니 1965년 2월의 네 번째 시험에서는 성공하였고, 이어서 사피르 로켓도 1965년 7월 5일 실험에 성공하였다. 이로써 프랑스의 인공위성 발사가 눈앞에 다가왔다.

세계 최초의 가압식 액체 우주 발사체 디아망

1950년 초부터 베로니크 액체추진제 로켓을 개발해 온 프랑스는 1965년 11월 26일 디아망(Diamant) 로켓을 이용 프랑스 최초의 인공위성 A-1을 발사하는 데 성공하여 러시아와 미국에 이어 자국의 로켓으로 인공위성을 발사한 세 번째 국가가 되었다.

디아망(Diamant) 로켓은 1960년 5월 첫 설계를 완성한 3단 로켓으로 1단 로켓은 길이 10m, 직경 1.4m의 RM L14 액체추진제 로켓이다. 로켓 엔진은 질산을 산화제로 사용하고 터펜틴(Turpentine) 기름을 연료로 사용하여 93초 동안 28톤의 추력을 발생할 수 있는 성능이었다. 특이한 것은 디아망의 1단 액체 로켓이 터보펌프를 사용하지 않고 가스발생기에서 발생하는 가스에 의해서 추진제를 탱크에서 밀어내어 엔진의 연소실로 보내는 방식이라는 점이다. 터보펌프의 개발이 어려운 점을 고려해볼 때 초기의 액체로켓을 개발하는 방법으로는 아

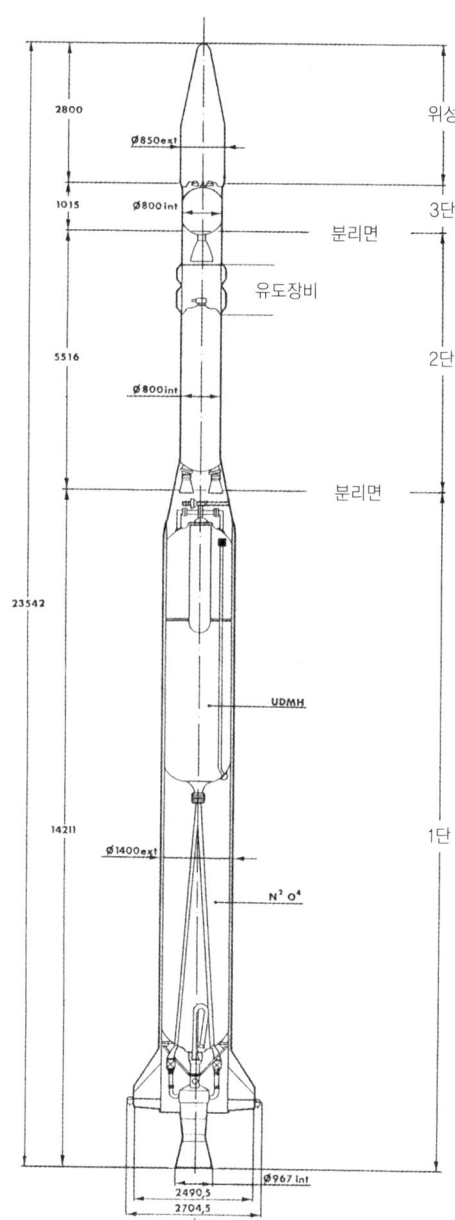

디아망 A 로켓의 구조

프랑스 디아망 A-1 로켓의 발사과정

주 좋은 방법으로 생각된다.

2단 로켓은 길이 3.9m, 직경 80㎝의 고체추진제 로켓으로 41초 동안 15톤의 추력을 내며, 3단 로켓 역시 고체추진제 로켓으로 길이 1.4m, 직경 65㎝로 45초 동안 5.3톤의 추력을 낼 수 있도록 설계되어 있다. 디아망 로켓의 전체길이는 18.9m, 무게 18.4톤으로 80kg의 인공위성을 500km의 지구 원궤도에 발사할 수 있는 성능을 갖추었다.

알제리아의 아마기르 우주센터에서 발사된 A-1 위성은 무게 42kg, 지름 50㎝짜리 공 모양으로 1시 48분을 주기로 근지점 528km, 원지점 1,768km의 궤도를 선회하였다.

1966년 2월 17일에는 D-1A 위성을 발사하여 반 알랜 방사능대를 조사하였다.

프랑스는 1967년 2월 15일 발사한 D-10 위성까지만 알제리의 발사장을 이용하였고, 1970년 3월 10일 발사한 다이알(DIAL) 위성부터는 기아나의 쿠우루(Kourou) 발사장을 사용하였다.

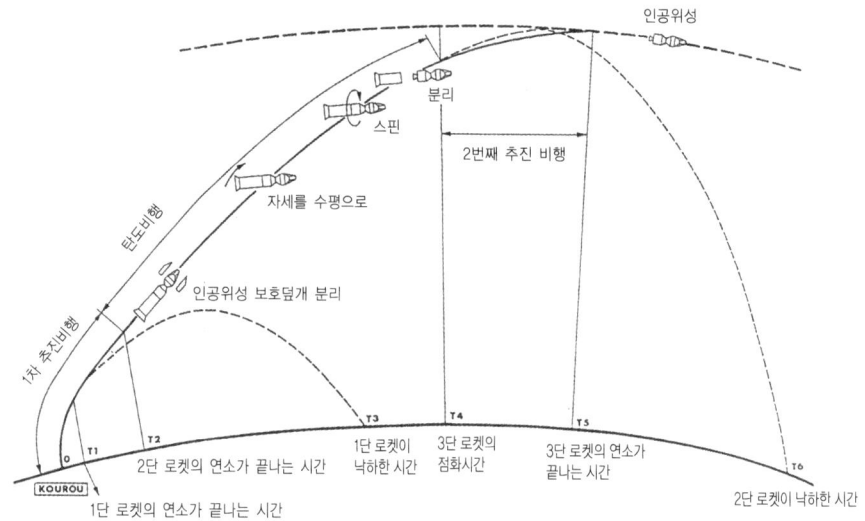

프랑스 로켓으로 발사한 첫 위성인 A-1 위성의 궤도 진입과정

　다이알 위성은 디아망 A 로켓을 개량한 디아망 B 로켓에 의해 발사되었는데 디아망 B 로켓은 전체길이 23.5m, 무게 25톤으로 사산화질소와 UDMH를 사용하여 35톤의 추력을 내는 L17 엔진을 이용 160kg의 인공위성을 지구저궤도에 발사할 수 있는 성능이다.

　다이알 위성은 독일제 위성으로 무게는 63kg이며 52kg의 프랑스제 미카(MIKA) 위성과 동시에 발사되었다.

　1975년 9월 27일에는 디아망 B 로켓을 개량한 디아망 BP 로켓을 이용 무게 115kg의 D2-B 위성을 발사하는 데 성공함으로써 디아망 로켓을 이용한 프랑스의 독자적인 인공위성 발사는 막을 내렸고, 프랑스를 중심으로 한 유럽우주 개발기구인 EAS에서 공동으로 개발한 아리안 로켓을 이용 각종 인공위성을 발사하기 시작하였다.

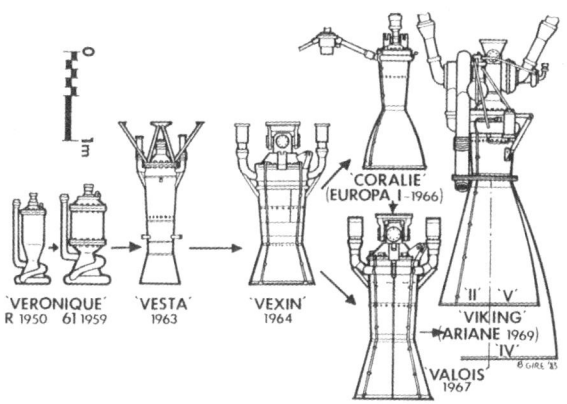

프랑스의 액체로켓 엔진(1950~ 1972)

경제적인 우주 발사체 아리안 로켓

 첫 아리안 로켓은 1979년 12월 24일 발사에 성공하였는데, 1단 로켓에 사용한 엔진은 디아망 B에 사용했던 L17 엔진에 터보펌프를 달아 개량한 바이킹 엔진 4개를 사용하여 모두 145톤의 추력을 만들었다.
 아리안 4 우주 발사체에 사용한 바이킹 엔진은 1단에 4개를 사용하고 2단에 이를 개량하여 1개 사용하고 또한 부스터로도 사용하였다. 아리안 4 우주 발사체는 이와 같이 엔진 하나를 개발한 후 1단 및 2단 그리고 부스터용으로 사용하는 등 아주 경제적으로 개발한 우주 발사체이다. 뿐만 아니라 바이킹엔진도 엔진의 노즐 부분을 일반적인 액체로켓 엔진과는 달리 엔진의 냉각방법으로 재생냉각이 아닌 삭마냉각방법을 채택하여 개발비용과 제작비용을 줄여 로켓의 제작비를 줄임으로써 발사서비스에서 외국의 다른 우주 발사체보다 유리하였다.
 프랑스의 경제적인 우주 발사체 및 엔진의 개발 방법과 우주 발사체 시스템은 우리나라의 우주 발사체 개발에도 활용할 만한 좋은 예이다.

엔진종류	직경(m)	길이(m)	추력(톤) 지상/진공	압력(기압)	연소시간(초)	추진제 및 기타
V-2	1.6	3.7	26/31.3	15.9	65	LOX/알코올, 터보펌프식
Vexin	1.2	1.6	31.6/28	17.6	93	질산/Turpentine, 디아몽-A 우주 발사체 가압식 1단 엔진
Valois (L17)	1.2	1.85	35.5/41.5	21.2	118	N2O4/UDMH, 디아몽-B 우주 발사체 가압식 1단 엔진
Viking (5C)	1	2.87	69.2/76.7	58	209	N2O4/UDMH, 아리안 4 우주 발사체 펌프식 1단 엔진

프랑스 우주 발사체용 액체로켓 엔진의 특징

2. 영국
– 현대로켓의 개척자

제 2차 세계대전에서 독일의 V-2로켓의 공격을 제일 많이 받은 영국에는 V-2로켓의 잔해가 널려있었다. 그 영향에서인지 제2차 세계대전 이후 영국도 로켓개발에 많은 관심을 가지고 투자하였다. 스카이락과 같은 과학 관측 로켓에서부터 블랙 나이트, 블루 스트리크, 블랙 애로우의 우주 발사체까지 개발하였다.

과학 관측 로켓

영국은 국제지구관측년(IGY)에 지구의 상층권을 관측할 목적으로 과학 관측 로켓 스카이락(Skylark:종달새)을 개발하여 1957년 2월 13일 호주의 우메라 발사장에서 첫 발사에 성공하였다. 45~70kg의 탑재물을 160km까지 올릴 수 있는 성능이었다.

스카이락 로켓의 전체길이는 7.6m, 직경은 44.2cm였으며 고체추진제를 사용한 라븐(Raven) 모터의 길이는 4.7m, 직경은 44.2cm, 추력

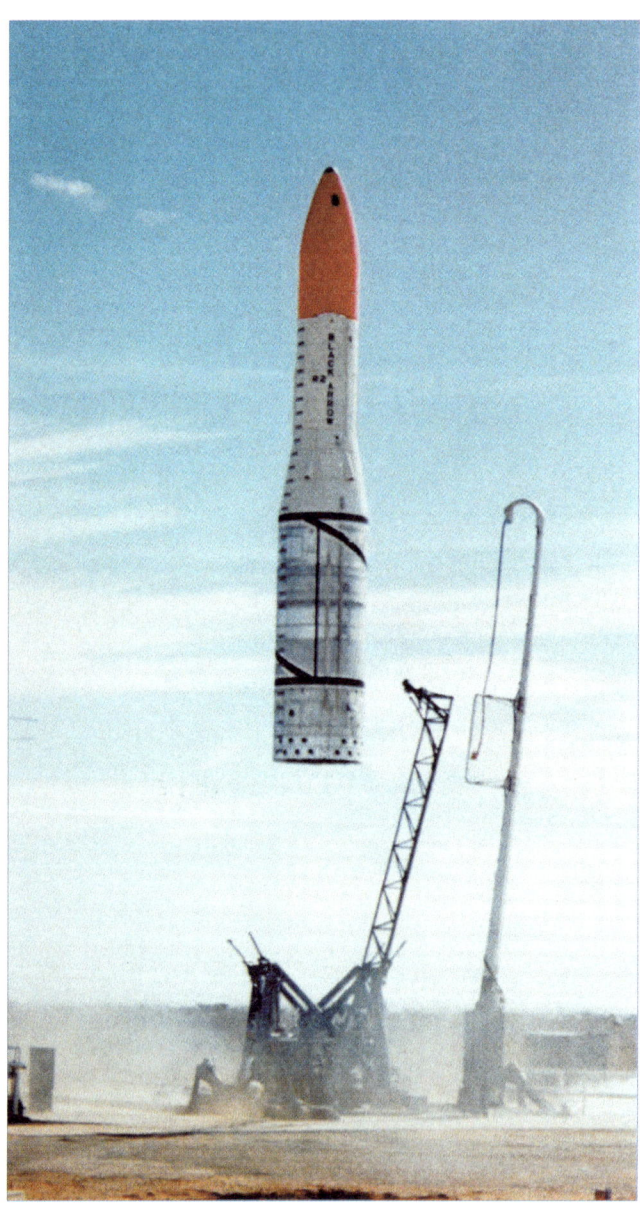

영국의 블랙 애로우 로켓 발사장면

은 5.2톤, 연소시간은 30초였다.

1994년 11월까지 모두 429회에 걸쳐 발사를 하였으며, 현재까지도 스카이락 5, 7, 12, 17 등 4종류의 스카이락 로켓은 각종 과학관측 및 무중력 실험용으로 사용되고 있는 세계에서 가장 많이 사용된 과학관측 로켓 중 하나이다.

한편, 독일의 V-2 로켓의 공격으로 가장 많은 피해를 입은 영국은 V-2 로켓을 입수하여 블랙 나이트(Black Knight) 로켓을 개발, 호주의 우메라 로켓 발사장에서 1958년 발사시험에 성공하였다. 액체추진제 로켓인 블랙 나이트의 전체길이는 10.66m, 몸통 직경은 90㎝이며 롤스로이스에서 제작한 감마 201 엔진 4개를 사용하여 모두 9.6톤의 추력을 얻었다. 로켓 엔진에서 사용한 추진제는 산화제로 과산화수소를 연료로 케로신(석유의 일종)을 사용하였다.

블랙 나이트의 뒤를 이어 개발한 로켓이 '블루 스트리크(Blue Streak)'이다. 영국은 이 로켓을 이용하여 인공위성 발사 계획을 진행시켰다.

우주 발사체, 블랙 애로우

1964년 영국 정부는 인공위성 발사 계획을 승인하였다. 그 계획은 그 동안 개발해 온 블랙 나이트 로켓의 성능을 보강한 새로운 우주로켓인 블랙 애로우(Black Arrow)를 개발하여 지구 저궤도에 70~80kg의 과학위성을 발사하는 것이다.

블랙 애로우 로켓은 3단식 로켓으로 1단과 2단 로켓은 액체추진제 로켓이고 3단 로켓은 고체추진제 로켓으로 구성되어 있다. 전체 길이는 13m, 1단 로켓의 최대직경은 2m, 발사할 때의 무게는 18.15톤이다.

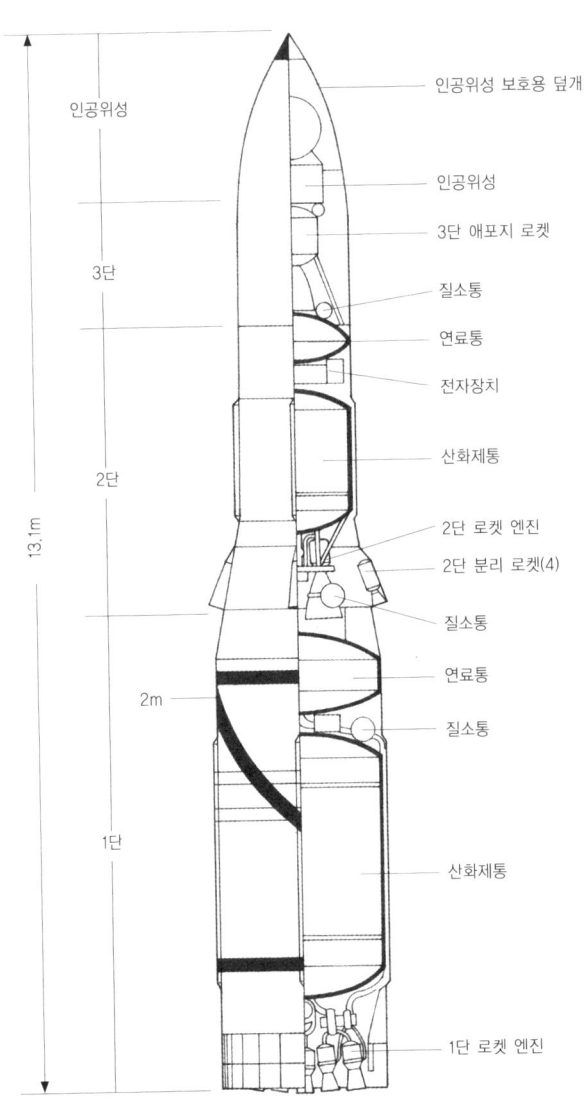

영국이 독자적으로 개발한 블랙 애로우 우주로켓의 구조

1단 로켓은 롤스로이스사에서 독일의 발터 190-509 로켓 엔진을 모방하여 개발한 감마-2 엔진을 네 개 사용하여 23.6톤의 추력을 발생하며, 추진제는 산화제로 과산화수소를 연료는 케로신을 사용하였다. 감마-2 엔진은 1개의 터보펌프에 두 개의 연소실이 부착되어 있는 구조이므로 1단 로켓에는 모두 여덟 개의 로켓 연소실이 부착되어 있다. 2단 로켓 역시 감마-2 엔진 1개를 사용하여 6.9톤의 추력을 발생한다. 인공위성 궤도 진입용인 3단 로켓은 고체추진제를 사용하는 길이 1.3m, 직경 76cm, 무게 353kg의 왁씽(Waxing) 로켓 모터를 사용하였다.

첫 번째 블랙 애로우 로켓은 1969년 6월 28일 오스트레일리아의 우메라 로켓 발사장에서 발사되었다. 그러나 발사 50초 후 전기장치의 조작 미숙으로 폭발되고 말았다. 두 번째 발사는 1970년 3월 4일 이루어졌다. 3단 로켓 없이 1, 2단의 로켓의 성능만 시험한 이날 발사는 대

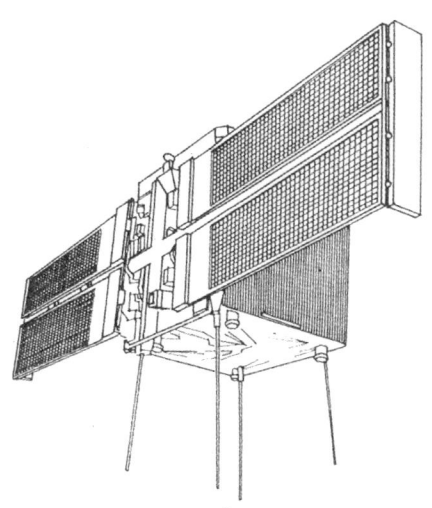

1971.10.28. 세계에서 여섯 번째로 자국의 로켓에 의해
지구궤도에 진입한 영국 프로스페로 위성

성공이었다. 이날의 실험에서 로켓은 25분 동안 3,050km를 비행하였다. 1970년 9월 2일 발사시험에서는 2단 로켓의 산화제 탱크 가업 계통에 문제가 발생 연소시간이 충분치 않아 인공위성의 궤도진입에 실패하였다. 세차례의 인공위성 발사시험에서 계속 실패하자 영국 정부는 1971년 7월 인공위성 발사 계획을 취소해 버렸다. 대단히 화들이 났던 모양이다. 그러나 발사팀의 간절한 호소에 영국 정부는 한 번의 기회를 더 주게 된다.

드디어 발사팀은 마지막 기회를 놓치지 않기 위해 정성을 다하여 발사준비를 진행시켜갔다. 1971년 10월 28일 66kg의 프로스페로(Prospero) 위성을 근지점 547km, 원지점 1,582km의 타원궤도에 발사하는 데 성공하여 중국에 이어 여섯 번째로 자국의 로켓으로 인공위성을 발사하는 데 성공하였다. 그 이후 영국은 우주 개발을 위한 로켓의 개발에서는 손을 떼었다.

자국의 로켓을 개발하여 인공위성을 발사한 나라 중에서 첫 위성만 발사하고 계속 개발을 포기한 나라는 영국뿐이며, 당시 우주 개발의 선진국이었던 영국은 이 일을 계기로 우주산업에서 계속 하향 길을 걷고 있다. 반면 거의 비슷한 수준이었던 프랑스는 미국과 러시아의 뒤를 바짝 추격하고 있는 상황이 되었다.

영국 우주 발사체용 액체 로켓엔진 특성

엔진종류	직경(m)	길이(m)	추력(톤) 지상/진공	압력(기압)	연소시간(초)	추진제 및 기타
V-2	1.6	3.7	26 / 31.3	15.9	65	LOX/알코올, 터보 펌프식
감마 8	2	-	23.6 / 24	47.4	142	H2O2/케로신, 블랙 애로우-1 우주 발사체 1단 엔진
감마 2	1.4	-	5.9 / 7	47.4	113	H2O2/케로신, 블랙애로우-1 우주 발사체 1단 엔진

3. 일본

일본은 로켓이 국가를 위해 꼭 필요할 것이라는 장기적인 생각으로 연필만한 펜슬 로켓에서부터 개발하기 시작했다.

1954년 당시 일본을 통치하고 있던 맥아더 사령부로부터 로켓에 대해서 연구해도 좋다는 허락을 받은 도쿄 대학의 생산기술 연구소는 4월 1일 재빨리 이도가와 교수를 중심으로 하는 로켓 연구반을 구성, 로켓의 연구와 실험에 들어갔다. 이때 일본의 로켓 연구 수준은 백지 상태라고 말하지만, 사실은 이미 제2차 세계대전 때에 바카(Baka)라는 고체추진제 로켓을 장착한 비행기를 제작한 경험이 있었다.

이도가와 교수가 첫 번째로 제작한 로켓은 연필만한 펜슬 로켓이었는데, 이 로켓은 지름 1.8㎝에 길이 23㎝, 무게 175g의 고체추진제를 사용하는 1단계 로켓이었다. 그러나 이런 장난감 같은 로켓의 실험에서도 이도가와 교수는 로켓 모터 분출구의 크기와 무게중심의 위치, 공기역학적인 문제, 그리고 고체추진제의 배합률 등을 알아내려고 150개의 로켓을 제작하여 수평비행 실험을 했다.

세계에서 4번째 자국의 로켓으로 인공위성을 발사하고 있는 일본의 람다-45-5 로켓(1970. 2. 11)

어느 정도 자신이 붙은 1955년 8월 6일의 펜슬 로켓 공개 발사실험에서는 1km까지 올리는 성과를 거두었다. 그러나 이 로켓은 너무 작아 실험기기를 로켓 내부에 실을 수 없었다. 이것을 좀더 크게 개량한 것이 베이비 로켓이다. 베이비 로켓은 2단식으로, S형, T형, R형 등 세 종류가 있었다. S형은 표준형으로 단순히 발사만을 위한 것이며, T형은 원격측정기, 즉 통신장비가 실리며, R형은 카메라를 싣고 발사하여 회수하는 목적으로 개발된 것이다.

베이비 로켓 중에는 R형이 제일 커서 길이 147cm, 지름 8cm이며, 발사할 때의 무게는 11.8kg이었고, 최대 도달 고도는 1.7km였다. 발사장은 일본 동북부에 자리 잡고 있는 아키다켄에 산을 깎아 마련했다. 베이비 로켓 중 최고로 상승한 것은 고도 4km까지 비행했다가 낙하산으로 회수하도록 설계되어 있었다. 이들은 또 베이비 로켓의 상부에다 관측기구와 16㎜ 촬영기를 실어서 발사하기도 했다.

또한 때마침 1957년부터 58년까지 행해진 국제지구관측년(IGY)에 참가하여서는 길이 547㎝에 지름 24㎝, 무게 257㎏의 카파(Kapa) 로켓을 이용, 60㎞까지 올리는 데 성공했다.

일본 로켓의 발전 속도는 급진전을 보였다. IGY를 계기로 한층 올라선 이들 로켓 연구팀들은 카파-6형에 이어 발전된 3단계 로켓인 카파-9L을 제작하였다. 이 로켓은 1961년 4월, 15㎏의 작은 짐을 싣고 47㎞까지 상승하는 데 성공했다.

다음 로켓은 새로운 설계에 의해서 만들어진 2단계 로켓인 카파-9M형이었다. 이 로켓의 총길이는 11.5m였고 50㎏의 짐을 싣고 352㎞까지 상승했다.

로켓이 대형화되면서 지금까지 사용하던 발사 센터는 유명무실해졌다. 왜냐하면 러시아 쪽으로 발사된 로켓의 사정거리가 확대되어 러시아 영토 근방까지 날아갔기 때문이다. 새로운 발사장을 물색하던 중 북위 31도 서경 131도에 자리 잡고 있는 규슈 남단 가고시마켄 우찌노무라 섬에 로켓 발사 센터를 건설하였다. 우치노무라의 새로운 발사장에는 세 개의 발사대와 조립공장 및 추진제 창고, 추적용 레이더도 설치되어 있다.

카파 로켓에 이어서 좀더 대형 관측로켓인 람다(Lamda) 로켓을 개발하였다. 람다 로켓의 목표는 1,000㎞까지 상승하여 반 알랜 방사능대를 관측하는 것이었다.

람다-3형 로켓은 3단 로켓으로서 전체 길이 19.24m, 1단 지름 73.5㎝, 2단 지름 50㎝, 무게 7.03톤인 큰 로켓이었다. 1964년 7월 11일, 우치노라의 새 발사장에서 발사된 람다-3형 로켓은 1,000㎞까지 상승했으며 1966년 7월 23일에는 3단계 로켓인 람다-3H가 1,800㎞까지 상승하였다. 이 람다-3H형은 1단과 2단의 지름이 73.5㎝이고 3단계의 지름이 50cm였다.

1965년에는 도쿄 대학 생산기술 연구소의 로켓 연구팀과 도쿄 대학 항공연구소가 통합된 우주항공연구소가 발족되어 로켓 연구에 더 많은 정성을 쏟게 되었다.

1966년 8월 3일에는 카파-9M, 2단계 로켓이 TV 카메라를 싣고 328 km까지 상승한 후 2초에 한 번씩 공중에서 본 지구를 찍어 지상으로 보내는 데 성공하였다.

1975년에는 최신형 소형 과학 관측 로켓인 S-310을 처음 발사하였다. S-310 로켓은 지름이 310mm이고 길이가 7.1m, 무게 700kg의 1단 로켓으로서 70kg의 탑재물을 싣고 190km까지 상승할 수 있는 성능을 가졌다.

그리고 1980년 1월에는 S-520 과학 관측 로켓을 개발하여 첫 발사에 성공하였다. S-520 로켓은 지름이 520mm, 길이 8m, 무게 2.1톤의 1단 로켓으로서 70~150kg의 탑재물을 싣고 430~350km까지 상승할 수 있는 과학 관측 로켓으로서, 그동안 10회 이상 발사하여 각종 과학 실험을 수행하였다. 1981년에는 도쿄 대학 부설 연구소였던 우주항공연구소가 문부성의 독립적인 우주과학연구소(ISAS)로 재발족하였다.

한편 실용위성 발사를 목적으로 발족된 일본의 우주개발사업단 (NASDA)에서도 TR-1이라는 본격적인 과학로켓을 개발했다.

우주 발사체 람다-4S

일본은 러시아, 미국, 프랑스에 이어 세계에서 네 번째로 1970년 2월 11일 오후 1시 25분 인공위성 오수미를 발사하는 데 성공하였다. 23.8kg의 오수미는 람다-4S-5 로켓에 의해 근지점 335km, 원지점 5,151km의 타원 궤도에 진입하여 1시간 24분마다 지구를 한 바퀴씩

무게 23.8kg의 일본 최초 인공위성 오수미

회전하였다. 일본 규슈 남단의 가고시마 켄 우치노무라의 발사센터에서 발사된 람다-4S-5 로켓은 길이 16.5m, 최대직경 73.5㎝, 무게 9.4톤의 4단계 고체추진제 로켓이다.

  1단 로켓은 직경 73.5㎝, 길이 8.4m, 추력 37톤이며, 2단 로켓은 직경 73.5㎝, 길이 3.9m, 추력 11.7톤이다. 그리고 3단 로켓은 직경 50.4㎝, 길이 2.9m, 추력 6.6톤, 4단 로켓은 직경 48㎝, 길이 1m, 추력 800kg이다. 1단 로켓의 옆에는 두 개의 추력 보강용 로켓이 동시에 점화됨으로 해서 로켓의 발사 추력은 63톤이 된다.

  우주과학 연구소에서 개발한 람다-4S-1 로켓은 1966년 9월 26일 첫 발사를 하였으나 2단 로켓의 분리에 문제가 발생하여 실패하였다. 람다-4S-2, 3, 4호 역시 계속해서 인공위성을 궤도에 진입시키는 데 실패하여, 그 결과로 1955년부터 일본의 로켓 개발을 주도해 온 이도가와

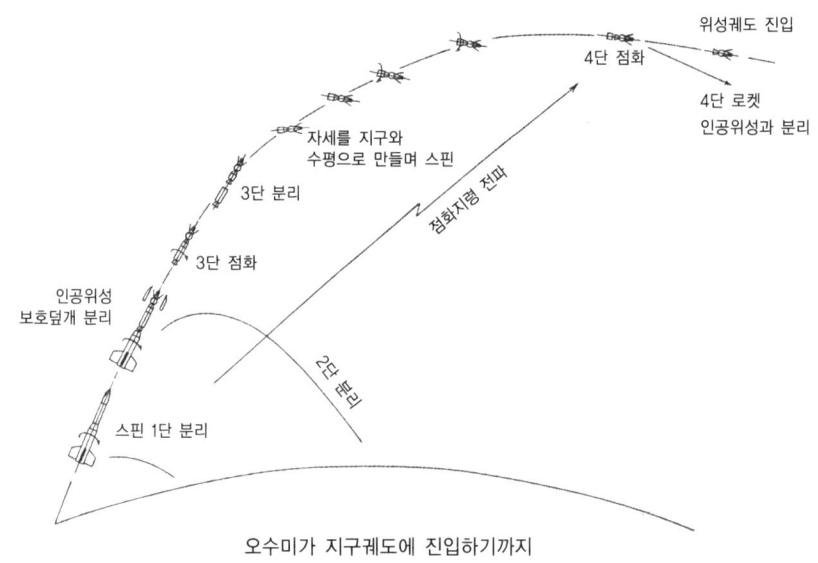

오수미가 지구궤도에 진입하기까지

교수가 결국 연구소를 떠나게 된다. 일본은 자세 조정장치를 쓰지 않은 람다 로켓으로 중력 회전방법을 이용하여 인공위성을 궤도에 진입시켰다. 이도가와 교수 그룹이 고안한 이 방식에 의하면 1단 로켓에 의해 발사장을 출발한 로켓은 2단, 3단 로켓에 의해 계속 상승을 하며, 3단 로켓의 연소가 끝난 후에 4단 로켓과 인공위성은 관성에 의해 계속 포물선 궤도비행을 하게 된다. 관성비행 중 최고점에 도달하는 지점에서 인공위성의 자세는 지구와 평행하게 되므로 이때(발사 후 6분 47초)에 4단 로켓을 점화 인공위성의 속도를 초속 7.9km로 만들어 지구 궤도에 진입하도록 하는 것이다.

일본이 최초의 인공위성을 이러한 방법으로 지구 궤도에 진입시킨 이유는 당시 람다-4S 로켓에 유도제어장치를 하였을 경우 일본이 미사일을 개발한다는 세계 여론이 문제될 것 같아 유도장치를 쓰지 않

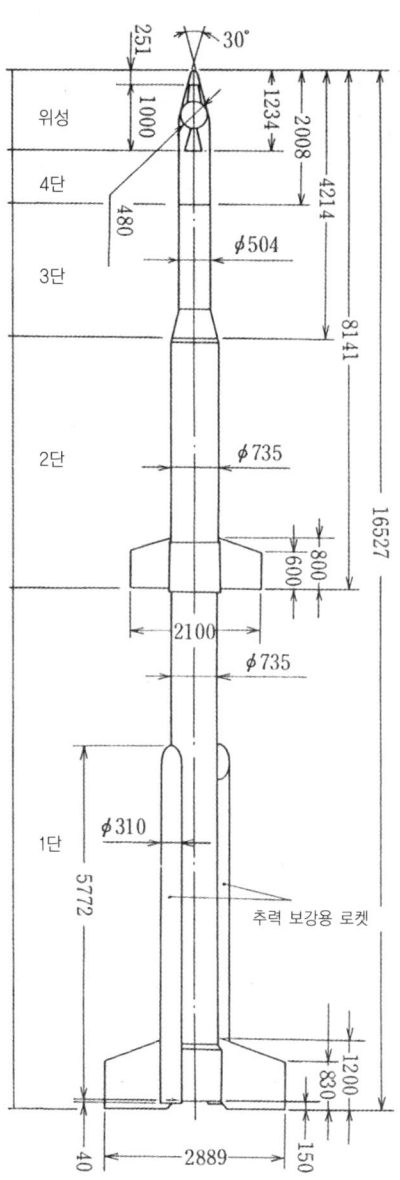

고체 추진제 4단로켓 람다-4S-5의 구조

람다-4S-5의 4단 로켓에 인공위성 오수미를 조립하는 광경

았기 때문이다.

람다 로켓의 뒤를 이어 개발한 M(뮤)-4S 로켓은 전체길이 23.6m, 직경 1.41m의 4단식 고체추진제 로켓이다.

첫 M-4S 로켓은 1971년 2월 16일 무게 63kg의 탄세이 위성을 지구궤도에 발사하는 데 성공하였다. 2단 로켓에 추력방향 제어장치를 부착, 개량한 로켓이 M-3S형 로켓으로 길이 20.2m의 3단식 로켓이다. M-3S형은 1, 2, 3단의 모든 로켓에 추력방향 제어장치를 하여 비행궤도를 정확하게 조절할 수 있었다. 때문에 성능이 향상되어 무게 300kg의 인공위성을 250km의 지구 원궤도에 진입시킬 수 있었다. 다시 M-3S 로켓의 추력보강용 로켓을 개량한 것이 M-3SⅡ이다. M-3SⅡ 로켓은 무게 750kg의 인공위성을 250km의 지구 원궤도에 올릴 수 있는 성능을 가졌다.

M-4S 로켓은 개발된 지 15년 후에는 처음보다 인공위성의 발사 능력이 10배 이상 커질 정도로 성능이 향상되었다.

현재 일본의 우주과학 연구소는 무게 2,200kg의 인공위성을 250km의 지구 원궤도에 발사할 수 있는 성능을 갖춘 M-5 로켓을 개발 중에 있다. 1996년 첫 발사를 목표로 하고 있는 M-5 로켓은 전체길이 31.2m, 최대직경 2.5m의 3단식 고체추진제 로켓이다.

미국으로부터 기술이전 받은 최초의 우주 발사체 N로켓

1969년 10월 발족된 우주 개발사업단은 당시 우주과학 연구소에서 개발하고 있는 고체추진제 로켓으로는 미국과 러시아의 우주 개발을 따라가기 힘들다고 생각하여 미국으로부터 액체추진제 우주로켓 관련 기술을 이전 받아 상용 및 실용 인공위성을 발사할 수 있는 대형 우주 로켓을 개발할 계획을 세웠다. 1971년 1월과 6월 일본은 미국의 더글라스사 및 로켓 다인사와 N-1 로켓과 엔진 관련 기술이전 및 면허 생산 계약을 맺었다. 이 계약은 미국의 액체추진제 로켓 기술이 처음이자 마지막으로 외국으로 이전되는 결과를 낳았다.

N-1 로켓은 더글라스사가 개발한 소아 델타 로켓을 원형으로 한 것으로, 추력 보강용 고체추진제 로켓과 2단 액체추진제 로켓은 그 동안 일본이 독자적으로 개발해 오던 액체추진제 로켓을 바탕으로 미국의 기술지도 아래 미쓰비시 중공업이 개발한 것이다.

N-1 로켓은 길이 32.57m, 최대직경 2.44m이고, 발사 때의 무게는 90.4톤이며 1단 로켓의 추력은 추력 보강용 로켓의 추력을 포함하여 149톤이다. 무게 130kg의 인공위성을 지구 정지궤도에 발사할 수 있

N-2 로켓

는 성능을 갖추고 있는 N-1 로켓은 1975년 9월 9일 무게 82.5kg의 기술시험 위성 1호인 기쿠의 발사에 성공한 이래 1982년 9월 3일까지 7차례에 걸친 각종 기술시험 위성을 발사하였다. 그리고 1977년 2월 23일 N-1 로켓에 의해 발사된 기쿠 2호 위성을 3월 5일 정지궤도에 투입하는 데 처음 성공하였다.

N-2 로켓은 N-1 로켓의 2단 로켓에 미국의 에어로젯트 회사로부터 기술도입 면허 생산한 AJ-10 액체추진제 로켓 엔진을 부착하고, 추력 보강용 로켓도 세 개에서 아홉 개로 늘려 지구 정지궤도에 550kg의 인공위성을 발사할 수 있도록 성능을 개량한 것이다. 전체길이는 35.4m이고 무게도 135.2톤으로 늘어났다.

1981년 2월 11일 무게 638kg의 기쿠 3호 기술시험 위성을 원지점 36,000km, 근지점 223km의 타원궤도로 발사하는 데 성공한 후 1987년 2월 19일까지 여덟 개의 기술시험 위성을 발사하였다.

H-1 로켓은 N-2 로켓에 독자적으로 개발한 추력 10.5톤의 액체 산소 액체 수소추진제 로켓 엔진을 2단 로켓에 사용한 것으로써 전체길이는 40.3m, 무게 139톤으로 685kg의 위성을 정지궤도에 발사할 수 있도록 성능이 개량된 로켓이다.

1986년 8월 13일 각종 실험 위성 세 개를 동시에 발사한 이래 1992년 2월 11일까지 9회에 걸쳐 각종 실용위성을 발사하였다. N-1, N-2, H-1 로켓은 외국의 인공위성을 발사하지 않는다는 조건 아래 미국에서 기술이전 받아 국산화한 로켓이었고, 외국의 인공위성을 발사할 수 있는 상업적인 국산 로켓을 개발한 것이 H-2 로켓이다.

무게 2톤의 인공위성을 지구 정지궤도에 발사할 수 있는 성능을 갖춘 H-2 로켓은 1994년 2월 3일 첫 발사에 성공하여 일본도 드디어 상업용 인공위성 발사 시장에 참여할 수 있는 우주국가가 되었다.

4. 중국

세계최초의 로켓을 개발하였던 중국은 미국의 캘리포니아 공대에서 로켓을 연구하고 돌아온 첸쉐썬 박사가 주도하여 러시아로부터 몇 개의 액체 로켓 샘플과 도면 그리고 기술 지도를 받아 로켓개발을 시작하였다.

로켓왕 첸쉐썬

장쩌민 중국 국가 주석은 2001년 12월 12일 수도 베이징에 살고 있는 '중국의 로켓 왕'으로 불리는 과학자 첸쉐썬(90) 박사의 집에 들러 안부를 물었다고 《인민일보》가 보도했다. 장 주석의 이번 방문은 1996, 1998년에 이어 세 번째로, 그는 과학자들의 창조적 정신과 열정에 대한 지원을 확대하겠다고 약속했다. 장 주석은 '그간 중국의 경제·사회 발전은 과학자들의 노력과 떼놓고 생각할 수 없다'고 말했다. 노환으로 침상에서 장 주석을 맞은 첸쉐썬은 연구를 게을리 하지 않겠다고 다짐했다.

첸(錢) 박사는 1934년 상하이 교통대학에서 기계공학을 졸업하고 청화(淸華) 장학금으로 1935년 도미, 36년 매사추세츠 공과대학(MIT)에서 항공대학석사학위를 받고 페서디너 제트 엔진 연구소(JPL)에 들어가게 된다. 이곳에서 2차대전이 끝나갈 때까지 동료들과 소형 로켓을 만들어 캘리포니아의 사라마드 산의 골짜기에서 발사시험을 하고, 1939년에는 캘리포니아 공과대학(CIT)에서 박사학위를 받는다. 제 2차 세계대전이 끝나갈 무렵에는 미국 육군 대령으로 미국 국방과학위원회 로켓부문 책임자로써 독일에 가서 나치 과학자들이 개발한 로켓부문에 관한 설비 조사를 하였다. 그의 나치 로켓 관련 보고서는 당시 항공대 사령관인 헨리 아놀드 장군이 극찬을 할 정도로 우수한 것이었다.

모국에 가서 우주로켓을 개발해보고 싶었던 첸 박사는 1950년 귀국을 결심하고 로켓자료를 챙겨서 중국으로 돌아가려다 미국 이민국에 의해 구금되었다. 중국정부는 첸 박사의 석방을 계속 요구하였고 드디어 1955년 중국에 있던 미국 조종사 11명과 교환하는 조건으로 중국으로 돌아 갈 수 있었다. 당시 미국 국방성에서는 첸 박사가 미군 1개 사단 이상의 가치가 있다고 생각, 중국으로 보내는 것을 강력하게 반대하였다고 한다.

초기의 로켓기술은 러시아로부터

모국으로 돌아온 첸 박사는 중국 과학원 역학연구소를 창설하였다. 그리고 1956년에는 공산당에 가입하였으며 역학 연구소 소장이 되어 본격적으로 로켓을 연구하기 시작하였다. 중국은 이해 10월 러시아로부터 2대의 R-1 로켓을 받았다. R-1 로켓은 러시아가 만든 독일의 V-2 로켓이다. 이러한 이유로 중국의 로켓 개발 역시 독일의 V-2로부터 시

중국의 V-2로켓인 동풍1호(R-1호)

작된 것으로 볼 수 있다.

1957년 11월에는 첸쉐썬 박사가 국방부 산하의 제 5연구소를 맡으며 본격적인 로켓개발을 시작되었다. 1958년에는 제트 및 로켓기술 10년 개발 계획을 세우며 러시아로부터 R-2 로켓 샘플을 가져왔다. 1959년에는 러시아로부터 로켓제작과 시험에 관련된 시설을 가져와서 로켓 제작준비를 시작하게 되었다. 1960년 2월 19일에는 독자적으로 설계한 실험용 액체추진제로켓의 발사에 성공하였고 몇 달 뒤인 11월 5일에는 러시아의 R-2로켓을 모방해서 만

발사 준비를 마친 장정1호

든 로켓의 시험발사에 성공함으로써 액체 로켓 개발에 자신을 얻게 되었다.

1964년에는 핵물리연구소 역학 연구소장이 되어 핵미사일 개발을 지휘하였다. 1966년 10월 27일에는 핵미사일 발사시험에 성공하고 뒤이어 11월부터 인공위성과 우주 발사체에 대한 연구개발을 시작하였다. 인공위성은 중국 과학원에서 그리고 우주 발사체는 우주 기술원에서 각각 개발을 담당하였다.

중거리 탄도탄을 개량하여 우주 발사체로

중국은 러시아의 로켓기술을 받아 독자 개발한 사정거리 1,500km의 동풍-4 중거리 탄도탄을 개조하여 3단형 인공위성 발사 로켓인 장정 1호를 개발하였다. 길이 29.5m, 무게 81.6톤인 장정 1호의 1단 및 2단

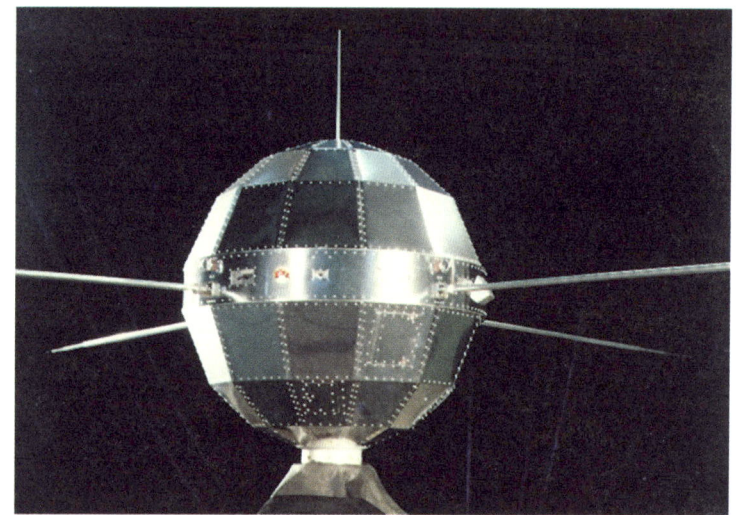

인공위성 동방홍 1호

로켓은 질산과 비대칭 2메틸 하이드라진(UDMH)을 산화제와 연료로 사용하는 액체추진제 로켓이며, 3단 로켓은 고체추진제 로켓이다. 1단 로켓은 길이 17.8m, 직경 2.25m인데 추력 30톤급의 YF-2A 엔진 4개를 사용하여 120톤의 추력을 130초 동안 만들고, 2단 로켓은 4산화질소와 UDMH를 사용하여 30톤의 추력을 120초 동안 발생한다. 3단 로켓은 추력 3톤급의 고체 추진제 로켓이다.

장정 1호 로켓의 개발을 끝낸 중국은 고비사막의 남쪽에 위치한 주천 발사장에서 1970년 4월 24일 21시 35분 남동 방향으로 발사하였다. 그리고 10분 뒤 무게 173kg의 동방홍 1호 인공위성을 근지점 436km, 원지점 256km의 타원궤도에 진입하는데 성공하였다.

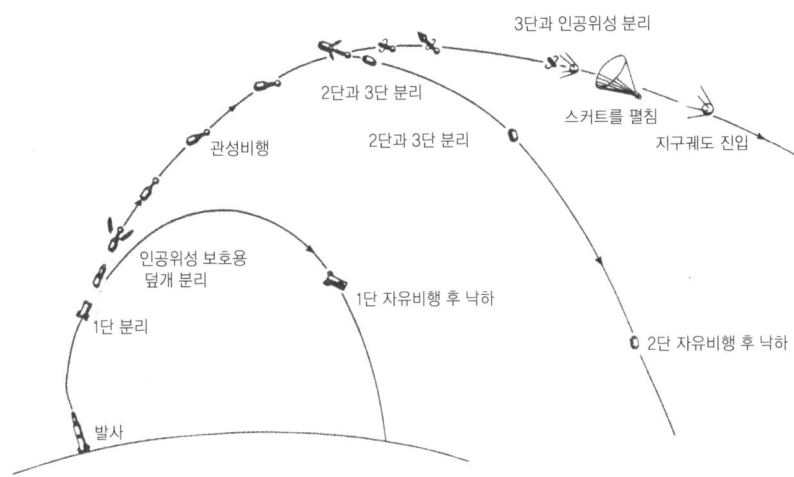

중국 최초의 인공위성 동방홍 1호가 궤도에 진입하기까지

소형 엔진을 이용하여 대형엔진으로

중국의 장정 우주 발사체에 사용한 엔진은 추력 30톤급 YF-2A 엔진을 4개를 묶어 120톤의 추력을 발생하도록 하였다. 연소실 압력을 측정해서 자동적으로 4개 엔진의 추력을 조정 할 수 있도록 설계되었다. 2단 엔진인 YF-3는 YF-2A와 거의 유사한 것으로 고공에서 큰 추력을 만들 수 있도록 노즐의 확장비가 큰 것이 특징이다. 필자는 1994년 5월 상하이에 있는 우주연구소를 방문하여 중국의 로켓 엔진을 처음 볼 기회를 가졌는데 중국 로켓 엔진의 특징은 러시아 로켓 엔진과 미국 로켓엔진을 합쳐 놓은 것과 같은 인상을 받았다.

중국의 우주 개발을 주도한 첸 박사는 문화혁명이라는 큰 회오리 속에서 많은 정치인들이 숙청되고 사라졌지만 90세가 된 지금까지도 국

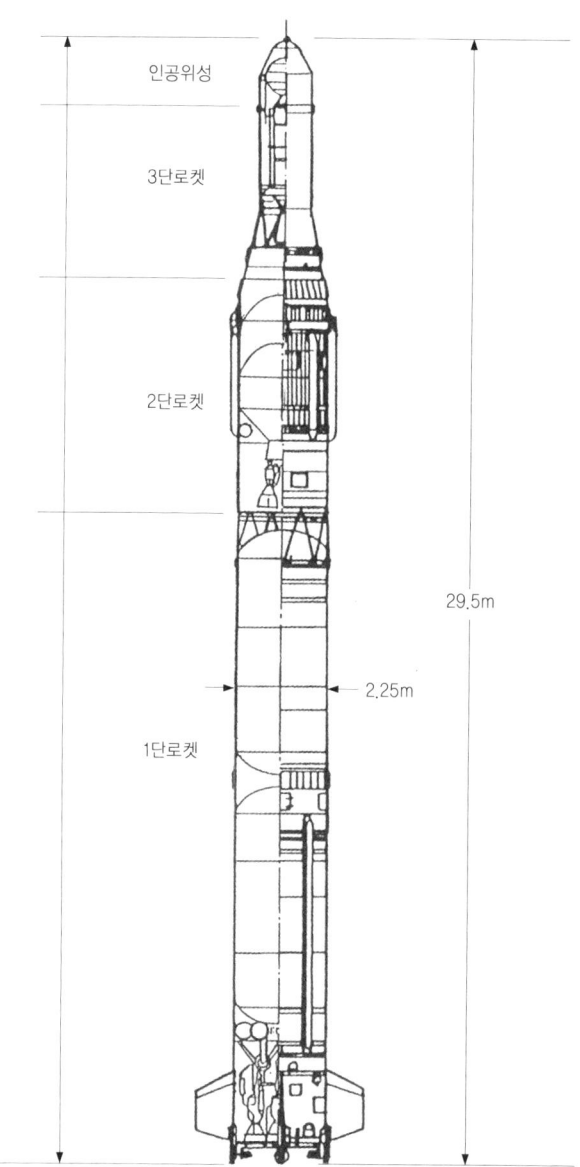

중국 최초의 인공위성을 발사한 장정1호의 로켓의구조

민의 존경과 사랑을 받으며 최고 통치자의 방문을 받고 있는 것이다. 과학자로써 이보다 더 큰 영광은 없을 것이다. 중국정부와 국민이 로켓왕 첸 박사에 대해 존경하는 것을 보면서 중국의 우주 개발에 대한 강력한 의지를 엿볼 수 있다.

엔진종류	직경(m)	길이(m)	추력(톤) 지상/진공	압력(기압)	연소시간(초)	추진제 및 기타
V-2	1.6	3.7	26/31.3	15.9	65	LOX/알코올, 터보 펌프식
YF-2A	-	-	112	71	130	질산/UDMH, 장정-1 우주 발사체 1단 엔진, 단일엔진 4개를 묶음
YF-3	-	-	37.6/42.4	71	126	N2O4/UDMH, 장정-1 우주 발사체 2단 엔진

중국의 장정 1호 우주발사체 액체로켓 엔진의 특성

5. 인도

인도는 1967년 우주과학 기술센터를 설립하며 본격적으로 과학관측 로켓 개발에 착수하여 여러 종류의 로히니 탐사로켓(Rohini Sounding Rocket : RSR)을 개발하였다.

지름 7.5cm의 RS-75, 지름 12.5cm의 RH-125, 지름 30cm의 RH-300, 지름 56cm의 RH-560 등을 개발하여 1975년까지 450개 이상의 과학관측 로켓을 발사하였다. 이들 중 현재 사용하고 있는 로켓은 RH-200, RH-300, RH-560 등이다.

RH-200 로켓

RH-200은 기상관측용 로켓으로 매년 20개 이상씩 발사하고 있으며, 2단 로켓으로 되어 있다. 전체 길이는 3.6m, 지름은 207mm이다. 발사할 때의 무게는 108kg이며, 1kg의 탑재물을 80km까지 올릴 수 있는 성능을 갖고 잇다.

RH-200 로켓의 1단 로켓은 길이 1.5m, 지름 20cm, 추력은 7톤, 그리

인도의 과학관측 로켓 RS-200의 발사

고 2단 로켓은 길이 2.1m, 지름 12cm, 추력은 1톤이다.

RH-300 로켓

RH-300은 60kg의 탑재물을 160 km까지 올릴 수 있도록 설계된 로켓으로 RH-200 로켓의 추진기관을 개량하여 1987년 6월 8일 첫 발사에 성공하였다. 1991년 말까지 6개를 발사했으며 1단형 로켓이다. 지름은 30cm, 길이는 탑재물의 종류에 따라 5.4m에서 5.9m까지 확장할 수 있다. 발사할 때의 총무게는 500 kg이며, 추력은 4톤이다.

RH-560 과학 관측 로켓

RH-560 로켓

RH-560 로켓은 인도에서 가장 큰 과학 관측 로켓이며, 2단계 시스템이다. 이 로켓은 각종 과학실험 및 대기권의 관측, 그리고 인공위성 발사체에 필요한 각종 기술을 실험하기 위한 로켓이다.

RH-560 로켓은 100kg의 탑재물을 350km까지 올릴 수 있는 성능으로 발사할 때의 총무게 1.35톤, 전체 길이는 탑재물의 종류에 따라 8.4m에서 9.2m까지 확장할 수 있다. 2단 로켓은 RH-300 로켓을 사용하며, 1단 로켓은 길이 3.3m, 추력은 7.7톤이다.

우주 발사체

인도는 1969년 초 인공위성 발사 계획을 세우고 이 계획을 주관할 인도우주연구기구(ISRO)를 창설하였다. 인도는 우선 자체에서 개발한 과학위성 두 개를 러시아의 코스모스 로켓으로 1975년 4월 19일과 79년 6월 9일 발사하여 인공위성 설계 및 개발에 관한 각종 기술을 익혔다. 1971년에는 인도 남동부의 작은 섬에 스리하리코타 로켓 발사장 건설을 시작하였고 이곳에서 각종 과학로켓이 발사되었다.

ISRO에서 개발한 첫 인공위성 발사체인 SLV-3은 미국의 소형 인공위성 발사체인 스카우트(Scout)와 흡사한 4단형 고체추진제 로켓으로 길이는 22.7m, 최대직경 97.5cm, 발사할 때의 총 무게는 16.9톤이다. 각 단의 추력은 1단 로켓 43톤, 2단 로켓 27.2톤, 3단 로켓 9.2톤, 4단 로켓 2.7톤이다. 몇 번의 실패 끝에 1980년 7월 18일 결국 40kg의 로히니(Rohini) 과학위성을 스리하리코타 발사장에서 발사하여 근지점 295km, 원지점 745km의 타원궤도에 진입시키는 데 성공하였다. 이로써 인도는 영국에 이어 일곱 번째로 자국의 로켓으로 인공위성을 발사한 나라가 되었다.

인도는 SLV-3의 1단 로켓에 두 개의 추력보강용 고체로켓을 부착한 길이 23.5m, 무게 39톤의 ASLV를 개발하여 1992년 5월 20일 106kg의 과학위성을 발사하는 데 성공하였다.

인도는 계속해서 900km의 극궤도에 1톤의 인공위성을 발사할 수 있는 성능의 극궤도 인공위성 발사체(PSLV)를 개발하여 1994년 10월 15일 발사에 성공했다. PSLV는 1단과 3단 로켓은 고체추진제 로켓을 2단과 4단 로켓은 액체추진제 로켓을 사용하는 4단식으로 길이 44.2m, 무게 275톤의 우주 발사체이다.

인도의 첫 우주로켓 SLV-3

1단 로켓은 직경 2.8m, 길이 20.3m의 고체추진제 로켓이며 366톤의 추력을 만들며, 1단 로켓의 주위에는 직경 1m, 길이 10m, 추력 43톤의 추력보강용 고체추진제 로켓 여섯 개를 부착하였다.

2단 로켓은 프랑스에서 바이킹 액체추진제 로켓 엔진의 기술을 이전 받아 개발한 추력 74톤짜리 액체추진제 로켓을 이용하였다. 추진제는 산화제로 4산화질소를, 연료는 UDMH를 사용한다.

3단 로켓은 직경 2m, 길이 3.5m의 고체추진제 로켓으로 33.5톤의 추력을 만들어 내며 4단 로켓은 추력 765kg의 액체추진제 로켓이다.

인도는 정지궤도에 2톤의 인공위성을 발사할 수 있는 우주 발사체인 GSLV를 개발하고 있다.

인도의 러시아 로켓엔진 기술도입과 문제점

　인도는 프랑스로부터 비밀리에 바이킹엔진 기술을 도입하여 국산화하는데 성공하였으며 PSLV 우주 발사체의 2단 액체로켓에 엔진으로 사용하고 있다. 프랑스는 이 문제에 대해서 미사일 기술이전 통제체제(MTCR)가 만들어진 1987년 이전에 로켓엔진기술을 이전하였기 때문에 문제가 없다고 말하고 있다.

　인도의 우주연구기구(ISRO)는 GSLV 우주 발사체 개발에 사용하기 위해 액체산소와 액체수소를 추진제로 사용하는 추력 10톤급의 액체엔진기술을 도입하기 위해 러시아의 글라브코스모스(Glovkosmos)와 1991년 1월 비밀리에 계약을 하였다. 계약내용은 약 2억 5천 달러에 2기의 저온액체엔진과 엔진의 설계 및 제작기술을 러시아가 인도에 이전하는 것이었다.

　1992년 5월 러시아와 인도사이의 계약내용을 알게 된 미국은 이 계약이 MTCR에 위배된다며 인도와 러시아에 항의하였고 러시아와 인도가 계속 기술이전을 강행하려하자 미국은 2년 동안 러시아의 글라브코스모스와 인도의 우주연구기구에 무역제재를 하였다. 미국의 무역제재란 우주관련 부품의 수출 및 수입을 전면 금지하는 것이었으나 별 반응이 없자 미국은 1993년 6월, 러시아와 인도의 국영회사까지 무역제재를 확대하려 하였다.

　1993년 7월 결국 러시아는 인도에 엔진기술이전을 하지 않기로 미국과 합의하였다. 계약금으로 8천만 달러까지 이미 받은 러시아는 94년 3월 인도와의 협상을 통해 결국 계약내용을 다음과 같이 바꾸었다.

　즉 2억 2천만 달러에 실물 엔진 7기만 인도에 판매를 하고 액체엔진 관련 설계 및 제작기술은 판매하지 않는 다는 것이다.

　결국 인도는 러시아로부터 받은 실물엔진을 가지고 1994년 7월 독

6부 | 제 3국의 위성 발사 | 253

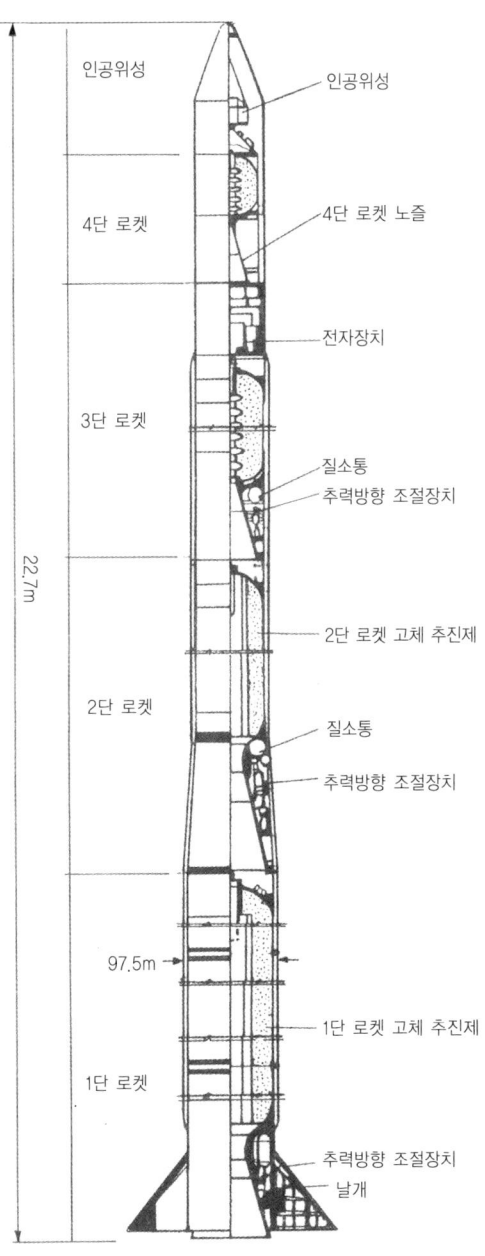

SLV-3 로켓의 구조

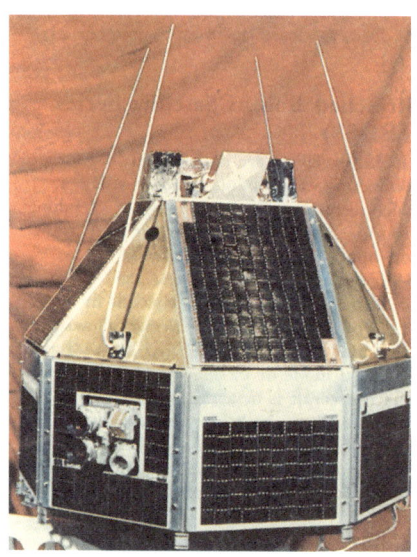
인도의 로켓으로 발사된 최초의 인공위성 로히니 1호

자적으로 저온액체엔진개발(총 개발예산 1억 8백만 달러)을 시작하였고 8년 만인 2002년 5월 첫 연소시험에 성공한 것이다. 인도는 프랑스의 바이킹 엔진을 국산화해본 경험이 있는데도 액체산소와 액체수소 엔진을 국산화하는데 8년의 세월이 걸린 후 첫 연소시험에 성공하였다. 그러나 이 엔진을 실제로 우주 발사체에 사용하기까지는 1~2년이 더 걸릴 것이다. 물론 액체산소와 액체수소를 추진제로 사용하는 저온 액체로켓 엔진기술은 미국, 러시아, 프랑스, 일본, 중국만이 기술을 갖고 있을 정도로 로켓 엔진 중에서는 개발이 어려운 기술이다.

인도는 한때 제3세계의 수장으로 미국이나 러시아의 눈치를 보지 않고 사는 나라인데도 이렇게 외국에서 로켓 엔진 등 대형미사일과 관련 있는 첨단기술을 갖고 오기가 힘든 것이 국제적인 현실이다.

가난하지만 그래도 우주 개발을 해야 하는 이유

　1999년 5월 25일 나는 처음으로 인도에 갔다. 우리별 3호 발사 참관팀으로 우리별 3호 개발 책임자인 최순달 박사와 과학기술부의 정윤 국장 그리고 조선일보의 고 모태준기자와 함께 인도의 발사장을 방문하였다. 26일 새벽에는 인도의 남쪽의 비교적 큰 도시인 센타이를 출발하여 5시간정도 북쪽으로 이동하였다. 센타이에서 스리하리코타발사장으로 가는 길가에 있는 작은 촌락들은 마치 60년대 우리나라의 모습과 같았다. 이렇게 가난한 나라가 왜 우주 개발을 하는 것일까. 지금까지 우주 발사체를 갖고 있어 다른 나라의 인공위성을 발사시켜주는 미국, 러시아, 프랑스, 일본, 중국 등 여러 나라들을 가 보았지만 이렇게 가난한 나라는 없었던 것 같았다. 왜 인도는 가난하면서도 우주 개발을 하고 있나? 인도를 여행하는 동안 이 의문이 나의 뇌리를 떠나지 않고 맴돌았다. 구름이 낮게 깔려 있는 상황에서도 카운트다운은 계속되어 우리별 3호를 비롯해 독일의 소형위성과 인도의 위성 등 3개를 싣고 거대한 PSLV 우주 발사체가 지축을 흔들고 우주로 치솟아 올랐다. 인도의 국민들은 거대한 우주로켓이 하늘로 치솟는 것을 보면서 부강해질 인도의 미래를 꿈꾸겠다는 생각이 들었다. 3개의 인공위성이 정해진 시간에 로켓으로부터 성공적으로 분리되었다는 보고가 발사장의 스피커를 통해 발표될 때마다 발사장에 초청받아 참석한 인도국민들이나 TV로 중계를 보는 인도 국민들은 월드컵에서 한국 축구팀이 세계 강호들의 골문에 골을 넣을 때 환호성을 지른 것과 마찬가지로 인도의 미래를 생각하면서 박수를 치며 환호성을 올리고 있었다. 인도의 시인 총리는 위성 발사가 성공한 뒤 축하 메세지에서 '위성국가(옛날 소련의 침략을 받아 소련의 지배 하에 있던 동독. 폴란드 등 동구권의 국가들)는 싫지만 위성(인공위성)은 좋다'고 이야기했다. 인도에 가서 알게된 것이지만 인도의 주적은 중국이었다. 인도가 중국과 상대하기 위해서 핵무기와 미사일은 꼭 필요한 생존 도구였다.

 인도는 우주 개발을 하며 첨단과학을 발전시키면서 한편으로는 이를 이용하여 국방을 위한 미사일을 개발하고 있는 것이다.

6. 이스라엘

이스라엘이 인공위성을 발사했다고 발표했을 때 무척 궁금한 것이 많았다. 인공위성을 발사하려면 우주 발사체의 1단 로켓을 떨어뜨려야 하는데 이스라엘 주변은 적대국인 이슬람 국가들로 둘러 싸여 있어 발사 방향이 큰 문제이기 때문이다.

이스라엘은 1988년 9월 19일 3단 고체추진제 로켓 사비트(Shavit)를 이용하여 무게 155kg짜리 오펫크(Offeq)-1 위성을 근지점 250km, 원지점 1,150km, 경사각 148도의 궤도로 발사하는데 성공하여 인도에 이어 여덟 번째로 자국의 우주로켓을 이용하여 인공위성을

이스라엘의 사비트 우주로켓이 세계에서 8번째로 자국의 인공위성을 지구궤도에 진입시키는데 성공하였다

발사한 나라가 되었다.

 사비트 우주로켓은 사정거리 1,400km의 제리코(Jericho)-2 미사일을 개량하여 개발한 직경 1.4m, 전체길이 18m, 무게 23.6톤짜리 로켓이다. 1단 로켓은 직경 1.3m, 길이 6.3m이며 무게는 10.2톤이다. 추력은 진공상태에서 46.5톤이며 연소시간은 52초이다. 2단 로켓도 1단 로켓과 거의 비슷한 크기이다. 직경은 1.3m, 길이 6.4m이며, 무게는 10.9톤이다. 추력(진공)은 48.6톤이다. 3단 로켓은 무게 2톤이며, 추력(진공)은 6톤이며 연소시간은 94초이다. 크기는 직경 1.3m, 길이 2.6m이다.

 우주센터는 이스라엘 남부 사막에 있는 팔마침(Palmachim) 공군기지에서 발사한다. 지중해 쪽으로 발사하므로 발사각은 143도이다. 이 방향으로 발사하면 지구의 자전을 이용할 수 없어 우주 발사체의 에너지를 많이 낭비하게 되지만 이 방향 이외는 발사할 수 없는 지리적인 위치에 있다.

 이스라엘은 1990년 4월 2일에도 무게 160kg의 오페크-2호를 발사하는 데 성공하였다. 그리고 오페크-3호는 무게 189kg으로 1995년 4월 5일 발사에 성공하였다.

발사를 위해 로켓에 조립되고 있는 이스라엘 최초의 인공위성 오페크 1호

7. 브라질

이스라엘에 이어 자국의 로켓을 이용, 아홉 번째로 인공위성을 발사할 나라는 이라크, 브라질, 북한, 그리고 우리나라 중에서 등장할 예정이다. 현재 이라크와 브라질은 80~90%의 준비를 마친 상태이다. 이라크의 문제점은 1991년 걸프전쟁 때 UN군에 의해 관련 시설이 많이 파괴된 것이고, 브라질은 경제사정이 좋지 않아 개발 계획이 계속 연기되고 있다. 북한은 1998년 8월 31일 대포동 1호로 광명성 1호의 발사시험을 시도한 후 조용히 개발을 하고 있는 것 같다. 과연 누가 먼저 아홉 번째 인공위성 발사국이 될 것인지는 기대해 볼일이다.

과학 관측 로켓

브라질의 과학 관측 로켓 개발은 우주연구소(IAE)가 창설되었던 1965년부터 시작되었다.

아비브라스(Avibras) 회사에 의해 개발된 첫 기상관측 로켓인 손다(Sonda) 1형은 4.2kg의 관측기기를 싣고 발사되어 지상 60~75km의 대기권을 관측할 목적으로 설계되었다.

손다 1

손다 1형 로켓은 2단계로 된 고체추진제 로켓으로 지름은 114.2mm이며, 1단 로켓의 길이가 1m, 2단 로켓과 탑재물을 합한 길이가 2.1m로 전체 길이는 3.1m이다. 발사 때의 총 무게는 59kg인데, 그중 1단 로켓의 무게는 27.5kg이고 평균 추력은 2,755kg, 2단 로켓의 무게는 27.3kg, 평균 추력은 433kg이었다.

손다 1형 로켓은 개발 후 10년 동안 각종 연구를 위해 200개 정도 발사되었다. 1966년에는 1단형 손다 2형 로켓의 개발을 시작했다.

손다 2

손다 2형 로켓은 기본적으로 고체추진제를 사용하며, 20kg의 탑재물을 싣고 100km까지 상승할 수 있도록 설계하였다. 로켓의 지름은 30cm, 전체 길이 4.1m, 발사할 때의 무게는 360kg이며 추력은 3,673kg이다.

그 동안 50개 이상의 손다 2형 로켓을 발사했으며, 지금도 매년 2~3회씩 발사하고

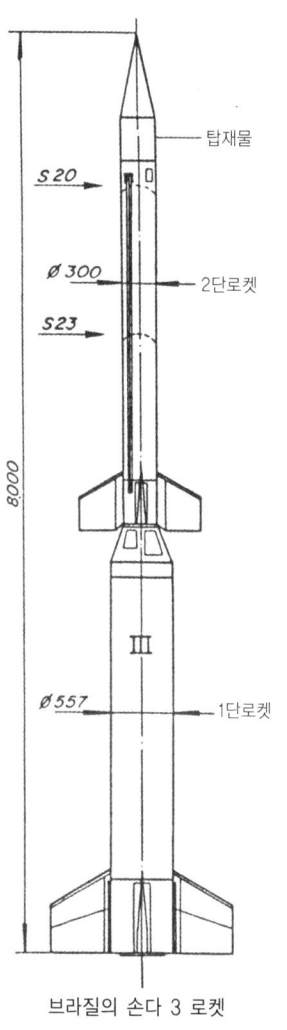

브라질의 손다 3 로켓

있다.

손다 3

1963년 브라질 우주연구소는 손다 3형 로켓의 설계와 개발에 착수했다. 이 로켓의 목표는 2단계 로켓으로 50kg의 탑재물을 500km까지 올리는 것이었다.

1단 로켓은 지름 56cm, 길이 4m, 2단 로켓은 손다 2형 로켓을 그대로 사용했다.

전체의 무게는 1,581kg이며, 추력은 1단 로켓이 10톤이며 2단 로켓은 3,676톤짜리와 1.8톤의 두 종류가 있었으며, 관측 목적에 따라 둘 중 하나를 사용한다.

1976년 2월 26일 첫발사가 있었으며, 그 후 6년 동안 12개의 로켓이 발사되었다. 현재도 매년 2~3개씩 발사하고 있다.

손다 4

손다 4형 로켓은 1974년에 설계를 시작하였는데, 개발 목적은 인공위성을 발사할 수 있는 큰 로켓을 개발하는 데 필요한 로켓의 3축─제어 장치 등 각종 중요 부품의 개발과 우주관측 및 실험에 있다. 이 로켓의 기본 성능은 2단계 로켓으로서 500kg의 탑재물을 650km까지 올릴 수 있도록 설계되었다.

로켓의 크기는 전체 길이 11m, 발사 무게 6.8톤이다. 제1단 로켓은 길이 5.37m, 지름

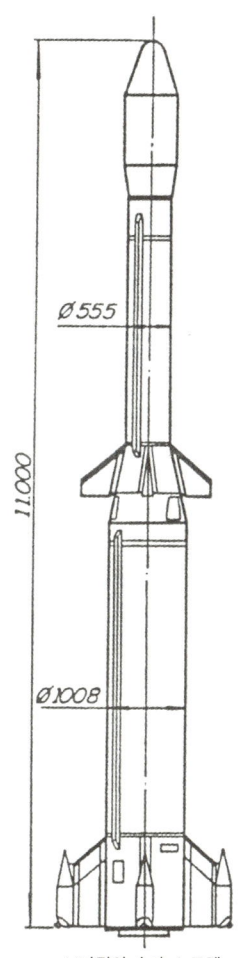

브라질의 손다 4 로켓

1m, 추력은 20.7톤이며, 2단계 로켓은 길이 3.25m, 지름 55㎝, 추력 9.7톤이다.

1984년 11월 21일, 첫 발사에 성공하였다. 손다-4는 1989-1995년 기간동안 4회의 발사에서 1987년 2단의 실패 등을 겪으면서 모터 케이싱 기술, 디지털 제어 시스템, 탑재부 페어링 전개장치, 액체 TVC(추력벡터제어) 시스템과 이동식 노즐(movable nozzle) TVC 시스템을 포함하는 3축 자세제어 기술을 확보하였다.

우주 발사체 VLS

브라질은 항공우주부(Ministry of Aeronautics) 산하의 IAE에서 위성 발사체인 VLS(Velculo Lancador de Satelites)를 개발하고 있다. 우주 발사체 개발은 1980년부터 시작하였으나 경제적인 사정과 미국 및 유럽 관련 회사들로부터의 기술이전규제로 인해 늦어졌다. 브라질은 1989년 2세대 브리질셋(Brasilsat) 위성의 발사용역 입찰 때 용역을 수주한 프랑스의 아리안 스페이스사로부터 위성기술과 함께 아리안 우주 발사체의 바이킹(Viking) 액체로켓 엔진기술을 이전해주는 조건을 포함했던 것으로 알려져 있다. 그러나 선진 7 개국이 채택한 MTCR에 의해 로켓엔진의 기술이전은 이루어지지 못했다. 그 결과 브라질의 VLS는 상당한 재설계과정을 거쳐서 4단계 고체 추진제 우주 발사체로 설계되었다. VLS는 직경 1m, 길이 10m짜리 기본 고체 추진기관을 만들고 1단 로켓을 중심으로 기본로켓 4개를 묶어 추력 보강용 로켓(Strap-on Rocket) 이 위에 2·3단 로켓과 인공위성을 올려놓아 총 높이는 20m에 이른다. 발사시 총 무게는 50톤이다. 1993년 2월에는 VLS의 2/3단만을 시험하여 1248 km의 고도까지 이르렀다.

우주 발사체 VLS-1의 발사시도

브라질은 1997년 11월2일 첫 번째 위성 발사를 VLS-1으로 시도하였는데 국산 인공위성 (SCD2A)의 궤도 진입에는 실패하였다. 1999년 12월12일의 VLS-1 의 2차 발사시도 역시 실패하였다.

브라질의 MTCR 가입

1980년대 중반 브라질은 과학 관측 로켓에 기반을 둔 탄도 미사일을 개발하기 시작했다. 비확산연구센터의 보고서에 따르면, 브라질 기업들은 이라크 및 리비아와 합작하여 미사일 기술을 주고받았다고 한다. 쿠바 미사일 위기 이래 워싱턴은 미국을 중심으로 한 지구의 반구 내에는 미국 외에 탄도 미사일 보유 국가가 없도록 단호한 자세를 취했다. 브라질의 탄도 미사일 프로그램은 따라서 다시 한번 워싱턴에 미사일 확산 위협을 가져다주었다.

브라질의 미사일 개발은 두 가지 중요한 목적을 가지고 있다. 하나는 아르헨티나로부터의 국가 방위이고, 또 다른 하나는 미사일 기술을 해외에 판매하여 경제적인 이득을 얻기 위한 것이다.

1994년 초 브라질은 미국 및 여타 미사일 통제체제(MTCR) 회원국의 압력으로 미사일의 대외 판매 정책을 바꾸기 시작했다. 브라질은 대량 살상 무기의 개발을 금지하는 조약에 서명하고, 우주 발사체개발 프로그램을 국방연구소에서 민간연구소에 이양한 뒤 1995년 MTCR에 가입할 수 있었다. 개발 중이던 탄도 미사일 프로그램의 포기가 브라질의 MTCR 가입에 또 하나의 주요 조건이었다.

VLS 주요 제원과 성능

발사능력	200kg, 750km, 25° 궤도
단 수	3단+4기의 Strap-on
추진기관	고체
총 길 이	19.46m
직 경	1.0m
이륙중량	50t
추력(진공)	
1단	327kN
2단	212.5kN
3단	33.9kN
StrapOn	309kN
연소시간	
1단	58.9초
2단	56.4초
3단	67.9초
StrapOn	58.9초

8. 이라크

이라크는 1989년 12월 갑자기 인공위성을 발사하였다. 물론 위성을 궤도에 올리는 데는 실패했지만 많은 사람들을 놀라게 했다. 이라크가 어떻게 우주 발사체를 개발하게 되었는지 알아보자. 나는 당시 이라크가 인공위성 발사를 시도하는 것을 보고 북한도 여기에서 힌트를 얻어 인공위성 발사를 계획 할 지도 모른다는 생각이 들었다. 그리고 9년 뒤, 북한도 인공위성 발사를 시도하기에 이른다.

액체 추진제 미사일의 확보

이라크가 미사일을 처음 보유한 것은 1970년대 중반으로 거슬러 올라간다. 처음 러시아는 이라크에 스커드 미사일을 제공한 데 이어 사정거리 2백80㎞에 달하는 스커드-B를 팔았다. 이라크가 스커드 미사일을 실전에서 사용하기 시작한 것은 이란-이라크전의 초기에 해당하는 1982년 무렵부터이다. 그러나 사정거리가 짧아 테헤란,-이스파한 등 전략목표에 도달하지 못했다. 이라크는 산업부장관인 아메르 하무디 알사디에게 미사일의 사정거리를 확대하기 위한 프로젝트를 맡겼다. '프로젝트 395'라는 암호명이 붙은 이 계획은 2개의 방향으로 추진되었다.

하나는 이집트의 사크르사, 프랑스의 SNPE사와의 협력으로, 1983년부터 프로젝트가 시작돼 사르크 80이라는 미사일을 개발하는 것이었다.

또 다른 하나는 이라크가 50억 달러를 투입하여 1984년부터 이집트 아르헨티나와 함께 공동으로 미사일을 개발하는 것이다. 이 계획은 1985년에 사정거리 1km의 콘도르-1을 개발한 데 이어 1989년 3월 5백여 km의 사정거리를 갖는 콘도르-2(이집트 이름으로는 바드르 2000)의 시험발사에 성공하였다. 이 과정에서 이라크는 미사일의 추진기관 및 관성항법장치 기술을 습득한 것으로 알려졌다.

서방세계와 이스라엘의 정보기관들은 콘도르-2 계획이 끝난 뒤에야 어느 정도 상황을 알아낼 수 있을 만큼 아르헨티나는 이 계획을 평화적인 상업용 우주 발사체 개발계획으로 위장함으로써 방풍의 구실을 잘 해냈다고 한다. 그러나 결국 아르헨티나는 미사일 개발계획을 평화적인 목적으로 위장한 게 탄로나 콘도르-2 미사일을 포함한 미사일 개발 계획을 포기하고 1993년 11월 30일 25번째로 MTCR 회원국이 되었다.

그러나 이라크는 콘도르-2 미사일 기술을 기반으로 탄도미사일의 사정거리를 연장하기 위한 연구를 계속 추진, 1988년 4월25일에는 길이 13.3m, 적재량 3백kg의 알 압바스(Al Abbas) 미사일을 8백50km까지 시험비행시키는데 성공하였다.

우주 발사체의 개발 및 인공위성 발사

이라크는 1989년 12월 5일 타뮤즈(Tamouz) 로켓을 이용하여 알 앤바르 우주센터에서 45kg의 인공위성 발사를 시도하였으나 궤도진입에는 실패하였다. 타뮤즈 로켓은 3단 액체추진제 로켓으로 사정거리 2,000km의 알 아베드(Al Aabed) 미사일을 개량한 것이다.

타뮤즈 우주로켓은 스커드(Scud) 미사일을 개량한 알 압바스 미사일의 몸통 다섯 개를 다발로 묶어 1단 로켓으로 사용하였는데 길이는 11m, 최대직경 2.3m 그리고 추력은 70톤이다. 2단 로켓은 알 압바스 미사일의 추진기관 1개를 사용하였는데 길이 9m, 직경 90cm, 3단은 길이 3.5m의 소형 로켓을 사용하였다. 전체 길이는 24.4m, 발사시 무게 48톤이었다.

북한의 위성 발사
ROCKET

7

북한은 80년대 후반부터 인공위성 발사를 계획하였을 것으로 추정된다. 1985년 화성 5호 개량에 성공하면서 자신감을 얻게 되고, 1989년 12월 5일 이라크가 북한이 생산하고 있는 스커드 미사일을 이용한 인공위성 발사를 시도하면서 인공위성 발사계획을 세웠을 것이다.

북한은 1998년 8월 31일 대포동 1호를 이용, 인공위성 발사를 시도하면서 주변국들의 관심 대상이 되기 시작하였다.

1. 북한 로켓의 종류

　북한은 1998년 8월 31일 대포동 1호를 이용 인공위성 발사를 시도하면서 주변국들의 관심대상이 되기 시작하였다. 북한의 우주발사체 기술은 미사일 기술로부터 나왔다. 북한이 현재 보유하고 있는 미사일은 크게 두 종류로 나눌 수 있다. 바로 고체추진제 미사일과 액체추진제 미사일이다. 고체추진제 미사일은 러시아로부터 공급받은 프로그(Frog) 미사일이 있으며, 액체추진제 미사일은 화성(火星) 즉 스커드 계열의 미사일과 북한의 독자모델인 화성(노동)과 백두산(대포동)미사일이 있다.

프로그 미사일

　1950년대 러시아에서 개발한 고체 추진제 무유도 미사일이며 현재는 프로그-7A까지 개발 되었다. 북한은 1969년~1970년 사이 러시아로부터 프로그-3, 5, 7를 들여왔다. 70년대에 북한은 프로그-7을 분해

하였다 재조립하는 방법으로 미사일에 관련된 기술을 습득하려 했으나 프로그 미사일이 고체추진제를 사용하는 무유도 미사일이므로 초보적인 미사일 관련기술을 습득하는 정도였다. 고체추진제 로켓의 추진기관은 모터 케이스(motor case) 안에 고체추진제가 들어 있는 형태이다.

고체추진제를 배합하여 모터 케이스 안에 넣는 것은 아주 어려운 기술인데 당시 북한에는 이러한 기술과 시설이 없었던 것으로 추정된다.

프로그-7 미사일은 길이 9.1m, 직경 54cm, 무게 2,300kg이며 탄두 무게는 450kg이며 사정거리는 70km이다.

화성미사일

북한의 화성미사일은 러시아의 스커드(scud) 미사일을 북한에서 개량 생산한 것이다. 스커드 미사일은 2차 세계대전 이후 러시아의 코롤로프(Korolyov) 설계국에서 독일의 V-2미사일을 개량하여 만든 단거리 미사일이다. 스커드 미사일의 특징은 이동식, 러시아제, 단거리, 지대지 미사일 시스템이다. 스커드 미사일은 유도 미사일로써 실온 보관용 액체추진제를 사용하는 1단식 단거리 미사일이다. 스커드는 프로그 미사일과 달리 날개를 움직여 비행방향을 조절할 수 있도록 되어 있다. 탄두는 재래식탄두와 화학탄 또는 핵탄두를 실을 수 있으며, 작은 발사대에서 수직으로 발사되어 목표를 향해 날아가도록 설계되어 있다.

SS-1B, 'Scud-A'는 약 1955년부터 배치가 시작 되었으며 R-11(8K11) 미사일로 잘 알려져 있다. 개량형은 R-17(8K14)인데 이것이 바로 스커드 B이며 1962년부터 배치되기 시작했다. 현재와 같은 4축

북한의 스커드 미사일

에 8개의 바퀴가 달린 특수 이동 차량인 MAZ 543P는 1965년부터 등장했다. MAZ 543P는 스커드 미사일을 운반하며 발사할, 때는 스커드 미사일을 수직으로 세워 발사하는 발사대 역할도 하도록 설계되어있다.

화성 5호(Scud B) 미사일

러시아의 R-17(8A14)미사일이며 스커드-A를 개량한 것으로 길이 11.16m, 직경 88cm, 발사중량 6,370kg이다. 탄두무게는 1,000kg이며 사정거리는 300km이다. 스커드-B에 장착된 엔진은 이사예프(Isayev) 엔진연구소에서 개발한 추력 13.3톤급의 9D21엔진이다. 후에 개량하여 사정거리를 320~340km로 늘렸다. 1976년 중반 이집트에서 받은 스커드-B를 북한에서 재생산한 미사일이다. 1984년 4월 첫 발사시험에 성공하였다. 1985년 초기생산에 들어갔으며 평양근처에 년간 50기를 생산할 수 있는 생산시설을 건설했다. 1987년 화성 5호 미사일을 이란에 수출하기 시작했다.

화성 6호(Scud C) 미사일

화성 5호를 개량한 것으로 몸통의 직경은 같으며 길이는 11.3m로 약간 길어졌다. 탄두의 무게를 1,000kg에서 770kg으로 줄이고 추진제량을 25%늘여 사정거리를 500km로 확장시킨 것이다.

화성 6호는 매월 4~8 대씩 생산되었고 1990년 이란에 수출되기 시작하면서부터 양산체제가 갖추었고 1991년 4월부터는 시리아에도 발사대와 함께 수출하기 시작했다.

노동 1호

북한은 화성 미사일의 개량 및 생산으로 기술축적이 이루어지자 1989년부터 사정거리 1,000~1,300 Km, 탄두 무게 800~1,000kg의 노동 1호와 Scud-D형 미사일의 개발에 착수하였다.

노동 1호는 러시아의 SS-N-4/R-13 과 SS-N-5/R-21 단거리미사일 (SLBM)의 디자인을 모방한 것으로 보이며 도쿄와 대만까지 위협할 수 있는 보다 넓어진 사정거리를 가지고 있고 오차는 약 2,000~4,000m 정도일 것으로 추측된다.

1993년 5월에 500km 떨어진 동해상에 시험 발사를 성공적으로 끝냈다. 그러나 이 한번의 시험 발사로는 노동 1호의 작전 능력을 입증할 수는 없었다.

서방세계에 S-N-4로 잘 알려진 러시아의 R-13은 4대의 이사예프 스커드(Isayev Scud) 엔진을 사용한다. 이 미사일은 발사중량이 13,700Kg이고 사정거리는 650km 이며 몸체 직경은 1.3m이다. SS-N-5로 알려진 R—21은 4대의 고추력 이사예프 엔진을 장착하고 있으며 연료탱크와 탄두 사이의 차단 벽의 재질을 특수한 것으로 바꾸었을 가능성이 있으며, 몸체 직경은 1.3m, 발사중량은 약 19,700kg이고 사정거리는 1,400~1,500km 이다.

노동 1호의 중량과 직경 그리고 사정거리 등의 특징은 러시아의 R-21과 유사하며 마케예프(Makeyev) 연구소의 과학자들이 북한으로 가려다 모스크바 공항에서 체포되는 등 북한의 노동 1호 개발과 러시아의 마케예프 연구소와는 밀접한 관계가 있는 듯하다. 이러한 관계로 미루어 볼 때 북한의 노동 1호는 마카예프 연구소의 R-21미사일을 토대로 연소실이 하나인 강력한 이사예프 엔진을 부착한 R-21의 개량형 미사일로 추정된다. R-21과 노동1호의 차이점 중 하나는 R-21이 연소실이 4개인 엔진을 사용하는데 비하여 노동 1호는 연소실이 하나인 엔진을 사용하고 있다는 것이다.

마카예프연구소의 벨리치코 소장은 1992년 5월 평양을 방문, 과학자 파견과 로켓 기술이전 계약을 체결했으나, 10월에는 20여명의 과학자들이 모스크바공항에서 평양으로 가려다 출국금지 당하는 사건이 발생하였다. 그러나 북한에는 수백 명의 러시아 과학자들이 북한의 미사일 개발을 돕고 있다고 추정하고 있다. 노동 1호가 북한에서 자체의 능력에 의해 설계되고 생산되었다는 것에는 약간의 의혹이 있기는 하다. 왜냐하면 아주 빠른 시간에 중형급 미사일이 개발되었기 때문이며 실제로 발사시험도 2~3회 만에 성공했다. 북한은 개발에 착수한지 4년 만인 1993년 6월 노동 1호의 발사시험에 성공하였다. 이렇게 빨리 중형급 미사일의 개발에 성공할 수 있었던 것은 이미 개발되었던 미사일을 엔진만 개량하는 방법을 사용하였으며 많은 개발 경험이 있는 러시아와 중국과학자들이 지원하였기 때문으로 추정된다.

관측통들은 노동 1호의 첫 번째 모델이 1993년에야 만들어 졌을 것이라고 생각하고 있으며, CIA에서는 1996년 말경 노동 1호가 실전 배치된 것으로 추정하고 있다.

이란, 시리아, 리비아와 그 밖의 다른 나라들에 수출된 노동 1호의 성능은 지상 실험 결과를 토대로 수출이 이루어진 것으로 짐작된다.

북한의 노동 1호 미사일과 러시아의 R-13, R-21 미사일의 비교

미사일 종류	R-13	R-21	노동 1호
발사중량(톤)	13.7	19.7	16
탄두무게(kg)	1,600	1,200	1,000
사정거리(km)	650	1,420	1,300
탄두수	1개	1개	1개
유도방식	관성유도	관성유도	관성유도
단수	1	1	1
길이(m)	11.8	14.2	17
직경(m)	1.3	1.3	1.3
추진제	액체추진제	액체추진제	액체추진제

2. 대포동과 우주 발사체

백두산 1호(대포동 1호)는 우주 발사체인가?

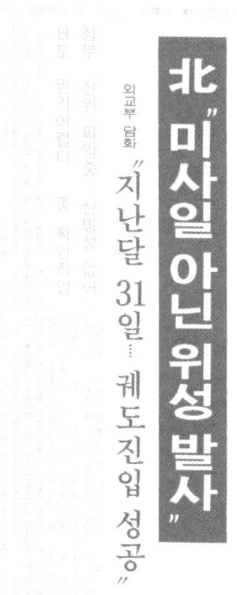

북한은 노동 1호에 이어 2단 미사일인 대포동 1호를 개발하였다. 대포동 1호는 북한의 대포동 근처에서 첫 발견되었다 해서 붙여진 이름이고 북한에서는 '백두산'이라고 부르고 있는 미사일이다. 대포동 1호의 구조는 1단 로켓은 노동 1호의 추진기관을 사용하며 2단은 화성 6호, 즉 스커드 미사일의 추진기관을 붙여 만든 것이다. 사정거리는 2,200~2,900km이며 총 길이는 25m, 직경은 1단이 1.3m, 2단 88cm이다. 발사시 총

무게는 22톤이며 추력 26톤짜리 액체 추진제 엔진을 사용한 것으로 추정된다. 1998년 8월 31일 3단 우주 발사체으로 개량하여 발사시험을 시도하였다.

　핵탄두를 탑재할 목적으로 개발되는 미사일의 경우 보통 탄두의 무게는 1톤 정도이다. 처음에 개발되어 시험발사를 하는 미사일의 경우 진짜 폭탄 대신 같은 무게의 가짜 폭탄을 싣는다. 대포동 1호의 경우도 진짜 탄두대신 1톤 무게에 해당하는 3단 소형 고체 로켓과 무게 50kg정도의 소형 인공위성을 부착하여 우주 발사체로 개량 한 뒤 발사시험을 한 것으로 추정된다. 우주 발사체로 개량된 대포동 1호의 발사시 총 무게는 21.5~22톤, 총 길이는 26m로 대포동 미사일보다 우주 발사체가 1m 더 긴 것이 특징이다.

　이렇게 대포동 미사일을 우주 발사체로 개량하여 발사시험을 하였을 경우 좋은 점은

1. 미사일로서의 비행성능을 확인 할 수 있을 뿐만 아니라,
2. 대형 미사일의 개발 및 시험에 관한 주변국가의 비난을 평화적인 목적의 우주 개발을 위한 위성 발사 시험이라고 주장하여 정당하게 피해 갈 수 있으며,
3. 위성 발사에 성공하였을 경우 첨단과학기술 보유국으로 국가의 국제적 위상을 높일 수 있게 된다.

　이상과 같은 이유로 북한은 대포동 1호를 우주 발사체로 개발하여 1998년 8월 31일 위성 발사를 시도하였던 것이다.

위성 발사의 초기 확인 실패이유?

　1998년 8월 21일짜 일본의 《산케이 신문》은 미·일 관계 소식통을 인용, 북한이 대포동 1호 발사를 준비하고 있다고 보도하였다. 이렇게 북한의 대포동 1호 발사시험은 준비단계에서부터 미국과 일본 등의 추적과 감시를 받아왔다. 그러나 실제로 발사시험을 했을 때 비행탄도에 관한 분석자료는 미국과 일본이 서로 일치하지 않았다. 이런 와중에 북한은 9월 3일 지난 8월 31일 발사한 것은 미사일이 아니라 인공위성이었다고 발표, 세계를 깜짝 놀라게 하며 이목을 북한에 집중시켰다. 미사일 추적기술에서는 미국이 세계 최고의 기술과 시설을 갖추고 있는데 어떻게 이런 일이 일어날 수 있었을까. 북한이 인공위성을 발사했다는 것도 놀라운 일이지만 미국이 이것을 정확하게 추적하지 못했다는 것 또한 놀라운 일이다. 어떻게 이런 일이 일어날 수 있을까. 더욱이 몇 달 전부터 계속 집중적인 추적을 하고 있었으면서.
　추정을 해보면 제일 큰 원인은 미국이나 일본이 북한이 대포동 1호의 발사를 통해서 인공위성 발사를 시도할 줄은 미처 몰랐으며 단순한 미사일 시험인 줄만 알고 추적준비를 하였던 것이다. 사실 미사일 발사시험에서 미사일이 만드는 비행궤적과 인공위성 발사에서 로켓이 만드는 비행궤적은 1단 로켓이 떨어지는 초기과정에는 비슷하지만 그 이후에는 서로 다르다. 때문에 미국이나 일본이 북한의 대포동 1호 발사시험을 단순한 미사일 발사시험으로 추정하고 추적준비를 하였다면 아무리 좋은 시설과 기술을 갖고 있었더라도 북한의 인공위성 발사를 정확하게 추적하기는 힘들었을 것이다. 초기의 우주 개발 단계에서는 자국에서 시험 발사되는 로켓도 몇 대의 레이다로 추적하다가 놓치는 경우가 많이 발생할 정도로 비행로켓의 추적은 어려운 것이다.

미국과 일본은 대포동 1호가 북한의 무수단리에서 발사되었을 때부터 북태평양에 떠있던 추적선과 비행기를 이용 비행궤적을 추적하였다. 1단 로켓과 2단 로켓은 성공적으로 작동하고 동해안과 태평양에 잘 떨어졌으나 탄두가 떨어지는 것을 찾지 못했던 것이다. 왜냐하면 대포동 1호에는 탄두대신 3단 로켓과 인공위성이 있었으니 북한의 계획대로 였다면 3단 로켓과 인공위성은 지구궤도에 진입하게 되므로 찾지를 못하였던 것이다. 만일 미국이 처음부터 대포동 1호의 발사시험을 인공위성 발사로 추정하고 비행궤도를 추적을 하였더라면 금방 위성 발사의 성공여부를 알 수 있었을 텐데, 추적한 비행궤도의 자료 없이 지구궤도에 떠있는 모든 비행물체를 하나씩 조사하여 북한의 인공위성인지 아닌지를 확인한다는 것은 어렵고 일이고 많은 시간이 걸리는 작업이다. 미국은 지구궤도에서 북한의 위성으로 보이는 물체를 찾지 못했다. 미국과 일본이 내린 결론은 대포동 1호는 인공위성 발사를 시도하였는데 3단 로켓의 성능이 부족하거나 연소 중 폭발하여 인공위성의 궤도진입에는 실패하였다는 것이다.

우주 발사체의 성능은 되는지?

세계 각국에서 자국의 우주 발사체로 발사한 첫 위성의 무게는 주로 100kg이하이며 우주 발사체의 성능을 나타내는 총 역적(각 단, 즉 1, 2, 3단 로켓의 추력×연소시간의 합)은 최소 1,918톤/초에서 5,000톤/초 정도임을 알 수 있다. 북한의 대포동 1호의 총 역적도 4,700톤/초로 50kg정도의 소형위성을 지구저궤도에 발사할 수 있는 능력을 갖춘 소형 우주 발사체로 볼 수 있다. 그러나 지금까지 세계 각국에서 자국의 우주 발사체로 인공위성 발사를 시도하다가 첫 번에 성공한 예는 극히 드물고, 최소한 수차례씩 실패한 끝에 성공한 것을 본다면 초기의 인공위성 발사가 얼마나 어려운 기술인지 쉽게 알 수 있을 것이다. 뿐만 아니라 북한은 비공개 발사시험도 제대로 못하는 여러 가지 어려운 상황에서 한번에 인공위성 발사를 성공한다는 것은 기적을 바라는 것과 마찬가지이다. 마치 야구선수가 첫 프로경기에 나와서 첫 타석에서 첫 번째 공을 쳐서 홈런을 만드는 경우와 비슷한 확률로 생각된다.

언제부터 북한은 인공위성 발사를 계획하였나?

대포동-1호(로켓 조립대)모습

북한은 80년대 후반부터 인공위성 발사를 계획하였을 것으로 추정된다. 1985년 화성 5호 개량에 성공하면서 자신감을 얻었고 1989년 12월 5일 이라크가 북한이 생산하고 있는 스커드 미사일 5개를 묶어서 우주 발사체의 1단 로켓으로 만들어 인공위성 발사를 시도하면서 북한도 인공위성 발사계획을 세웠을 것으로 추정된다. 나는 이러한 내용을 《세계일보》1990년 5월 8일자 신문에 인터뷰를 통해서 밝힌 바 있으며, 그 이후 중국 우주연구소의 인공위성 전문가를 통해서도 북한에 가서 인공위성 기술을 전해주었다는 이야기를 들은 적이 있었다.

북한을 방문한 경험이 있는 위성 기술자에 의하면 평양의 정해진 호텔에 가 있으면 북한의 인공위성 연구를 하는 기술자가 찾아와 의문사항을 질문하고 중국의 방문자가 대답하는 형식으로 도와 왔기 때문에 실제로 북한이 무엇을 얼마나 진행을 하고 있는지는 알 수 없었다고 했다. 그러면서 북한의 과학자가 '우주 발사체는 이미 개발이 끝났는데 인공위성개발이 문제'라고 말 했다고 한다. 이러한 점 등을 종합해보면 북한은 이미 94년까지는 우주 발사체의 개발이 끝났으며, 김일성의 사망 등 여러 가지 이유로 98년 8월에 위성의 발사를 시도했던 것으로 추정된다. 이점은 북한도 90년대 초에 이미 발사준비를 마쳤다고 보도한 바 있다(1998년 9월 8일자 노동신문).

대포동 1호의 준비 및 비행과정

대포동 1호는 발사 24일전인 1989년 8월 7일 무수단리 발사대에 도착하여 일주일동안 개재 전개를 끝낸 다음 부분 연동시험과 종합 연동시험 등 발사준비를 하였다. 모든 점검이 끝나고 이상이 없음을 확인한 후 기다리고 있다가 김정일의 최종 발사 지시에 의하여 1989년 8월 31일 낮 12시 7분 함경북도 화대군 무수단리 발사대를 떠나 86도 방향인 태평양을 향해 발사되었다. 발사방향을 86도로 잡은 것은 대

북한의 대포동 1호

대포동-1호 발사장면

포동 1호가 일본의 홋카이도 섬 사이의 바다로 비행을 하도록 하여 대포동이 비행 중 문제가 생겨 추락할 경우 일본의 섬에 떨어질 때 발생하는 국제적인 문제를 최소화하기 위하여 선택한 방향인 것 같다.

대포동 1호는 발사 1분 24초 후인 12시 8분 24초 1단 로켓이 분리되며 2단 로켓이 점화되었다. 분리된 1단 로켓은 발사지역으로부터 253km 떨어진 동해상에 떨어졌다. 발사 후 2분 10초 뒤인 12시 9분 10초에는 인공위성을 보호하는 노오스 페어링(Nose Fairing:북한에서는 방열커버라고 부름)이 대포동의 앞부분에서 분리되었다. 노오스 페어링은 일본을 건너 발사지점으로부터 1,090km 떨어진 미사와 앞 바다에 발사 후 9분 20초 뒤인 12시 16분 20초에 떨어졌다. 국제 상법에 의하면 영공은 100km까지 이다. 그런데 이 대포동의 노오스 페어링이 떨어지며 미사와 상공 65km 지점을 통과하여 일본의 영공을 침범하였다며 일본은 계속해서 북한의 대포동 발사를 항의하였다.

발사 후 4분 24초 뒤인 12시 11분 24초에는 2단이 분리되고 3단 고체 추진제 로켓이 점화되었다. 분리된 2단 로켓은 발사 후 10분 4초 뒤인 12시 17분 4초 태평양에 떨어졌다. 미국과 일본에서는 3단 로켓이 점화되고 잠시 후 폭발하여 인공위성을 궤도에 진입시키지 못했으며, 폭발한 3단 로켓의 잔해는 알래스카 근처에 떨어졌다고 한다.

물론 북한은 발사 후 4분 53초 만인 12시 11분 53초 근지점 218.82km, 원지점 6,978.2 km의 타원 궤도에 성공적으로 진입하였으며 지구를 한바퀴 도는 시간은 165분 6초라고 발표하였다. 뿐만 아니라 27MHz로 전파를 내보내고 있다고 주장 하였다.

미국의 콜로라도주 스프링스에 있는 미국 우주사령부의 우주 감시체제 능력은 800km 궤도이내에 있는 야구공 크기의 작은 물체까지도 확인 할 수 있다. 이는 우주비행사가 사용하다 버린 우주쓰레기도 구분할 수 있을 정도의 것이다. 세계 25개 기지와 우주에 떠있는 50여개의 정보위성을 종합적으로 이용하여 일년 24시간 우주를 감시하는 시스템 으로 이 분야의 수준은 미국이 당연 세계 최고의 능력을 갖고 있으며 러시아와도 많은 차이가 있다. 미국 우주사령부에서는 공식적으로 북한의 위성을 찾지 못했다고 발표하였으므로 북한의 인공위성 발사는 마지막단계에서 실패한 것으로 간주해야 옳을 것이다.

북한의 대포동 1호의 특징

1. 북한의 대포동 1호는 액체추진제(liquid propellant)를 사용하는 액체추진제 로켓(liquid rocket)이며 액체추진제는 산화제와 연료로 구성되어 있다.

2. 액체추진제에는 크게 저온 추진제(cryogenic propellant)와 저장성추진제(storable)의 두 종류가 있으며 저온추진제는 극저온인 액체산소를 액체로켓의 산화제로 사용하는 추진제임. 액체산소는 섭씨 영하 183도에서 액체상태로 있으며 상온에서는 기체로 변하기 때문에 장기보관이 어려운 추진제로 현재는 발사 직전에

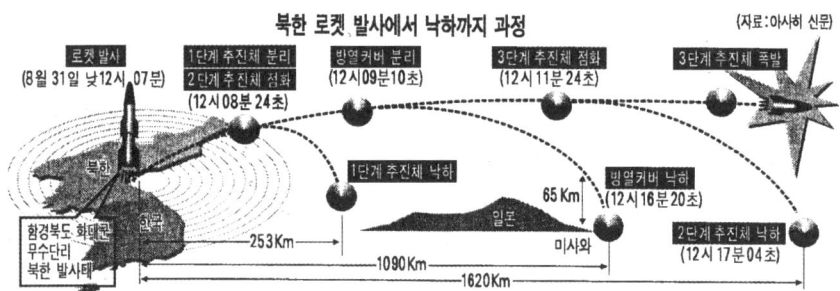

대포동1호 궤도분석(동아일보)

추진제를 넣는 우주 발사체(SLV)에서만 사용한다. 그리고 저장성추진제(storable)는 상온에서 보관할 수 있는 추진제로 미사일에서는 반드시 이러한 종류의 추진제를 사용하며 질산(nitric acid), 과산화수소(hydrogen peroxide), 사산화질소(nitrogen tetroxide)등을 산화제로 사용하는 추진제이다.

3. 현재 주로 사용되는 세계 각국의 우주 발사체 추진제는 액체산소(liquid oxygen:LOX)를 산화제로, 등유(kerosene)나 액체수소를 연료로 사용한다. 이러한 추진제는 무공해(자동차 배기가스보다 더 깨끗함)·고성능 추진제이다.

4. 북한의 미사일은 액체 추진제를 사용하는 미사일로 모두 저장성 추진제를 사용하고 있으며 노동미사일의 추진제는 산화제로 질산 종류인 IRFNA(Inhibited Red Fuming Nitric Acid)를 연료로는 아민(암모니아) 종류인 UDMH(Unsymmetrical DiMethylHydrazine)를 사용함. 대포동-1(우주 발사체로 사용할 경우)은 3단 로켓으로 그중 1단 로켓은 노동미사일을, 2단 로켓은 스커드 미사일을 그리고 3단 로켓

은 소형 고체 로켓(satellite apogee motor)를 사용하고 있다. 일반적으로 군용의 미사일은 저장성 액체추진제를 사용하며 매우 유독(toxic)하며 산화제와 연료가 만나면 스스로 연소하는 접촉발화(hypergolic) 성질을 갖고 있다.

5. 결론적으로 북한의 대포동 1호는 추진제의 특성으로 보면 '미사일로 사용하기 위해 개발한 액체로켓' 이고 순수한 상업용 우주 발사체로 사용하기 위해 개발한 우주로켓은 아닌 것으로 보여진다.

대포동 2호

대포동 2호는 대포동 1호처럼 2단 미사일로 사정거리가 3,500~4,300km 이고 탄두 무게가 1,000kg에 달하는 것으로 추정된다. 대포동 2호의 1단 로켓은 중국의 CSS-2 와 CSS-3의 1단 로켓과 아주 흡사하다. 그리고 2단 로켓은 노동 1호를 기본으로 만든 것으로 생각된다. 본격적인 장거리미사일인 대포동 2호는 1단 로켓 18m, 2단 로켓 14m로 그 길이가 총32m이며, 직경은 1단 로켓이 2.4m, 2단 로켓이 1.3m인 것으로 각각 추정할 수 있다.

해외 전문가들은 북한이 화학탄두, 생물학 탄두 또는 핵탄두를 운반할 수 있는 ICBM을 개발하는데 앞으로 10년이 걸릴지 않을 것이라고 예측하고 있다.

명칭	최대사거리(km)	탄도(kg)	단	길이(m)	직경(m)	무게(kg)	DPRK IOC
SA-2/HQ-2	60-160	190	2	10.7	0.65/0.5	2,287	1976
DF-61	600	1000	1	9.0	1.0	6.0	
스커드-B	300	1000	1	11.2	0.884	5.86	1981
화성-5형	300	1000	1	11.2	0.884	5.86	1984
화성-5	320-340	1000	1	11.2	0.884	5.86	1985
화성-6	500	770	1	11.3	0.884	5.93	1989
노동(노동-1)	1350	1200	1	16.5	1.33	16.25	1993
대포동-1	1500	700	2	25.5	1.33/0.884	20.7	1998
대포동(백두산-1)	4000	50-100	3	26.0	1.33/0.88/0.84	18.7	1998
대포동	1500	700	2	25.5	1.33/0.884	20.7	1998
대포동-2(노동-1)	6000이상	100-500	2	32	2.4/1.32	64.3	2000

북한 미사일의 제원과 성능

북한의 우주센터

대포동 1호를 발사한 북한의 우주센터 위치는 북위 40도 1분 17초, 동경 129도 9분 58초에 위치한 곳으로 행정구역은 함경북도 화대군 무수단리이다. 이곳은 1988년 건설되어 1993년 5월의 노동 1호 발사시험 때 처음 사용되었다. 대포동 1호 발사 시설은 삼각형 형태로 배치되어 있다. 발사장 조종 시설(Range Control Facility)은 발사대로부터 850m 북서쪽에 있으며 미사일 조립 시설(Missile Assembly Building: MAB)은 발사대로부터 500m 서쪽에 떨어져 있다. 발사장의 주요 시설은 밭으로 둘러싸여 있으며 해안가로부터 1km 떨어진 지역에 위치하고 있다.

발사대 지역은 30m×120m로 로켓 조립 시설과 발사장치가 있다.

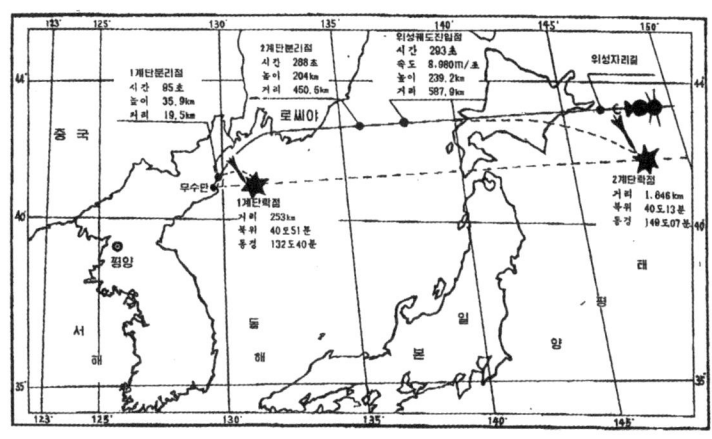

광명성 1호 비행궤도

조립시설(Gantry)은 로켓의 발사대(Pedestal) 남동쪽에 고정되어 있다. 콘크리트로 만들어진 화염유도로 발사대 밑으로부터 남서쪽으로 만들어져 있으며, 발사대 남서쪽으로 직경 30m의 원추형 콘크리트 구조물이 있다. 발사 통제시설(Block house)은 6m×13m로 발사대로부터 100m떨어진 북서쪽에 위치한다. 조립빌딩은 16m×50m짜리 높이는 15m정도이다. 조립빌딩과 발사시설 그리고 발사장 조종시설은 비포장도로 대부분 연결되어 있었다.

미국의 첩보위성에 의하면 북한은 1998년 8월 31일의 대포동 1호 발사이후 대포동 1호의 발사대를 대포동 2호를 발사할 수 있도록 1999년 6월까지 개조하였다. 대포동 1호의 발사대 높이 또한 22m에서 33m로 1.5배 높여 놓았다. 그러나 대포동 2호의 발사시험은 아직까지 이루어지지 않고 있다.

북한의 우주기술과 외국과의 관계

노동 1호 개발시 북한은 미사일 시스템기술 및 제작기술은 러시아의 마카예프(Makeyev)연구소에서, 액체추진제 엔진은 스커드 엔진을 개발하였던 이사예프(Isayev)연구소에서 기술과 핵심 부품, 샘플등을 도입하였을 것이다. 대포동 2호와 3호에 사용할 수 있는 큰 추력의 로켓 엔진은 이미 보유하고 있으며 지금 한창 차례대로 국산화하는 노력을 하고 있을 것이다. 북한은 첨단 로켓기술을 가져올 수 있는 중국이나 러시아에 국경이 닿아 있기 때문에 육로를 통해서 출입이 가능하다. 그렇기 때문에 이미 대형 로켓 개발에 필요한 핵심 기술이나 샘플은 대포동 1호 발사 시험이전에 이미 모두 갖추어 놓았다고 보아야 할 것이다. 왜냐하면 대포동 1호를 발사하고 나면 국제적으로 감시가 심해져서 대형로켓관련 기술이나 샘플을 가져오기가 훨씬 힘들어 지기 때문이다.

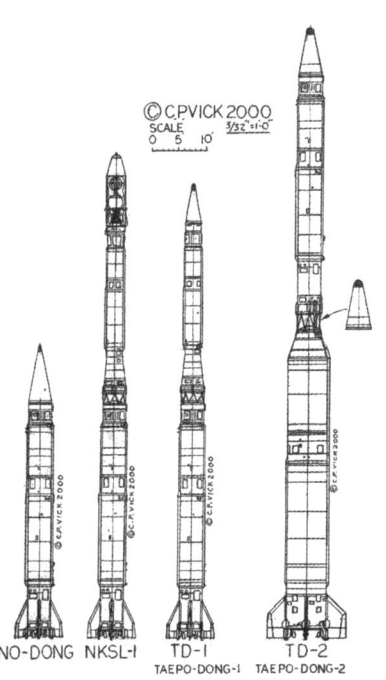

미사일의 발사대 및 조립탑 등의 발사관련 시설은 중국으로부터 기술협조를 받았음을 대포동 1호 발사관련 자료에서 알 수 있다. 북한이 발표한 첫 인공위성 광명성 1호의 모습과 중국의 첫 위성인 동방홍 1호의 모습은 아주 흡사하며, 중국의 우주 과학자들 중 북한을 방문하여 인공위성 관련기술을 이전 한 과학자들이 있는 점 등으로 미루어 북한의 위성기술은

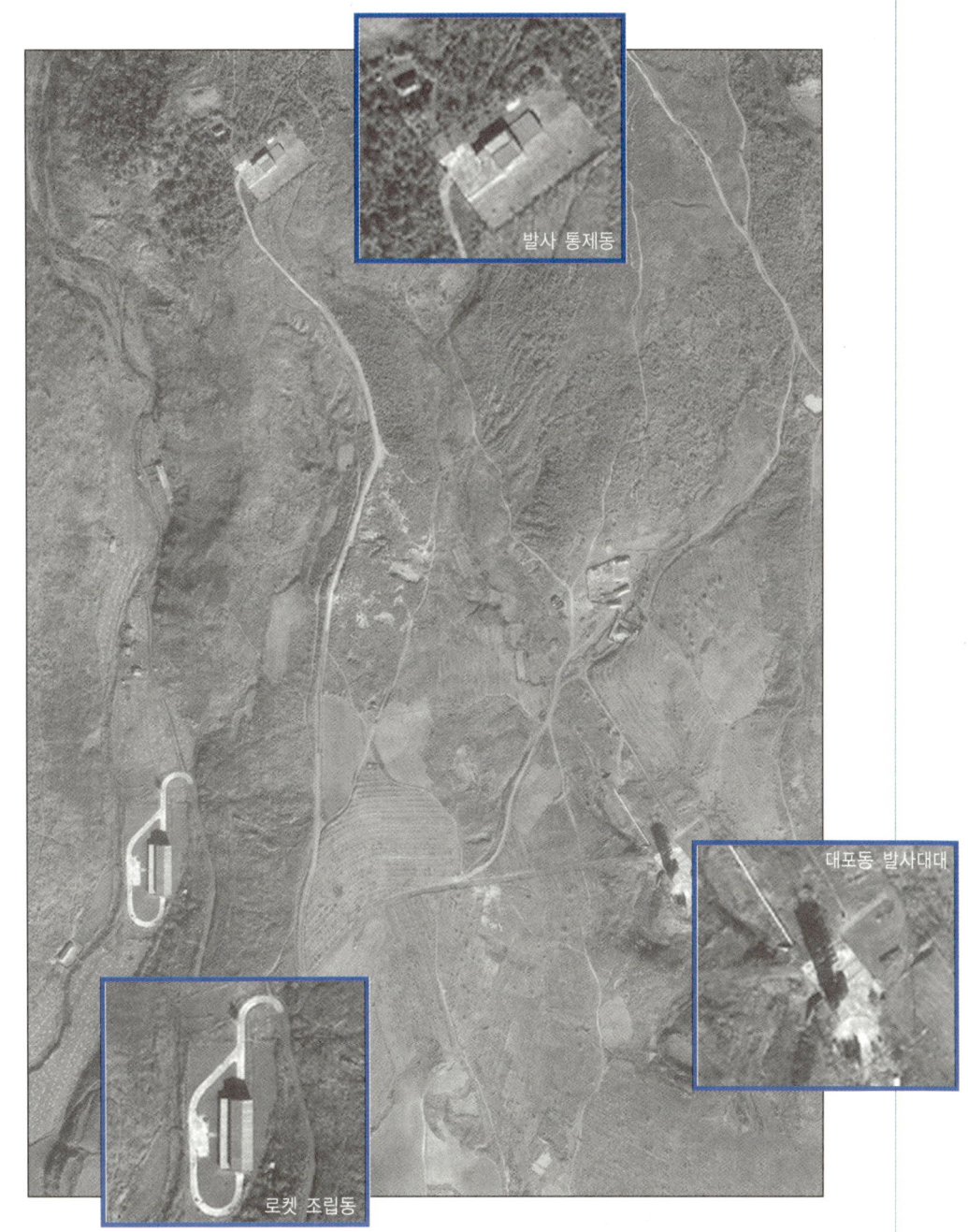

중국으로부터 받았음을 추정할 수 있다. 뿐만 아니라 대포동 1호의 발사장면을 보면 발사대도 장정 1호 발사대와 아주 흡사함을 발견할 수 있다. 북한과 한국의 우주기술을 비교 평가해보면, 위성기술 분야는 북한의 광명성 1호가 50kg미만의 소형으로 추정되고 북한의 일반적인 전자공업의 수준이 뒤떨어진 관계로 북한의 위성기술은 한국보다 많이 뒤쳐진 것으로 추정된다. 로켓분야는 대형 액체로켓 분야는 북한이 앞서있지만 고체 로켓분야는 1970년대 초부터 고체미사일을 개발해온 한국이 앞서 있다고 볼 수 있다.

한국의 로켓과 우주개발

8

그동안 우리나라에서의 현대적인 로켓 연구는 국가적인 우주 개발 차원에서 이루어 졌다기보다는 국방을 위한 무기개발 차원에서 이루어졌을 뿐이다. 그러나 90년대 후반을 기점으로 우주항공분야에서 점차 비약적인 발전을 거두고 있다.
이제 우리나라도 독자적인 우주 발사체의 개발, 우주센터의 건설, 통신 기상위성의 개발 등 본격적인 우주 개발을 시작한 것이다.

1. 현대식 로켓의 등장

우주개발의 핵심은 인공위성을 우주로 올려 보내는 원동력인 로켓의 개발이다. 그 동안 우리나라의 로켓개발 과정을 살펴보고 2005년에 우리의 우주센터에서 인공위성을 우주로 쏘아 올릴 우주 발사체를 어떻게 개발하여야 할지에 대해서도 알아보기로 하자.

우리나라에서는 현대적인 로켓을 과연 언제부터 만들었을까? 로켓에 관심있는 사람들은 여기저기서 조금씩 이야기를 들어서 대충 알고는 있지만 제대로 정리된 지식을 갖고 있지는 않다. 1950년대 이후 부터 1970년대 까지 우리나라에서의 현대적인 로켓 연구는 국가적인 우주 개발 차원에서 이루어졌다기보다는 국방을 위한 무기개발 차원에서 이루어졌을 뿐이다. 목적이야 어떠하든 그 동안의 로켓 연구는 국내의 많은 첨단과학을 발전시키는 원동력이 되었다

국방 과학 기술연구소의 로켓

한국 최초의 현대식 로켓은 1958년 국방 과학 기술연구소에서 개발

되었다. 로켓을 연구할 조직을 만들고 국내 공과대학 교수 및 전문가들의 도움을 받아 몇 번의 지상연소시험과 시험발사를 거쳐 1959년 7월 27일 인천 고잔동 해안에서 1단, 2단, 3단 로켓을 성공리에 발사했다.

556호로 이름 붙여진 3단 로켓의 크기는 길이 3.17m, 지름 16.7㎝으로 최대 고도 4.2㎞까지 상승하여 81㎞까지 비행하였으며 67호로 이름 붙여진 2단 로켓의 크기는 길이 4.65m, 지름 22.9㎝으로 최대 고도 9.5㎞까지 상승하여 26㎞까지 비행하였다. 계속되던 로켓의 연구개발은 1961년 연구소의 해체로 중단되었다.

인하대학의 로켓

이와 비슷한 시기에 인하대학교 공과대학에서도 1959년 4월부터 병기공학과 학생 및 교수들이 중심이 되어 로켓 연구반(반장 김병철)을 조직하고 국산 로켓의 개발에 들어갔다.

1959년 11월 19일, 인하 공대의 최초 로켓인 IITO-2A가 완성되어, 오후 3시 50분 송도 앞 바다에서 시험 발사되었다. 많은 날을 실험실에서 보내며 연구한 학생들의 얼굴에는 기쁨의 감격이 넘쳐흘렀다.

첫 번째 로켓 IITO-1A는 길이 2.2m, 지름 15㎝, 무게 54㎏, 추력 2,177㎏이며 예상된 최대 비행고도는 10㎞였다. 그리고 IITO-2A는 길이 1.7m, 지름 15㎝, 무게 18㎏, 추력 1,769㎏, 연소시간 1.2초로써 67도의 발사각으로 발사하여 예상되는 최대 도달 고도는 9㎞였다. 초기 비행 중에 안정날개와 탑재부의 분해로 완전한 비행은 하지 못했지만 추진기관의 성능은 충분히 실험할 수 있었다.

1962년 4월에는 인하 우주과학 연구회(회장 박광우)를 발족하고 이어 소형 실험용 로켓을 설계하고 제작에 착수하여 같은 해 9월 29일에는 송도에서 네 대의 로켓을 시험하였다. 10월 3일에도 이곳에서 두 대의 로켓을 더 발사했다.

1964년 5월 10일, 인하 우주과학 연구회는 로켓의 비행 중 공기역학 문제 및 구조적인 문제를 연구하기 위해 길이 30㎝, 지름 4.5㎝, 무게 6.8㎏, 추력 40㎏짜리 소형 로켓인 IITO-1A를 제작하여 고잔동 앞 해안에서 시험 발사함으로써 추진 및 비행안전도에 대한 기초 자료를 수집하였다.

1964년 10월 17일, 길이 1.3m, 지름 9㎝, 무게 11.3㎏, 추력 86㎏의 IITO-3A 로켓을 성공적으로 발사하기는 하였으나 비행 중 안정날개가 파괴되고 말았다.

같은 해 12월 1일에는 IITA-4MR 로켓을 발사하였다. 이날 발사된 2단 고체추진제 로켓은 길이 2.3m, 지름 10㎝에 발사 직전의 무게는 20.4㎏이었으며 캡슐에는 모르모트(쥐의 일종으로 실험동물로 쓰임)와

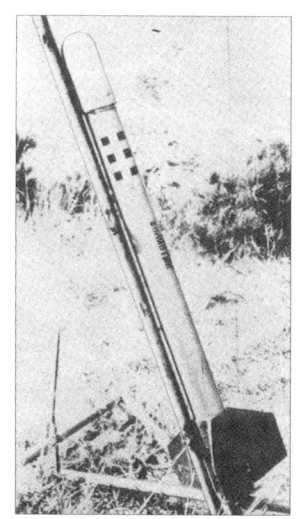

인하대학에서 첫 발사한 로켓 IITA-4MR

낙하산, 그리고 초단파 송신기 등을 싣고 30km까지 상승한 후 낙하산을 이용해 회수하도록 설계되었다.

초단파 송신기는 발사되는 순간부터 모르모트의 신체 변화를 송신하고 지상 추적소는 야기형 안테나로 비행을 추적하여 송신해오는 자료를 포착 녹음하였다가 분석, 낙하산 사출 후에도 계속 추적하여 그 방향을 탐지하고 구조대를 급파하여 헬리콥터와 항공기, 해상 경비정을 동원하여 회수하도록 계획되었다. 모르모트가 들어 있는 캡슐은 완전한 기밀장치가 되어 있고 일정량의 산소 공급도 시켜주며, 고온 및 저온 그리고 높은 가속도 때의 압력에도 견딜 수 있게 설계되어 있었다. 그러나 캡슐이 분리되지 않아 회수는 실패하였다.

1964년 12월 19일 오후 2시 인하 우주과학 연구회 발족 이후 제작된 최대의 로켓인 IITR-7CR이 발사되었다. 이 로켓의 크기는 지름 17.8cm, 길이 3m로서 총 무게는 68kg이었다. 추력은 1단 로켓이 2,904kg, 2단 로켓이 724kg, 3단 로켓이 68kg이었다.

이 로켓은 50km까지 상승하여 35mm의 필름 60장에 한국 지형의 70%와 중국의 일부 해안까지 찍어 낙하산으로 회수할 예정이었다. 자동장치는 2단과 3단의 점화와 낙하산을 차례로 적당한 시간에 동작시켜 주었다. 그러나 이 로켓 역시 캡슐이 분리되지 않아 회수에는 실패하였다. 인하 우주과학 연구회에서 사용한 고체추진제는 JPN 추진제였으며 비추력은 210초 정도였다.

1964년 이후에도 1970년 초까지 몇 차례에 걸쳐 로켓발사시험이 시도되었지만 좋은 성과를 거두지는 못했다.

공군사관학교의 로켓

1969년부터 공군사관학교의 박귀용, 조옥찬 교수 등이 중심이 되어 좀더 본격적인 로켓 연구가 시작되었다.

초기에는 기초 연구자료, 각종 실험기구를 확보하여 추진제 개발에 대한 기초실험 등이 이루어졌으며, 1970년부터는 과학기술부의 연구비 지원 등에 힘입어 지름 55mm, 길이 92cm, 무게 4kg, 사정거리 3km의 AXR-55 로켓을 개발하여 여러 번 성공적인 발사시험을 가졌다.

공군사관학교에서 개발한 지름 55mm의 로켓이라는 뜻의 AXR-55 로켓의 예상 추력은 180kg이었으며, 연소시간은 0.6초였다. 이를 바탕으로 1971년에는 지름 73mm, 길이 1.4m, 무게 9.35kg, 사정거리 6km의 AXR-73 로켓을 개발하여 세 번에 걸친 비행실험에 성공하였다. AXR-55와 73 로켓에 사용한 추진제는 아스팔트 추진제였으며, 두 로켓의 성공적인 개발로 연구진들은 로켓의 연구개발에 필요한 많은 지식과 경험을 쌓을 수 있었다.

조옥찬 교수를 중심으로 한 연구진들은 곧이어 AXR-300의 개발에 착수하였다. AXR-300 로켓은 지름 300mm, 길이 4m의 로켓으로 1972년 12월 30일 발사시험에 성공하였다.

공군사관학교의 로켓 연구는 1973년 봄까지 계속되어 3월 20일 AXR-300 3호기의 발사를 끝으로 막을 내렸으며, 로켓 연구에 참여했던 많은 연구원들은 국방 과학 연구소의 새로운 로켓 연구 개발에 계속해서 참여하게 되었다.

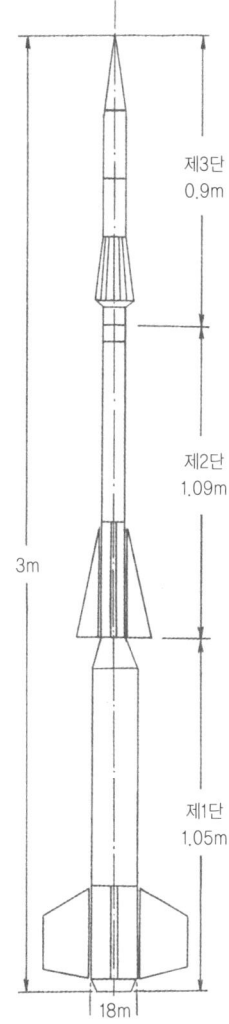

IITR-7CR 로켓 설계도

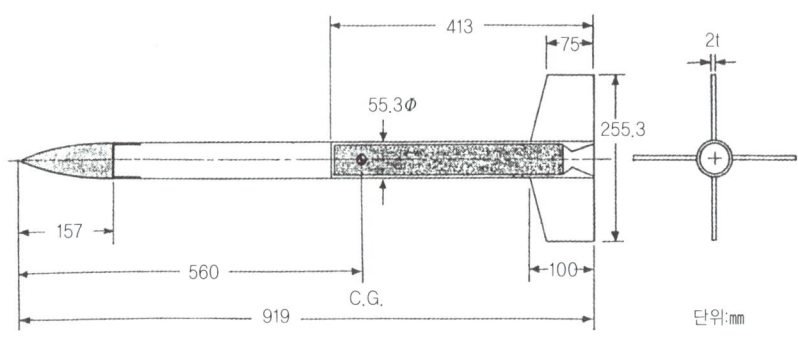

AXR-55 로켓 설계도

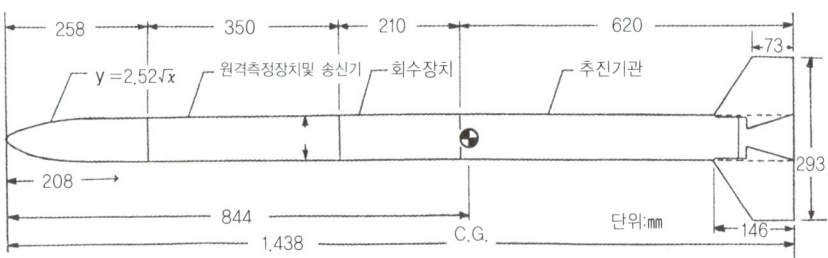

AXR-73 로켓 설계도

발사 준비를 마친 AXR-300로켓

국방 과학 연구소의 백곰과 현무

　국방 과학 연구소의 로켓 연구는 고 박정희 대통령의 후원으로 1972년 5월부터 이경서, 구상회, 홍재학(전 한국항공우주연구소장), 김정덕(현 과학재단 이사장), 박귀용, 최호현 박사 등이 주축이 되어 진행되었다. 미사일 개발 계획은 1974년 5월 대통령의 결재를 받아 본격적으로 시작되었는데, 이 기간 동안 국내의 로켓기술을 점검 해보기 위해 홍능 1호라는 무유도 로켓을 홍재학 박사 주도로 개발하였다. 홍능 1호는 1974년 12월 대천에서 성공적으로 시험발사 되었다. 그리고 이어서 국내에 배치되어 있던 미국제 '나이키 허큘리스' 지대공미사일을 기본형태로 이를 역설계하고 국산화하는 형태로 진행되었다. 나이키 허큘리스는 2단 고체 추진제 지대공 미사일이지만 지대지 미사일로 사용할 경우에도 500kg의 탄두를 싣고 180km를 날아갈 수 있는 성능을 가지고 있다.

성공적으로 발사되고 있는 AXR-300 로켓

백곰 국산유도탄의 발사(1978. 9. 26)

미사일 개발에서 가장 중요하고 힘든 부분이 고체추진제를 혼합하여 미사일 추진기관의 몸통 속에 넣는 것이다. 이 시설은 마침 불황으로 파산직전에 있던 L.A. 근처의 록히드회사 추진제 제조공장의 시설을 1975년 인수하여 추진제 혼합기를 비롯한 각종 추진제 제작용 치공구를 도입 할 수 있어서 가능하였다. 고체 로켓 개발용 추진제 제조용 설비를 이렇게 통채로 미국에서 도입하게 된 것은 국가적으로도 대단한 행운이 아닐 수 없다. 미사일 기술이전 통제체제(MTCR)가 생긴 이후라면 절대로 불가능한 일이였을 것이다. 추진제 시설은 1977년 초부터 본격적으로 국산 미사일 연구에 이용되었고 (주)한화의 대전 공장의 모체가 되었다. 4년간의 개발 끝에 개발된 백곰의 첫 발사시험이 1978년 4월에 서해안에 있는 종합시험장에서 이루어졌고 몇 회의 실패 끝에 1979년 6월 3일 실시된 3차 비공개시험에서 처음 성공을 거두었다. 그리고 몇 번의 비공개 비행시험 끝에 1978년 9월 26일 박정희 대통령이 지켜보는 가운데 열린 첫 공개시험에서 성공적인 모습을 보여주었다.

우리나라에서 본격적인 대형 로켓을 개발하게 하였던 고 박정희 대통령의 이날 일기는 다음과 같다.

1978년 9월 26일(화) 맑음

　금일 오후 서산군 안흥에서 우리나라 처음으로 유도탄 발사시험이 있었다. 1974년 5월에 유도무기 개발에 관한 방침이 수립되어 불과 4년 동안 로켓 유도탄 등 무기개발을 성공적으로 완성하여 금일 관계관들의 참관 하에 역사적인 시험발사가 이루어 졌다. 장거리 유도탄 (사정거리 1백50km, 유효반경 3백50km, 나이키와 유사함). 네 종목 모두 성공적이었다. 그 동안 우리 과학자들의 노고를 높이 치하하다.

　백곰의 성공적인 개발로 인하여 우리의 고체 추진제 로켓 기술을 크게 발전시켰다. 그리고 이 기술들은 우리나라 우주 개발의 기초가 되었다. 백곰 미사일의 1단 추진기관은 직경 42cm짜리 로켓 4개를 묶은 것이다. 국방 과학 연구소가 이를 한 개의 추진기관으로 개량하여 개발한 미사일이 바로 현무이다. 현무 지대지 미사일은 유도장치도 관성유도장치로 바꾼 것이므로 1982년 첫 발사시험에 성공하였다. 현재의 현무는 1986년 개발에 성공한 것이다. 외국의 자료에 의하면 현무는 길이 11.92m, 무게 5,450kg, 사정거리는 480kg의 탄두를 실었을 경우 180km이다(www.globalsecurity.org)

2. KARI의 고체 과학로켓 개발

1990년 10월 10일 우리나라의 항공우주 개발을 주도할 연구소가 탄생하였다. 한국의 나사(NASA)를 꿈꾸고 탄생한 한국 항공 우주연구원(KARI)은 기계연구소의 항공연구실과 천문 우주과학 연구소의 우주공학 연구실이 50여명의 식구들로 출발하였다. KARI가 탄생하면서 추진한 우주 개발 사업은 천문 우주과학 연구소에서부터 시작한 과학로켓 개발사업이었다. KARI는 과학로켓과 다목적위성을 발사하는 등 한국의 우주 개발을 주도하고 이끌어 가는 정부출연 연구소로써 12여년 지난 지금 식구 수는 420여명으로 늘어났고 일 년의 R&D 예산도 1200억원을 넘어섰다.

고체 추진제 과학 로켓 KSR-I-1호

우리나라의 본격적인 과학 관측 로켓은 1993년 6월 4일 아침 9시 58분 서해안 안흥 시험장에서 발사하여 성공한 1단형 과학 관측 로켓

8부 | 한국의 로켓과 우주개발　305

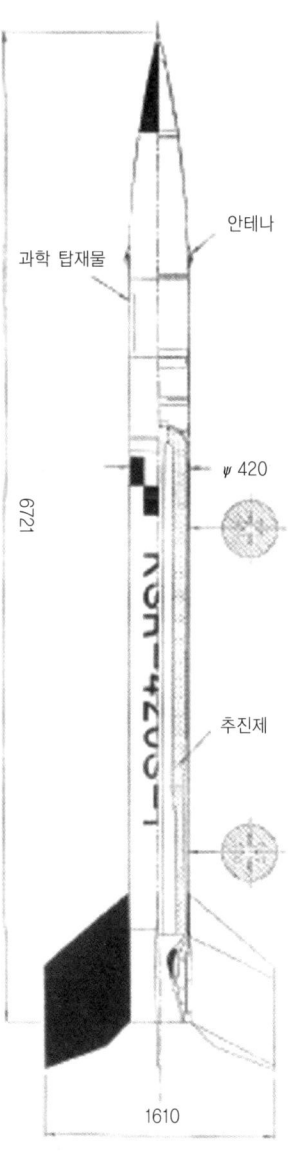

과학 1호 로켓의 구조

성공적으로 발사되는 KSR-I-1호(1993. 6. 4)

KSR-I-1호이다.

　KSR-I의 개발은 1987년 천문 우주과학 연구소의 연구 제안에 의해 시작되었다. 1987년부터 과학 관측 로켓 개발에 필요한 기초연구를 시작으로 하여 1989년 말에 항공우주연구소가 창설되면서부터 과학 1호의 개발이 과학기술부 특정연구과제로 대두되면서 본격적인 개발이 착수되었다.

　개발팀의 총괄은 우주기술연구부장인 류장수 박사가 맡고, 로켓 추진기관의 개발은 우주추진기관연구실장인 필자가 담당하였다. 그리고 나머지 분야는 성능 해석팀(팀장: 김재수 박사), 전장팀(팀장: 조광래 박사), 구조팀(팀장: 이영무 박사), 발사팀(팀장: 최형돈 박사)으로 나누어 개발하였으며 표준연구원에서는 오존 탑재장치의 개발을 담당했다. 각 팀별 임무는 다음과 같다.

우주추진기관 연구실은 과학로켓의 추진기관인 고체추진제 로켓 모터를 개발하는 곳이다. 로켓모터의 개발에서 가장 중요한 것은 정해진 시간동안 일정한 추력을 만들어내도록 하는 일이다. 일정한 시간동안 정해진 추력을 발생하도록 하기 위해 추진제가 타는 면적을 만들어 주는데 이것을 내탄도 설계라고 한다. 로켓 모터는 고압에서 고열의 가스를 만들어내면서 힘을 발생하므로 제작 및 시험에 많은 위험이 따른다. 특히 추진제의 제조와 로켓모터에 주입 등은 상당히 위험한 작업인데 (주)한화에서 국방 과학 연구소와 미사일을 개발하며 이에 대한 많은 경험과 세계적인 수준의 기술을 갖고 있어 성공적인 로켓의 개발에 큰 도움이 되었다. 고열의 고압가스가 힘을 만들어주는 노즐의 설계도 고체 로켓의 개발에 중요하다.

성능 해석팀은 과학로켓이 정해진 고도까지 일정한 탑재물을 싣고 올라가기 위해 필요한 구조비 즉 로켓전체의 무게와 연소가 끝난 뒤의 무게비 등 로켓 전체 시스템을 설계하여 각 팀에서 부분품의 설계 및 개발을 위한 기초 자료를 제공한다. 공력설계에서는 로켓이 안정적으로 비행할 수 있도록 외형의 설계를 한다. 여기에서 날개의 크기가 결정된다. 외형의 설계에서는 실제로 비행할 때의 문제를 검증하기 위하여 풍동실험도 하게 된다. KSR-I의 풍동실험은 일본의 우주과학 연구소(ISAS)가 갖고 있는 풍동을 이용하였다.

전장팀은 비행하는 로켓과 지상과의 통신을 위한 각종통신 장치를 개발하였다. 특히 로켓에 실리는 통신장비를 많은 진동 등 나쁜 비행

환경 속에서도 작동해야 하기 때문에 고도의 기술이 필요하다.

구조팀은 로켓이 하나의 비행 구조체로 구성되어있기 때문에 공기 중에서도 고속으로 안정되게 비행할 수 있도록 기체를 만들고 실험을 통해서 이를 확인하는 임무를 갖고 있다.

발사팀은 발사장에서 과학로켓의 발사를 준비하는 팀으로 각 연구팀의 연구원들과 산업체에서 선발된 기술자들로 구성되어있는 임시 조직이다.

참여 산업체로는 로켓 추진기관 공동개발에 주식회사 한화가 주축이 되어 삼성항공, 한국 화이바, 한국타이어 등이 참여했고, 두원 중공업이 날개 등 기체부와 발사대 개발에 참여하였다. 그리고 관련 연구소에서 보유하고 있는 지상연소시험 시설, 발사시설 등을 이용하였다. 서울대학교를 비롯한 학계에서는 관련 기초연구와 오존층 분석 등의 연구를 맡아 명실공히 산학연의 종합적인 연구체계를 갖추었다.

과학로켓 개발에 참여한 항공우주연구소의 많은 연구원들과 관련 참여 업체의 기술자들은 한국 우주 개발의 개척자라는 사명감을 갖고 부족한 개발자금 등 많은 역경을 극복하면서 오로지 성공적인 발사만을 생각하며 길게는 6년 이상씩 로켓 개발에 몰두하였다.

그 동안 몇 차례의 추진기관 지상 연소시험과 구조체 실험, 탑재 전자장비의 시험 등을 성공적으로 마친 연구원들과 업체 참여자들은 1993년 5월 마지막 주일을 KSR-I의 1호기 발사일로 잡고 서해안에 있는 안흥 종합시험장에서 발사를 기다리고 있었다.

일기 관계로 몇 번이나 연기된 발사는 1993년 6월 4일 아침 10시로 확정되었다. 일주일 이상씩 발사장에서 발사연습을 하며 발사를 기다리는 것은 로켓의 연구개발 이상으로 많은 인내를 요구했다.

6월 4일 새벽 4시, 발사장에는 발사를 위한 연구원들이 하나 둘씩

발사대에서 발사를 기다리는 과학로켓 KSR-I-2호.

우주로 치솟고 있는 KSR-I-2호(1993년 9월 1일)

 모여들기 시작했다. 서해안의 아침바다는 조용했다. 폭풍우가 휘몰아치던 전날과는 대조적인 날씨였다. 그 동안 로켓 개발을 하면서 어려웠던 지난 일들이 하나씩 떠올랐다.
 로켓 모터케이스의 열처리를 위해 지방에 있는 공장에 내려갔을 때 현금을 갖고 오지 않았다고 공장 출입을 시키지 않아 더운 여름날 길바닥에서 몇 시간씩 기다리던 일, 첫 번째 발사용 로켓 추진기관의 지상연소시험을 할 때 갈수록 천둥소리같이 커지는 연소음을 들으며 혹시 폭발하지나 않을까 가슴을 조이며 지켜보던 일들이 생각났다. 문득 추진기관 개발 책임자는 특히 간이 큰사람이 책임을 맡아야 한다는 생각이 들었다. 로켓모터를 처음 설계해서 제작한 후 시험한다는 것은 개발자의 마음을 여간 졸이게 하는 것이 아니었다. 모터 속에서 만들어지는 고압만큼이나 심한 스트레스를 매 시험마다 받는다는 것은 성공했을 때 받는 기쁨보다 훨씬 큰 어려움이었다. 많은 어려움 끝에 찾아오는 기쁨이 연구원들의 좁은 가슴을 더욱 시원하게 해 주는

KSR-I-2호의 성공적인 발사뒤 발사대 앞에서

것 같이 새벽빛을 받은 서해바다의 맑은 빛이 앞으로 우리나라의 우주 개발을 밝게 예견해주는 것만 같았다.

　새벽 4시부터 시작한 과학 1호 카운트다운은 연습할 때보다는 훨씬 빠르게 지나가는 것 같았다. 지루하던 발사준비 시간이 지나가면서 발사가 코앞에 다가오고 있었다.

　발사 1분 전!

　그 동안 큰 말썽 없이 잘 진행되던 로켓의 추진기관 개발이 정작 발사용으로 만들었을 때는 문제가 생겨 다시 제작하느라고 많은 연구원의 애를 태우더니 이제 '드디어 1분 후에 발사되는구나' 하고 생각하니 초조감과 함께 가슴이 뛰기 시작했다.

　제발 잘 좀 올라가 주어야 할 텐데….

　카운트다운은 계속되었다.

발사 10초 전, 9초, 8초, 7초, 6초, 5초, 4초, 3초, 2초, 1초, 0초, 발사!

예정 발사시간보다 2분 빠른 9시 58분, 과학 1호는 마치 오래 전부터 발사를 기다렸다는 듯이 '꽝' 하는 소리와 함께 화염을 뒤로 분출하며 서서히 발사대를 벗어나 하늘로 치솟기 시작했다.

아무 탈 없이 계속 잘 올라가 주어야 할 텐데!

과학 1호는 그 동안 고생한 연구원들과 제작진들을 실망시키지 않으려는 듯이 믿음직스럽고 줄기차게 계속해서 빠른 속도로 올라가고 있었다. 점점 가속도가 붙는 모양이다. 여기저기서 환호성과 박수소리가 터져 나왔다. 마치 한국의 우주 개발이 시작되었음을 축하하기라도 하듯이….

발사대를 떠난 지 20여 초가 지나자 로켓은 6월 초순의 맑은 하늘에 하얀 비행 구름만 남긴 채 하늘 높이 사라졌다. 20여 초가 지났으니 로켓 추진기관에는 문제가 없는 듯싶었다. 스피커에서는 로켓의 비행 상황이 계속 흘러나왔다.

비행시간 80초, 사거리 32km, 고도 37km.

비행시간 103초, 사거리 42km, 고도 38km.

KSR-I-1호가 정상에 도착했겠구나 싶었고 모든 기능이 정상적이었다.

비행시간 180초, 사거리 74km, 고도 2km.

그리고 1호는 곧 서해바다의 예정된 지점에 착수했다.

KSR-I는 1단형 고체추진제 로켓이며, 크기는 길이 6.7m, 지름 42cm, 발사 직전의 무게는 1.4톤, 이륙할 때의 최대 추력은 16톤, 그리고 평균 추력은 8.7톤이며, 연소시간은 18초였다. 이번의 1호기 발사시험에서는 66.6도로 발사되어 상승한 최대고도는 37.5km였으며, 180초 동안 비행하여 77km를 날았다.

KSR-I-1호의 임무는 한반도 상공의 오존량의 측정 및 과학 1호의 성능을 종합적으로 조사하는 것이었다.

KSR-I-2호

1993년 9월 1일 오전 10시 34분, 김시중 과학기술부 장관이 참관한 가운데 KSR-I의 2호기의 발사 시험이 있었다. 잘되던 일도 높으신 분을 모시면 문제가 생기는 법이라 발사진들은 걱정이 앞선다. 잘 되어야 할 텐데.

KSR-I-2호기는 KSR-I-1호기의 발사시험에서 얻은 비행자료를 분석하여 좀 더 높은 하늘로 올리기 위해 로켓무게를 150kg 정도 가볍게 하였으며 발사 각도도 69.3° 높였다. 2호기는 최고 도달 고도 49km, 비행거리 101km를 3분 33초 동안 비행하며 한반도 상공의 오존층 분포를 성공적으로 관측하였다. 그리고 로켓 자체의 성능시험을 위해 로켓 각 부분의

온도, 응력, 추진기관 내부의 압력 등을 측정하여 지상으로 송신하도록 하였다.

발사시험이 성공적으로 끝나자 김시중 과학기술부 장관께서는 연구개발에 힘쓴 연구원들에게 많은 격려를 해주셨고 대통령께서도 과제 책임자에게 축하전화를 통해서 연구원들의 사기를 높여 주셨다.

성공적인 KSR-I-2 호의 발사시험은 한국의 과학로켓 개발을 위한 중

발사준비를 마친 KSR-Ⅱ-1호 2단형 과학로켓

요한 첫 발자국이 되었다.

2단형 과학로켓 KSR-II-1호

1단형 과학 관측 로켓의 성공적인 개발에 자신을 얻은 항공우주연구소의 과학로켓 개발 팀은 1993년 2월 2단형 과학 관측 로켓의 개발에 도전장을 던졌다. 개발책임은 국방 과학 연구소에서 미사일 개발의 책임을 맡았던 문신행 박사가 담당했다. KSR-II 중형 과학로켓은 150kg의 탑재물을 싣고 150km까지 도달하며 한반도 상공의 이온층의 환경, 오존층의 분포 등을 측정하는 것이 개발목표였다.

KSR-II 과학로켓이 KSR-I보다 크게 달라진 것은 우선 2단형 과학로켓으로 크기가 커졌다는 것이다. KSR-I에 사용되었던 로켓 모터는 KSR-II에서는 2단 로켓의 추진기관으로 그대로 사용하고 1단에 사용할 고체추진제 모터는 국방과학연구소(ADD)에서 개발한 국산 지대지 미사일인 '백곰' 미사일의 1단에 사용하였던 로켓모터의 추진제를 (주)한화가 자체 개발한 추진제로 바꾸어 사용하기로 한 것이다. 무엇보다도 KSR-II에서 채용한 새로운 기술 중 하나는 유도제어 시스템을 채용하여 로켓이 비행 후 정밀하게 낙하지점에 착수하도록 했다는 것이다. 과학 관측 로켓의 발사시험은 서해안에 있는 국방부의 종합시험장에서 실시하여야 하는데 서해안에는 늘 많은 어선들이 조업을 하고 있어 비행이 끝난 로켓을 아무 곳에나 떨어뜨릴 경우 사고가 날 수 있었다. 이러한 이유로 과학로켓의 발사시험을 할 때는 서해안의 한 지점을 정해 놓고 그곳에 로켓을 떨어뜨리도록 하며 그곳에는 발사시험 중에만 어선이 들어오거나 통과하지 못하도록 해야 하는 것이다. 더구나 KSR-II의 경우 150km의 아주 높은 곳까지 상승하였다가 떨어지기 때문에 정확히 목표지점에 떨어지도록 유도하는 자세제어

시스템이 필요했다.

　KSR-II는 KSR-I 로켓과 비교하여, 카나드 핀에 의한 자세제어 시스템과 1·2단 분리, 그리고 전방 노즈(nose)부 개방(fairing)등 국내에서 최초로 시도하는 기능들이 추가됨으로써 더 높은 고공에서 관측부가 대기층에 노출되거나 혹은 관측부가 특정한 방향이 요구되는 각종 고공 관측 실험이 가능하게 되었다.

　한국 항공우주연구소 중형 과학로켓팀은 그간 상세 설계를 완료한 후 지상 모델을 제작, 수 차례에 걸쳐 추진기관 지상연소시험, 기체구조시험, 단분리 및 노즈부 개방 시험, 풍동시험, 텔레메트리(telemtery) 전파시험 등의 각종 지상시험들을 수행하였다. 또한 로켓이 극심한 환경에 노출되기 때문에 탑재되는 장비들은 항공우주연구소의 자체 기술로 진동, 진공, 충격의 엄격한 환경시험과정을 거쳐 탑재되었다.

　과학기술부로부터 총 사업비 52억원으로 1993년 11월부터 1998년 6월까지 4년 8개월 동안 진행된 KSR-II 개발 사업은 앞으로 우리나라의 과학로켓 개발의 초석을 다지는 중요한 사업으로, 향후 우주 발사체 개발에 필요한 기술 확보에 중요한 역할을 하였다. 또한 이 사업은 산·학·연의 협동체계로 이루어 진 것으로, 학계에서는 서울대학교와 한국 과학기술원이, 연구소에서는 한국 표준과학 연구원 천문대, 산업체에서는 (주)한화, 두원 중공업, 삼성항공, 한국 화이바, 에이스 안테나, 단암 전자통신이 참여하였다.

　KSR-II 1호기는 1997년 7월9일 서해안 시험장에서 첫 발사되어 비행은 성공적이었으나, 발사후 20.8초부터 통신이 두절되었다.

KSR-II-2호

　KSR-II의 1호기가 비행 중 통신이 두절되자 이의 원인을 찾기 위한 각 분야 및 부품의 점검이 오랫동안 계속 되었다. 원인은 2단 로켓이 분리될 때의 충격에 의해 전원에 문제가 발생한 것으로 추정되어 충격완화 장치 등 몇 가지 보완을 한 후 1998년 6월 11일 오전 10시00분에 서해안에서 중형 과학로켓(KSR-II) 2호기가 성공적으로 발사되었다. 로켓은 362초 동안 비행하면서 최대고도 138 km까지 상승하며, 약 127 km 떨어진 서해 해상에 낙하하였다.

138km 높이까지 상승한 것은 지금까지 한 반도에서 발사된 로켓으로는 최고로 높은 우주까지 도달하는 기록을 세웠다. KSR-II는 성층권을 벗어난 고층대기에서의 과학실험을 위해 1단형 로켓 개발·발사 과정에서 축적된 기술을 바탕으로 2개의 로켓을 연결하여 그 성능이 최대고도 150 km까지 이르는 2단형 고체 과학 관측 로켓이다. 총 길이 11.10 m, 총 중량 2톤, 직경 0.42 m 를 갖는 KSR-II는 자외선 복사계(radiometer)에 의한 오존량 측정, 랑뮈어 프로브(Langmuir probe)를 이용한 이온층 전자밀도 및 온도측정, 그리고 비례계수기(proportional counter)를 이용한 천체 X선 관측 실험을 수행하여 그 측정결과를 실시간으로 지상국에 완벽하게 송신하고 그 임무를 다하였다. 이 날의 발사에는 과학기술부의 김시중 장관께서 직접 참석하여 성공적인 발사를 축하하여 주었다.

3. KARI의 액체 과학로켓 개발

1989년부터 천문 우주과학 연구소와 항공우주연구소에서 과학로켓인 KSR-I을 개발 하면서 늘 머릿속에서 떠나지 않았던 의문이 하나 있었다. 그것은 과연 우리나라도 우주 발사체를 가질 수 있을까? 였다. 당시 우리나라는 미국과 미사일 각서를 교환했는데 그 내용은 '우리나라는 500kg의 탑재물을 싣고 180km를 비행할 수 있는 로켓만 개발 할 수 있다' 는 것이었다. 그러나 이와 같은 로켓성능의 제한 아래에서 우주 발사체의 개발은 불가능한 것이다.

만일 우리나라가 우주 발사체를 개발 할수 있게 된다면 그것은 어떠한 조건에서 가능할까? 액체추진제를 사용하는 로켓은 성능은 좋지만 추진제의 주입 등 사용하기 위해서는 몇 시간 동안 준비를 하여야 하는 단점이 있다. 미사일은 사용하고 싶을 때 즉시 사용할 수 있어야 한다. 고체추진제 미사일은 공장에서 로켓에 추진제를 넣으면 10년은 보관이 가능하며 이 기간 동안에는 아무 때나 사용할 수 있다. 액체추진제 로켓은 이러한 불편 때문에 현재는 미사일로 잘 사용하지 않는다. 여러 가지를 종합해 볼 때 우리나라에서 우주 발사체로 개발이 가능한 로켓은 액체추진제 로켓이라는 생각을 갖게 되었으며 이에 따라 한국 항공우주연구소는 1990년대 초부터 액체 추진제 로켓 개발기술을 연구하기 시작하였던 것이다.

첫 액체추진제 로켓엔진

사실 국내에서의 대형로켓개발은 액체추진제를 이용하는 로켓시스템보다는 72년부터 국내에서 독자적인 연구를 해온 고체추진제를 이용한 로켓 시스템이 기술적으로는 훨씬 더 수월할 수도 있을 것이다. 그러나 인공위성을 발사할 수 있는 대형 고체로켓은 대형 미사일로 쉽게 바꿀 수 있기 때문에 외국으로부터 기술이전도 어렵고 국제사회에서 많은 거부감을 보이고 있기 때문에 국내에서 고체추진제로 우주 발사체를 개발하는 데는 많은 문제점을 안고 있다. 뿐만 아니라 액체추진제 로켓은 고체추진제 로켓보다 성능이 우수하고 비행방향과 성

국내 첫 액체추진제 로켓 엔진의 지상 연소 시험 광경

능조절이 쉬워 우주 개발을 위해서는 꼭 필요한 로켓이었다.

고체 추진제 로켓에 대한 국제적인 문제점과 액체 로켓의 필요성을 예측한 나는 1990년 초부터 액체 로켓에 관한 연구를 그룹차원에서 준비하였다. 주변에서는 반대도 많이 있었지만 단순하고 작은 인공위성 자세제어용 추력기부터 연구를 하면서 하나하나씩 액체추진제 로켓 엔진의 기초부터 배우기 시작하였다. 추력기 국산화에 관한 연구는 한국통신에서 연구소에 지원해준 방송통신위성관련 연구과제의 일부였다. 몇 년의 고생 끝에 만들어진 첫 추력기는 추력이 5파운드(2.3kg)급으로 아주 작은 것이었다. 당시에는 이렇게 작은 규모의 로켓엔진을 국내에서 시험하기도 어려웠다. 연료는 하이드라진이었고 특수촉매가 필요했는데 촉매가 아주 비쌀 뿐만 아니라 수입도 쉽지 않았다. 중국에서 실험을 할 경우에는 촉매도 쉽게 구할 수가 있고 실험방법도 배우는 등 좋은 점이 많았다. 그래서 우리 연구원들은 1994년 11월 손바닥보다도 추력기를 가방에 넣고 중국 상하이로 가지고 가서 성공적으로 실험을 하였다. 한편으로는 좀더 크고 연료와 산화제를 모두 액체로 사용하는 진짜 액체추진제 로켓엔진의 설계를 진행하고 있었다. 이 계획은 액체 엔진의 제작을 맡을 산업체인 (주)현대기술개발(현재의 현대 모비스)과 공동으로 진행하였다.

추력 180kg의 국내 최초 소형 액체추진제 로켓엔진은 1995년 9월 6일 (주)한화 대전공장에서 지상시험을 하는데 성공했다. 드디어 우리나라에서도 액체 로켓에 대한 연구가 이루어진 것이다. 당시 우리나라에는 액체추진제 로켓엔진을 시험할 시설과 장소가 없었다. 할 수 없이 현대의 김동진 연구소장이 제공한 컨테이너에 시험시설을 설치한 후 공터에 운반하여 시험을 하도록 계획을 세웠다. 시험할 장소도 쉽게 얻지 못하여 고생하다가 당시 홍성완 공장장의 결심으로 겨우 첫 시험을 진행 할 수 있었다.

첫 액체 추진제 과학로켓 KSR-III

KSR-III 액체추진제 과학로켓개발 사업은 1997년 12월 2단형 중형 과학로켓(KSR-II)개발 사업에 이어 한국항공우주연구소에서 추진하는 액체추진제 과학로켓 개발 계획으로 이 것을 통해 국가가 21세기 초에 필요로 하는 즉 우주 발사체 개발에 필요한 필수적인 액체추진제 로켓기술을 확보하는 것이다. IMF가 온 나라의 겨울 하늘을 짓누르기 시작하던 1997년 12월 24일 총 사업비 580억으로 사업을 시작하였다. 발사 목표연도는 2002년 12월이었고 사업 책임은 필자가 맡았다(2001년 5월 이후는 조광래 박사가 맡아서 이끌고 있다).

사업의 초기에는 우주추진기관 그룹장 겸 사업 책임자로 그리고 조광래 박사가 로켓시스템 그룹장으로 사업을 이끌었다. 연구개발 예산도 첫해와 둘째 해에는 25억원이었다. 과연 2002년까지 580억이 지원될 수 있을지 의문이었다. 왜냐하면 연간 30~40억 원씩 지원된다면 10년 이상 지원하여야 가능하기 때문이다. 조직과 인원도 너무 적었다. 사업초기의 분위기는 얼마나 어려웠던지 KSR-III사업으로 580억을 다 받으면 손에 장을 지지겠다는 조롱 섞인 장담을 하는 간부들이 많이 있었을 정도였다.

북한의 대포동 1호와 KSR-III

1998년 8월 31일 북한이 대포동 1호로 광명성 1호를 발사하면서 KSR-III 사업에도 큰 변화가 생겼다.

우리로켓으로 우리의 인공위성을 발사하는 계획도 2010년에서 2005년으로 5년 앞당겨지면서 인공위성 발사체 개발에 관한 많은 기술을 확보할 수 있는 KSR-III의 중요성이 드디어 인정을 받게 된 것이다. 1999년도의 KSR-III의 예산도 당초에는 30억원이었으나 후에는 197억원으로 증액되었다. 총 개발 예산도 당초의 580억원에서 825억원으로 증액되었다.

KSR-III의 개발이 본격화된 2000년부터 연구조직도 한층 강화되었다. 우선 KSR-III의 개발에서 가장 중요한 부분 중 하나인 액체 추진기관을 연구 개발하던 우주추진연구그룹을 2000년 8월부터는 추진기관 연구부로 확대 개편하였다. 추진기관 연구부는 추진기관시스템그룹, 로켓엔진연구그룹, 추진성능시험그룹과 터보기계 연구그룹 등 4개의 연구그룹으로 구성되었다. 추진기관을 제외한 KSR-III 전체를 연구·개발하던 중형로켓 연구그룹도 우주기반 연구부로 확대 개편하였다. 우주기반 연구부는 KSR-III의 전체 시스템을 맡은 로켓체계 개발그룹과 로켓의 기체를 개발할 로켓구조/재료연구그룹, 로켓의 유도제어를 연구할 유도제어연구그룹과 그리고 로켓의 통신 및 전자기기를 담당할 로켓 탑재기기 연구그룹으로 구성되었다.

1997년 말에 30여명으로 시작한 항공우주연구원 KSR-III 연구진은 2002년 9월 현재 120명으로 늘어났다. 이들 연구진들은 한국의 액체로켓 개발의 개척자로서 앞으로 국산우주 발사체 개발에서도 핵심적인 역할을 하게 될 것이다. 그리고 KSR-III의 제작 및 시험시설 건설에 참여한 수 백 명의 산업체 연구진 및 기술자들도 한국의 우주 발사체 개발에 핵심적인 역할을 하게 될 것이다.

KSR-III의 처음 계획은 KSR-III의 기본형 액체로켓을 개발한 후 1단에는 기본형 로켓 2개의 사용하며 2단은 기본형 로켓 1개를 그리고 그 위에 소형 고체 킥모터를 사용하는 3단형 과학로켓이었다. 그러나 1997년 12월 사업이 시작되자마자 국가의 경제상태가 파산지경에 이르렀고 IMF의 구조금융을 받아야만 하는 상태가 되었다. 달러대 원의 환율은 두 배 이상으로 뛰어 올랐고 따라서 로켓 부품의 개발비도 2

배 이상으로 뛰었다. 여러 요인으로 인해서 KSR-III의 개발비용도 초기의 계획보다 상승, 정부와 협의를 거쳐 KSR-III의 계획을 축소하여 기본형만 개발하여 발사시험 하도록 수정되었다. 수정된 KSR-III 계획만으로도 인공위성 발사체를 개발하는데 필요한 액체로켓의 설계, 제작, 시험기술을 확보하는 데는 큰 지장이 없었기 때문이었다.

KSR-III의 제원과 구성

KSR-III 액체 과학로켓은 길이 13.5m 직경 1m이며, 추진제를 채웠을 경우 로켓 전체의 무게는 6,100kg정도이며 엔진에서 발생하는 추력은 13톤이다. 엔진을 50초 동안 작동시켰을 경우 40km 까지 올라갈 수 있는 성능의 로켓으로 개발되고 있다.

KSR-III 로켓의 구조는 제일 윗부분에 과학탑재물을 싣는 탑재부와 이를 보호하는 원뿔형기수(Nose cone)가 있으며 그 아래 고체 추진제 킥 로켓이 있다. 그리고 그 아래에 유도 조정장치, 자세조종장치가 있으며 이어서 가압용 고압가스통, 연료통, 그리고 산화제통이 있으며 제일 아래에는 추력 13톤짜리 액체로켓엔진이 부착되어 있다.

로켓엔진은 짐벌(Gimbal)장치를 통해 연료통 아래 부착되어 있어 추력 방향을 조정하며 날개 끝에 부착된 질소가스를 분사하는 소형 추력기를 이용하여 로켓의 비행방향을 조절할 수 있도록 설계되었다.

로켓 추진제는 저렴하고 환경 친화적인 고성능 액체추진제인데 산화제로는 액체산소(LOX), 연료는 등유(Kerosene)를 사용한다. 추진제의 엔진 공급방법은 헬륨가스를 3000psi까지 압축하여 연료통속의 연료와 산화제통속의 산화제를 엔진에 보내는 방식을 채택하여 로켓의 구조를 간단하게 하여 신뢰성을 높였다.

KSR-III의 개발에서 가장 어려운 것 중 하나는 추력 13톤의 힘을 60

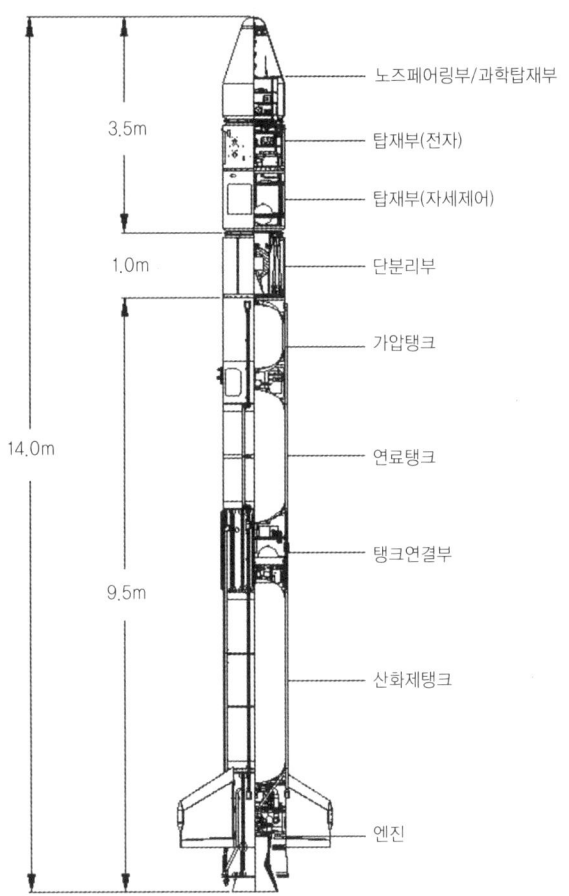

KSR-III 기본형 로켓 시스템

초 동안 발생시키는 액체추진제 엔진과 추진시스템 개발이다. KSR-III 액체추진제 엔진의 60초 연소시험은 예상보다 반년 늦어진 2002년 5월 14일 성공적으로 수행하였으며 추진기관 전체의 시험은 6월 27일 그리고 로켓 전체의 지상 시험은 8월 29일 성능 시험에 성공함으로써 최종 발사시험만 남겨 놓은 상태이다. 첫 발사시험은 2002년 11월 말은 예상하고 있다.

KSR-III의 시스템

KSR-III 액체추진제 과학로켓의 개발에서 가장 큰 문제는 기술이었다. 국내에서는 1995년 전까지 액체추진 로켓 엔진을 한번도 개발한 적이 없었던 것이었다. 고체추진제 로켓을 항공우주연구소가 개발하기 이전에도 국방과학연구소 등 국내에서 개발 경험도 있었고, 추진제의 조성이 어렵긴 하지만 로켓 구조 자체는 단순한 편이었다. 그러나 액체추진 엔진의 경우는 엔진에 필요한 기계적 장치나 제어장치도 복잡하고 정밀해야하고 또한 액체산소의 경우 저온 특성으로 인하여 밸브, 정압기 등의 부품을 특수 개발해야 하는 어려움이 있다. 이러한 기술적 어려움들은 개발을 진행하면서 국내 기업체와 함께 한 단계 한 단계씩 해결해 나갔다. 국제협력이 가능하다면 외국의 협력을 통해서 개발이 가능했을 것이나, 몇몇 부품들의 수입을 추진한 결과 KSR-III 의 성능이 미국으로부터 수출이 거부당해 외국과의 기술협력도 기대하기 어려운 상황이었다. 결국 KSR-III 로켓은 순수 국내 기술로 개발 및 시험을 수행하게 되었다.

주 엔진 모델

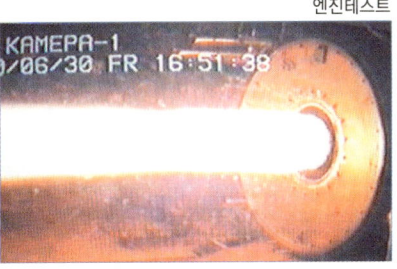

엔진테스트

여러 어려움을 거치기는 했으나 KSR-III 과학로켓은 1999년 5월 28일 상세 설계 검토회의를 개최하여 그 설계를 확정하였다. 그러나 이후의 개발 과정을 통해서도 상당부분의 설계수정이 있었다. 로켓의 개발은 설계 과정도 어려우나 시험과정에서 더 많은 어려움이 있다. 로켓이 비행하면 내부의 부품들은 극심한 진동과 온도환경에 놓이게 된다. 엔진 근처의 전자장치 같은 경우는 발사전 대기 중에는 바로 위에 있는 영하 180도 상태 액체산소 탱크로부터 냉기가 내려오고, 발사가 되면 바로 아래의 엔진에서 발생하는 수천도의 연소가스로부터 열이 올라오게 되는 것이다. 이러한 장비들은 이 모두를 차단하는 환경에 있도록 설계 되어야 하며 시험되어야 한다. 또한 엔진과 비행 중에 공기와의 마찰에 의해 발생하는 진동을 견디기 위해서는 모든 부품이 지상에서 같은 환경으로 진동시험을 통과해야만 안심하고 탑재할 수 있다. 이러한 진동시험은 많은 부품들을 불합격시켰고 다시 설계 제작하도록 만들었다.

가장 큰 어려움은 역시 엔진에 있었다. KSR-III 로켓 엔진을 개발하면서 개발팀이 가장 우려했던 점은 하드스타트와 연소불안정이었다. 하드스타트란 점화 시에 갑자기 폭발적인 이상고압이 발생하는 현상이다. 이는 엔진자체를 폭파시킬 우려가 있기 때문에 이를 방지하기 위해서는 매우 세심한 점화순서를 찾아내야만 한다. 연소불안정은 엔진이 점화 후 진동이 증폭되는 어느 순간에 이르는 현상을 말한다. 엔진이 연소 중에 여러 가지 원인에 의해 진동이 발생하게 되는 데 안정된 엔진의 경우 이 진동이 곧 감쇄되어 안정된 연소가 이루어지나 불안정한 엔진의 경우 이 진동이 증폭되어 엔진을 파괴시키는 상황에 처하게 된다. KSR-III엔진은 개발 초기에 이 두 가지 문제를 모두 겪어야만 했다. 엔진 점화순서를 찾는 과정에서 하드스타트가 한번 발생한 적이 있었는데 이로 인하여 엔진이 파손되었음은 물론이고 엔진

연소시험 시설도 상당한 타격을 입었다. 연소불안정은 상당기간 개발팀을 괴롭혔던 문제였다. 엔진 연소시험 시설에는 연소불안정에 의한 사고를 방지하기 위하여 진동이 증폭되는 기미를 보이면 엔진 연소를 중지시키는 비상정지기능을 갖추어 놓았다. 이 기능 덕에 연소불안정이 생겨도 사고로 이어지는 경우는 없었지만 엔진의 연소는 번번이 중간에 멈추고 말았다. 몇 주간 점검에 점검을 거듭하여 준비된 연소시험이 끝까지 가지 못하고 중간에 멈추었을 때 개발진들은 깊은 한숨을 내쉬면서 원인분석에 몰두하곤 했다. 결국 엔진 내에 당초 설계에는 없던 배플이라는 장치를 설치하여 연소불안정 문제를 해결할 수 있었다. 2001년 중반부터 시작한 연소시험이 실패를 거듭한 끝에 마침내 목표연소시간인 60초를 연소불안정 없이 성공한 때는 어느덧 2002년 5월이었다.

엔진의 개발이 완료되면 다음 단계는 추진기관 시스템 전체를 시험하게 된다. 엔진의 연소시험 성공이 예정보다 지연되면서 개발팀은 이미 추진기관 시스템 시험을 병행하여 수행하고 있었다. 성공적인 엔진이 개발된 이후 시스템 시험은 계획한 대로 성공에 성공을 이어갔다. 다만 마지막 일정을 남기고 있는 시험팀원들은 서해 바닷가의 추진기관시스템 시험장에서 2002년 여름을 휴일도 밤도 없이 보내야 했다. 2002년 8월 29일 비행모델과 똑같은 로켓을 단지 발사만 못하게 고정하고 시험하는 단인증 시험이 성공하여 KSR-III 개발팀은 발사시험 이전에 해야 할 모든 시험을 완료하게 되었다(박정주, 로켓체계개발 그룹장)

기체구조분야

로켓의 기체구조는 전체 로켓의 형상을 결정하며 로켓의 임무수행을 위한 각 부분 조립체의 구성 및 연결을 담당한다. 즉, 로켓을 궤도에 진입시키기 위한 추력을 제공하는 추진기관을 지지해야 하며, 추진기관에 공급할 액체 또는 고체연료를 싣기 위한 탱크류를 제공해야 한다. 또한 위성이나 과학임무를 위한 탑재물을 싣기 위한 공간을 제공해야 하고, 각종 전자장비나 제어장치를 장착해야 한다. 동시에 이러한 각종 탑재물 및 부분 조립체를 발사환경이나 이동환경 등의 외부환경 하에서 안전하게 보호해야 한다.

따라서 기체구조는 다른 부분 조립체를 안전하게 지지할 만큼 튼튼해야 하며 탑재물을 설치하기 위해 충분한 공간을 제공해야 한다. 반면에 동일한 연료를 사용하면서도 더 많은 탑재물 및 위성을 궤도에 올리기 위해서는 보다 가벼운 구조체가 되어야 하며, 기체구조의 경량화는 로켓에서 구조체를 개발하는 데 있어 가장 중요한 고려사항이 된다. 기체구조의 경량화를 도모하는 데 있어 반드시 고려해야 하는 사항은 신뢰성의 확보이며, 이는 구조구성에 대한 연구와 해석, 많은 검증시험 등을 요구한다.

기체구조 분야 연구에서는 로켓 구조물의 설계 및 연구개발, 로켓 구조물의 시험 평가, 로켓 재료 응용연구 및 시험 평가, 부품 성형 및 제작 기술 연구를 수행하고 있다. 이러한 연구는 개념설계, 예비설계, 상세설계의 단계를 통해 설계를 확정하고, 이에 따른 시제품 제작 및 지상시험을 통해 설계검증 및 설계변경을 수행하는 순서로 진행된다. 기체구조 분야의 연구에서는 5개년에 걸쳐 전체 조립체의 예비설계를 거쳐 전체 조립체 및 부분 조립체에 대한 상세 해석 및 설계를 수행하였고, 지상시험용 기체를 제작하여 구조시험, 환경시험, 분리 기능시험 등을 수행하였다. 이를 통해 비행시험 모델의 제작을 완료하였고, 비행시험을 대기 중이다.

KSR-III의 전체 조립체의 설계 및 해석은 구조구성, 질량특성 해석,

구조 전방부 구조실험

하중해석, 공탄성 해석, 모드해석 등이 진행되었다. 부분 조립체의 설계를 위해서는 각 부분 조립체에 가해지는 하중의 예측이 선행되어야 하며, 이는 전체기체에 대한 공력하중해석의 자료를 이용해 각 부분 조립체의 하중해석으로부터 구해진다. 전체기체의 질량특성 파악을 위해 컴퓨터를 이용하여 3차원 모델을 구성하였고, 이를 통해 전체기체의 질량특성을 구하였다. 구해진 부분 조립체의 질량특성 및 하중을 이용하여 부분 조립체의 설계 및 해석을 수행하였고, 이는 구조시험을 통해 검증하였다. 그리고 전체기체에 대한 진동해석 모델을 구성하여 모드해석을 수행하였고, 전체기체에 대한 모드시험을 통해 해석모델을 결정하였다.

KSR-III의 기체 구조 중 연료탱크 및 산화제 탱크는 알루미늄 재질로 구성되었고, 가압탱크는 경량화를 위해 알루미늄 라이너에 복합재를 감는 구조로 개발되었다. 그리고 기체의 롤제어 및 스핀제어를 위

하단부

한 추력기에 질소가스를 공급하는 고압탱크는 티타늄을 사용하여 열간 스피닝 공정에 의해 제작되었고, 이번에 KSR-III를 위하여 스피닝 공정에 의해 제작된 티타늄 탱크로는 전 세계에서 제일 큰 용량이다. 탱크류는 기밀시험, 수압시험, 공압시험 등을 통해 안전성을 검증하였다. 엔진외피부와 탱크연결부는 기체 중량의 감소를 위해 세미모노코크 구조로 개발되었으며, 이의 해석을 위해 자체 프로그램을 개발하였다. 탑재부는 외력이 크지 않고 전기체에서 차지하는 중량비중이 작기 때문에 모노코크 구조로 개발되었으며, 노즈 페어링은 복합재로 제작되었다.

   노즈 페어링 및 단분리부는 KSR-III의 비행 중 분리가 되는 부분체로 이의 작동을 위해 밴드로 고정되는 방식을 채택하였고, 분리기능은 화약장치에 의해 동작되는 분리볼트를 사용하였다. 노즈 페어링 및 단 분리부의 분리기능의 신뢰도를 확보하기 위해 여러 차례의 지상분리시험을 수행하였다.

이상의 과정을 거쳐 설계 제작된 단 인증 모델(Stage Qualification Model)에 대한 인증시험을 통해 기체구조가 안전하게 구성되었음을 확인하였으며, 현재 비행시험을 준비하고 있다.(이영무, 로켓구조 재료 연구 그룹장, 장영순 선임연구원)

전자탑재시스템

KSR-III 로켓에 탑재되는 전자 탑재 시스템은 크게 원격 측정 시스템(Telemetry System), 원격 지령 시스템(Telecommand System) 그리고 거리 측정 시스템 (Tracking System)으로 분류할 수 있다.

원격측정시스템은 로켓이 비행 중에 얻는 과학관측 데이터와 자세, 궤도, 각종 탑재장비의 상태 등 로켓 자체의 비행성능 데이터를 지상으로 보내어 지상에서 그 상태를 알 수 있도록 하는 장치로써 탑재부와 지상국으로 나누어진다. 탑재부는 가속도, 응력, 압력, 온도 및 과학 탑재부의 각종 센서출력을 전기적 신호로 바꾸어서 부호화한 디지털 데이터는 관성항법장치의 자세, 회전속도, 회전각, 위치 데이터 및 과학 탑재부 데이터와 혼합된 후 지상으로 보내주는 기능을 갖고 있

엔진 구동장치 조립

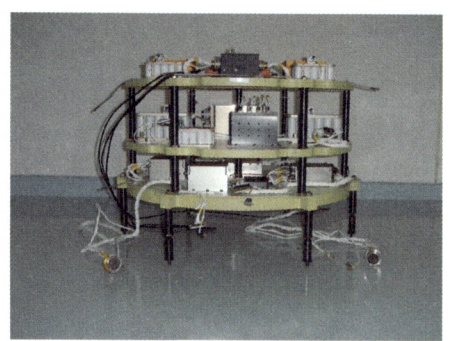

탑재부 EM 조립

다. 지상시스템은 로켓에서 오는 신호를 받아 전기적 신호로 바뀐 센서출력을 물리적인 값으로 다시 바꾸는 기능을 갖는다.

추적 시스템은 발사대를 이탈한 로켓의 비행궤도(거리, 위치)를 알기 위한 시스템인데, 지상 레이더에서 정해진 펄스 코드(Pulse Code)를 보내면 비행하는 로켓의 중계기(Transponder)는 이를 받아 미리 정해놓은 펄스 신호로 확인되면 새로운 펄스 신호를 지상으로 다시 보내게 된다. 이때 지상 레이더는 보낸 펄스 신호와 받은 펄스 신호간의 시간차를 세어 로켓과 레이더와의 직선거리를 계산하고 지상안테나의 앙각 및 방위각의 변위 각도 그리고 발사대와 레이더의 위치정보 등을 활용하여 로켓의 비행궤도를 계산한다.

원격지령 시스템은 비행로켓이 정상궤도를 이탈하여 로켓의 임무수행이 불가능하다고 판단되어 로켓의 비행을 강제적으로 중지시켜야 하는 경우 지상에서 원격 지령 신호에 비행종단 코드를 실어 로켓으로 보내게 되고 로켓은 비행중지 코드를 받아 폭발신호를 만들어 엔진정지 신호를 보내는 등 정해진 비행중지 임무를 수행하도록 한다.

KSR-III 과학로켓의 전자 탑재부는 수출허가품목(E/L)으로 선진국에서 기술이전은 물론 부품레벨의 제품조차 외국으로 이전을 꺼리는 기술이어서 연구원에서 상세 설계, 제작 및 전기적 기능 시험을 수행하여 설계를 검증하고 난 후 국내 산업체에 시작품을 제작하여 전기적 성능 시험 거쳐 수정 보완하여 성능을 확인하였다. 이런 과정을 거친 후, 각 박스 레벨의 부분품에 대해 EM(공학모델)과 FM(비행모델)를 제작하여 극한 비행환경에서 동작 가능한지 확인하기 위한 지상환경시험(진동, 충격, 열 주기, 진공, 전자파 시험 등)을 실시하여 문제점을 수정 보완하고 각 박스 레벨의 부분품을 종합한 전자탑재시스템이 완성되었다. 이렇게 완성된 전자탑재시스템은 레이더, 원격측정지상국 그리고 원격지령지상국과의 연계 시험인 전파 시험을 수행하여 문제점을 수정 보완하였다. 이렇게 수정·보완될 전자탑재시스템은 다른 시스템(예를 들면, 관성항법시스템, 유도제어시스템, 추진기관시스템 등)과의 전기적 연계 시험을 수행하여 또 한번의 문제점 도출, 수정 및 보완 단계를 마쳤다. 이전 단계까지 각종 연계 시험을 거쳐 성능이 입증된 전자탑재시스템은 최종적으로 과학 탑재시스템과 결합되어 탑재부 차원의 지상 환경시험(진동, 충격, 열 주기, 진공, 전자파 환경)을 수행하여 문제점을 보완하는 단계를 거쳐 최종적으로 비행용 전자탑재부가 국산화 완료되어 비행 시험을 남겨두고 있다.

KSR-III 전자탑재시스템은 기존에 개발한 KSR-I과 KSR-II에 비해 훨씬 많은 센서와 다양한 샘플링비 등을 고려하여 데이터 버스 시스템을 도입하였고 이외에도 비행중지시스템(FTS), 탑재용 충격기록장치 등을 새로 도입하였다. 따라서 KSR-III에 언급한 각종 시험 단계에는 이전에 개발한 KSR-I과 KSR-II에서 채용하지 않은 각종 기능을 새로 도입함으로써 부분품 레벨의 전기적 기능 및 성능 시험에서는 나타나지 않았던 문제들이 부분품 레벨의 각종 지상 환경시험, 각 부분품을 종합한 전자탑재시스템과 지상국과의 연계 시험인 전파 시험, 시스템 레벨의 지상 환경시험, 타 시스템과의 연계 시험 등에서 발견되어 이를 수정 보완하였는데 이것들은 KSR-I과 KSR-II 개발 과정에서 경험한 각종 시행착오들과 함께 향후 위성 발사체인 KSLV 개발에 있어 매우 소중한 노하우들로서 앞으로 겪게 될 수많은 난제 해결에 초석이 될 것이다.(이재득, 로켓 탑재 그룹장)

KSR-III 엔진의 설계

연소실의 개발에 있어서도 개발경비의 절감을 위해 재생냉각기술을 이용한 연소실 대신 복합내열재 연소실을 적용하고 막냉각을 보조로 사용하였다. 복합내열재를 이용하는 용융증발냉각 설계기술은 과거 KSR-I 및 KSR-II 개발시 상당 부분 검증을 거친 것이다. 단위분사기로 산화제인 액체산소와 연료인 등유를 액체상태로 분사 충돌시켜 미립화를 유도하는 형태를 채택하였는데 모두 174개의 분사기를 직경 420mm의 엔진 천장에 설치하였다. 연소실 벽면부근과 분사면의 국부적인 고온부에는 연료 과농에 의한 냉각을 병행하도록 별도의 연료 분사기를 배치하였다. 엔진의 점화를 위해서는 산소와 접촉 발화성을 갖는 특수연료(TEA)를 넣은 용기를 장착하여 사용하였으며, 점화용 용기의 개방은 화약폭발로 이루어진다. 엔진의 시동은 분사기의 중앙에 설치된 점화용 분사기로 액체산소 및 특수연료를 충돌시켜 점화 에너지를 얻은 후 주요배관의 밸브를 완전히 개방하여 모든 분사면에서 추진제를 분사시켜 연소하는 단계로 진행되며, 점화 후 점화용 분사기의 특수연료 공급관으로는 등유가 공급된다.

엔진의 성능검증은 축소모델을 활용하여 분사기 검증, 정상상태 연소성능검증 및 연소불안정성 검증시험을 수행하였으며, 그 이후 실물형 엔진의 연소 성능시험, 추진기관 시스템 종합 성능시험 및 단 인증시험까지의 일련의 검증시험을 수행하였다.(김영목, 로켓 엔진그룹장 설우석 책임연구원)

종합추진기관 시험

PTA-II 시험설비는 KSR-III 로켓의 추진기관 공급계통 종합 추진기관 성능시험설비로써 우리나라 최초의 수직형 액체로켓 연소시험 설비이다. 특히 엔진만이 아니라 비행체에 준하는 추진기관 공급계를 시험할 수 있어야 한다. 국방 과학 연구소 안흥 시험장 내에 설비를 갖추었는데 시험장에 갖추어야할 모든 것은 다 갖추면서 경제적으로 해야 했기에 어려움이 많았다. 실제 PTA 설비에 설치된 것을 살펴보면, 지상설비 추진제 공급계통, 통합 제어/계측 시스템, 추진기관 공급계통(배관, 밸브류), 지상설비 추진제 공급계통, 추진기관 제어기, 액체엔진, 시험대, 화염반사기 및 냉각수분사기, 소방설비/발전설비/방송, 통신 및 기타 유틸리티 등을 갖추어야 했다.

2001년 5월경부터 본격적으로 설비를 갖추기 시작해서 10월, 11월경 시험을 위한 비행용 추진기관 공급계를 준비하고 12월부터 실추진제를 사용한 수류시험을 시작하였다. 2002년 6월 29일 김발을 포함한 56초에 달하는 연소시험으로 PTA를 마쳤으니 시험장 건설 시작에서 시험 종료가 거의 1년에 끝난 초고속 과정이었다. 추진계통 개발에 있어서 제일 주의를 기울인 부분은 산화제 계통에 사용된 여러 밸브 류들 개발이었다. KSR-III는 산화제로서 액체산소를 사용한다. 이는 보통 영하 170~180도 정도로 극저온 유체로 분류가 된다. 보통 상온에서 사용하는 씰들은 영하 50도만 넘으면 딱딱하게 굳어져서 제 역할을 수행하지 못한다. 또한 국내에서 지상용의 극저온용 밸브 개발은 많이 해왔지만 이는 너무 무거워서 로켓에 적용할 수가 없었다. 따라서 경량이며 극저온에 사용할 수 있는 로켓용 밸브를 국내에서 최초로 개발해야 했기에 고민도 많이 하고 조사도 많이 했었다. 특히 씰 부분을 주의하였는데, 극저온에 맞는 재질 중에서도 특히 그라파이트 성분을 많이 쓰고 2중 씰 형태로 고치면서 그것도 안되면 종단밸브 경우는 밸브 축을 길게 해서 극저온 열전달을 줄이는 방법을 적용하여 개발했다.

2001년 12월 처음 산화제 계통 수류 시험을 위해 액체질소를 충전하였다. 보통 액체 산소에 비해 액체 질소는 조연성 물질이 아니기에 위험성이 훨씬 덜하고 온도도 영하 190도 정도라 액체산소를 대체해서 많이 시험하고는 한다. 산화제 계통에는 종단밸브, 주입밸브, 벤트밸브, 재순환 밸브 등이 각각의 목적에 맞게 달려 있다. 이때는 밸브나 배관의 누설을 확인하기 위하여 산화제 탱크 밑을 단열처리 하지 않았었다. 그런데 실제 실험을 시작하니 건조한 날씨에도 불구하고 냉기가 얼마나 많이 발생하던지, 산화제 탱크 자체는 하얀 얼음 덩어리가 되고 탱크의 옆면과 아래 면으로부터 발생하는 냉기는 탱크 밑

엔진 부에 위치한 밸브들을 사정없이 냉각시켰다. 이로 인해 산화제 계통의 밸브들 일부가 느리게 작동하는 문제가 생겼다. 이 때 기밀을 확인 한 후, 다음 시험에서는 산화제 탱크와 배관 부위를 설계대로 단열을 하였다. 단열 처리 후 쏟아지는 냉기에 의한 냉각 현상이 거의 완벽하게 해결이 되서 단열을 담당한 연구원은 "해결사"라는 별명을 덤으로 얻게 되었다. 이 후 시험을 진행하는 과정에서도 이러저러한 문제가 발생하였으나 하나씩 해결해 나갔다. 특히 시험에 대한 안전 조치를 철저히 하고 위험요소를 철저히 제거해 나갔다. 이러한 과정을 겪으면서 총 70번 정도의 실추진제 수류시험과 10회의 연소시험을 수행하면서도 단 한번의 경비한 사고도 없이 주어진 임무를 성공적으로 완수할 수 있었다(오승협, 추진기관체계 그룹장).

산업체의 지원

우리나라에서는 백지상태였던 액체추진제 로켓의 수준을 빠른 시간 안에 이 정도라도 높일 수 있었던 것은 과학기술부의 적극적인 지원과 격려 그리고 자체적으로 투자하여 확보한 액체로켓엔진의 제작 및 시험기술을 이용하여 헌신적으로 개발을 지원해준 총 조립업체인 '현대 모비스'와 관련 연구원들의 노력 덕분이다. 뿐만 아니라 로켓의 두뇌에 해당하는 유도제어 장비를 오래 전부터 국산화하여 도운 '대우중공업', 그리고 고체추진제 킥 모타와 액체엔진 짐발 구동장치를 개발한 '(주)한화', 추진제탱크와 고압 가압탱크를 제작해준 '두원 중공업', 복합재료로 액체엔진의 몸통과 노즐을 개발해준 '한국 화이바', 로켓에 탑재할 통신 전자장치를 개발해준 '단암' 등의 적극적인 지원 또한 무척 큰 도움이 되었다. 국산 우주 발사체 개발계획도 이러한 국내사업체의 우수한 기술력을 바탕으로 준비되고 있다.

4. 우주개발 계획

우주기술은 초정밀 가공, 조립기술, 고품질 전자부품기술 및 극한 환경기술 등이 결합된 미래형 첨단기술의 복합체로써 그 나라의 총체적 국력을 상징하는 종합척도이다. 이에 따라 정부는 1996년 4월 우주개발 중장기 기본계획을 세웠고 1998년 11월에는 이를 1차 수정하였으며 2000년 12월 19일 국가 과학기술위원회에서 우주 개발 중장기 기본계획을 2차로 개정하였다.

우주개발 중장기 기본계획

위성체 분야는 3조를 투자하여 2015년까지 20기를 개발한다. 항공우주연구원에서는 다목적 위성은 2호부터 8호까지 7기와 기상 및 방송통신실험위성 2기를 개발하여 발사하며, 과학위성은 1호부터 6호까지 7기를 항공우주연구원의 책임 하에 인공위성 연구센터에서 그리고 무궁화위성은 5, 6호를 한국통신이 주관하여 등 모두 18기를 개발하여 발사한다는 계획이다.

  가장 많이 수정 보완된 부분은 바로 우주 발사체 개발 계획인데 1996년의 안에는 우주 발사체 부분의 계획이 자세하지 않았으나 수정을 하면서 이 분야의 목표를 구체적으로 하였다. 우선 개발되는 우주 발사체의 종류는 2015년까지 1조5000억 원을 들여 3가지 종류의 우주 발사체를 개발하여 발사하는 것이다. 우선 2005년까지 무게 100kg의 인공위성을 지구 저궤도에 발사할 수 있는 우주 발사체를 그리고 2010년까지 지구 저궤도에 무게 1톤짜리 위성을 올릴 수 있는 우주 발사체의 개발, 2015년까지는 무게 1.5톤급 위성을 발사할 수 있는 우주 발사체의 개발이다.

  우주연구 및 국제협력에는 6,200억원을 투입하여 국제우주정거장 참여 및 각종 국제협력을 한다는 계획이다.

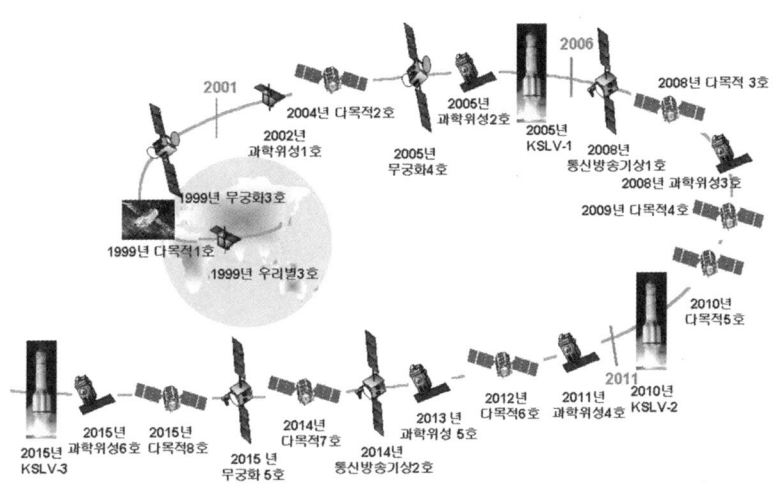

우주개발 중장기 기본계획

5. 우주센터와 우주 발사체 개발전략

정부는 1998년 11월 과학기술 장관회의에서 '2005년까지 국내 기술로 개발한 우주 발사체로 우리 위성을 우리의 우주센터에서 발사하기로 결정'하고 우주센터 후보지를 물색해왔다. 우리나라의 우주 개발에 많은 정열을 갖고 있던 서정욱 과학기술부 장관은 2001년 1월 30일의 전남 고흥군의 나라섬이였던 외나로도를 우주센터 건설 후보지로 발표하였다. 우리나라도 드디어 우주로 나갈 수 있는 우주항구를 갖게 된 것이다. 우주항에서 우리의 위성을 발사할 우주 발사체의 개발은 무척 어려운 사업이다. 우리나라가 33번째로 MTCR 회원국이 되어 우주 발사체를 개발할 수 있는 길은 터놓았으나 이 분야의 기술이전이 국제적으로 아주 예민하므로 우리만의 독특한 개발 전략이 필요하다.

외나로도

한국의 첫 우주 발사체(KSLV-I)

KSLV(Korea Space Launch Vechicle)는 한국 우주 발사체의 약자이다. KSLV-I은 KSR-III 과학로켓의 뒤를 잇는 사업으로 2002년 8월부터 2005년 12월까지 4년 4개월 동안 약 3600억원의 예산으로 진행될 계획이다.

KSLV-I의 발사시 추력은 50톤 이상이며 100kg의 소형위성을 300km의 지구저궤도에 진입시킬 수 있는 성능을 가지고 있다. 1단 로켓은 액체추진제 로켓을 사용하며 나머지 단의 구성은 아직 구체적으로 확정되지 않았다.

KSLV-I 우주로켓은 2005년경 과학위성-2호를 국내의 나로 우주센터에서 첫 번째로 발사할 예정이다. 우주 개발 중장기 계획에 의하면 2005년 이후 2010까지 1톤 무게의 인공위성을 지구저궤도에 발사할 수 있는 우주 발사체를 개발하며 계속하여 2015년까지는 무게 1.5톤급 위성을 우주에 발사할 수 있는 우주 발사체를 개발하여 국내의 저궤도 위성뿐만 아니라 외국의 인공위성을 발사해주는 위성 발사서비

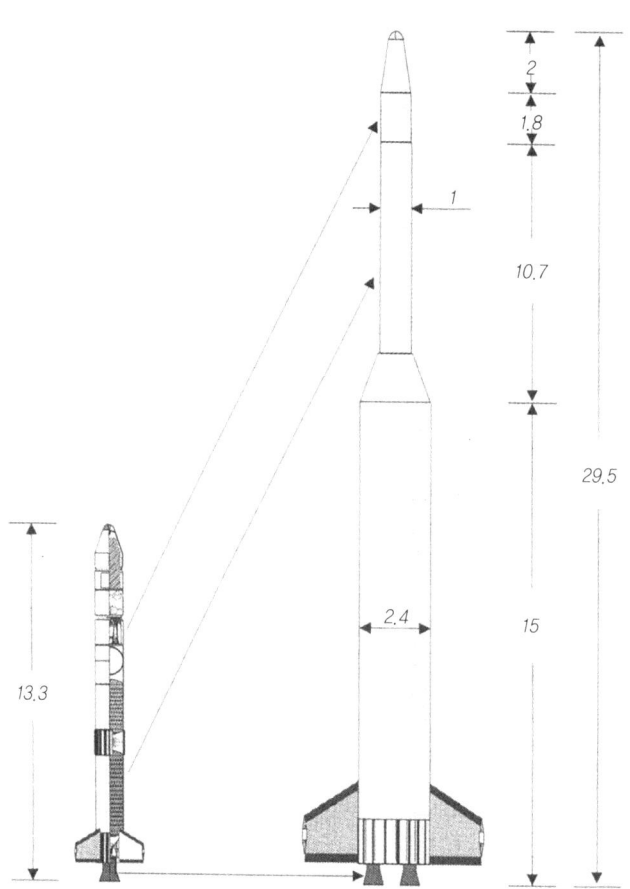

KSR-Ⅲ 와 KSLV-1 (예상도)

스를 시작할 것이며 무인 우주왕복선을 발사할 수 있는 능력을 갖추게 될 것이다.

한국의 우주항 나로 우주센터(Naro Space Center)의 건설

 정부는 1998년 11월 과학기술 장관회의에서 '2005년까지 국내기술로 개발한 우주 발사체로 우리위성을 우리의 우주센터에서 발사하기로 결정' 하고 우주센터를 건설할 후보지역을 찾아왔다.

 2001년 1월 30일 과학기술부의 서정욱 장관은 우주 개발의 기반시설이 되는 '우주센터' 를 전라남도 고흥군 봉래면 예내리 하반마을(蓬萊面 曳內里 河盤마을, 동경127.30도, 북위 34.26도)에 건설하기로 발표하였다. 우주센터 에는 총 150만평 규모의 부지에 5만평의 시설이 들어서며 예산은 1,500억원을 투입하여 2005년까지 완공할 계획이다.

나노 우주센터 조감도

우주센터 건설부지의 선정은 99년부터 전문가로 구성된 '우주센터 건설자문위원회'가 수행한 경상남·북도, 전라남도, 제주도의 11개 지역에 대한 입지조건 평가를 기초로 하였다. 이 결과 전라남도 고흥군 봉래면 예내리 지역과 경상남도 남해군 상주면 양아리(尙州面 良阿里) 지역이 최종 후보지로 추천되었다. 우리나라의 지리적인 위치로 볼 때는 제주도지역이 인공위성을 발사하는 우주센터의 장소로는 가장 우수하나 지역주민의 반대로 최종 후보지역에서는 제외되었다. 우주센터의 부지는 안전영역의 충분한 확보차원에서 주변에 인구밀집 지역이 없고 해안을 접한 지역, 로켓 단 분리 낙하물의 낙하지점(50km, 500km, 3,500km)에 피해가능 대상물이 없고, 인접 국가와의 외교적인 마찰 가능성을 고려, 로켓의 비행경로가 외국영공을 통과하지 않는 지역, 위성 발사 방위각이 크고 부지확장이 용이한 지역 중에서 선정된 것이다.

　우주센터 추진위원회는 양 지역에 대해 검토한 바, 안전성·인접국가 영공통과 등에서 문제가 거의 없고, 부지의 확보 및 확장에 보다 유리한 전라남도 고흥군 봉래면 예내리 하반마을을 최적지로 선정하였다.

　우주 개발은 통신, 방송, 환경, 국방, 국토관리 등 경제·사회·과학기술·산업분야 뿐만 아니라 외교·안보 등 국가 위상 면에서도 수행해야 할 전략사업이다. 따라서 우주센터의 건설은 한국이 우주기술 선진국으로 진입하려는 국가목표를 달성하는데 꼭 필요한 것이었다. 우주센터에는 우주 발사체 발사통제시설, 비행통신시설, 우주 발사체 조립 및 발사시설, 발사대 등이 우주 체험관과 함께 건설되어 국민에게 꿈과 희망을 주는 우주기술 체험의 장 및 우주로 진출하는 우주항구로써 활용될 계획이다.

　우주센터 건설은 1999년 6월 2000년도 신규사업으로 국가 과학기술위원회에서 심의를 받았으나 E 등급을 받아 신규예산을 배정 받지 못해 사업이 사라지게 되었다. 그러나 1999년 11월 17일 국회에서 열린 2000년도 과학기술부예산 심의 과정 중 대전 유성구의 조영재 국회의원과 서울의 유용태 국회의원이 우주센터 건설의 필요성을 적극 주장하여 극적으로 다시 살아나게 되었다.

우주센터의 건설을 다시 살리기까지는 언론의 역할이 무척 컸다. 왜냐하면 21세기에 독자적인 우주 개발을 하기 위해서는 우주센터를 국내에 건설해야만 한다는 여론을 당시의 많은 신문과 방송들이 많이 보도하여 정치인들에게 알렸기 때문이다. 우리나라 우주 개발의 터전인 우주센터는 탄생부터 이렇게 많은 어려움과 국민의 사랑 속에서 태어나게 된 것이다.

MTCR 회원국 가입과 우주 개발

우리나라는 2001년 3월 26일 MTCR(Missile Technology Control Regime:미사일 기술 통제 체제) 33번째 회원국으로 가입되었다. MTCR은 1987년 4월16일 미국의 주도로 G-7 국가들에 의해 설립되었으며, 현재는 중국과 이스라엘을 제외한 대부분의 미사일 선진기술 보유국가 33개국이 가입되어있다. 설립목적은 500kg의 탄두를 300km 이상 보낼 수 있는 성능의 미사일 및 무인비행체와 관련된 기술의 확산 방지와 대량파괴무기(핵, 생물, 화학무기)를 발사할 수 있는 장치의 수출을 억제시키는 것이다.

MTCR은 미사일 수출 통제 지침(Guidelines)과 통제대상이 열거된 부속서(Annex)를 가지고 회원국들이 이를 각자 지키게 되어 있다.

- 수출통제지침(Guidelines)

- 대량파괴무기를 확산할 우려가 있는지 여부
- 대량파괴무기를 위한 발사시스템 개발 잠재력
- 통재 대상 항목을 이전 받는 국가의 우주 발사체 계획의 목적과 능력
- 이전된 기술의 제 3국 이전을 하지 않을 것이라는 확신을 포함한 사용용도에 대한 확신

● 부속서(Annex)

부속서는 카테고리 I과 II로 나누어져있다. 카테고리 I에 포함된 항목은 어떠한 경우에도 수출이 금지된 항목의 기술들이다. 반대로 말하면 이 기술을 안 가지고 있는 나라들이 수입하기도 어려운 기술들이다. 카테고리 II에 포함된 항목은 MTCR회원국의 신중한 판단에 의해 최종 사용목적이 가이드라인에 합당할 때 회원국에 수출할 수 있다.

카테고리(Category) I은
- 로켓발사체 완성품: 탄도미사일, 위성 발사체, 음파탐지 로켓
- 무인비행체 : 순항미사일, 무인정찰기 관련된 특수 개발 장비,
- 미사일 보조 장비 : 로켓엔진, 재추진장치, 방향 유도장치, 추력 유도장치 등이며

카테고리(Category) II는
- 미사일 개발, 시험, 생산에 관련된 원료, 부분품, 기계, 기술,
- 미사일 생산에 사용되는 특수재료 및 기계,
- 로켓엔진의 추진연료와 관련된 재료,
- 유도장치, 탄두장치, 발사통제장치에 사용되는 전자부품,

- 비행통제장치 등이다.

한 · 미간의 미사일 협정은 1979년 국산미사일을 개발하며 필요한 부품과 재료를 미국에서 수입하며 맺었던 것으로 '우리나라는 500kg의 탄두를 달고 180km 이상을 비행할 수 있는 미사일은 개발하지 않는다' 는 내용이었다. 한국은 1995년부터 2000년 말까지 5년 동안 8~9 차례에 걸쳐 미사일 협상을 미국과 벌였다. 미사일 협상의 주요 내용은 국내에서 개발하는 미사일의 성능을 높이기 위한 것이었다. 2000년 말쯤 되어서 한. 미간에 의견이 모아졌다. 한 · 미간의 미사일 협상의 결과로 우리 정부는 '새로운 미사일 지침'을 2001년 1월 17일 발표하였으며 '연합뉴스'에 보도된 지침내용은 다음과 같다.

1) 사거리 300km, 탄두중량 500kg 이내의 군사용 미사일 개발보유 작업에 착수하고 미사일 기술 통제체제(MTCR) 가입을 추진한다.

2) 민간용 로켓의 경우 사거리 규제 없이 무제한 개발, 시험발사, 생산할 수 있는데 군사용 미사일에 많이 사용되는 고체연료가 아닌 액체연료 방식의 주(主) 추진기관을 개발하여 사용한다.

3) 사정거리 300km 이상의 군사용 미사일에 대해서도, 시제품 개발과 시험발사를 하지 않는 조건으로 연구 개발할 수 있다.

새로운 미사일 지침을 발표함으로써 우리나라는 MTCR 회원국이 되면서 개발할 수 있는 국산미사일의 사정거리는 180km에서 300km로 늘어났고, 우주 발사체는 액체추진제를 주로 사용한다는 조건은 붙었지만 로켓의 성능이나 크기에 제한 없이 개발할 수 있도록 된 것은 우리나라의 우주 개발을 위해서는 큰 수확으로 볼 수 있다. 이렇게 큰 수확을 올린 데는 이 회의를 초기부터 참여하여 주도해온 송민순 한국측 대표(당시 북미국장이였으며 현재는 폴란드 대사)의 장기적으로 우주 개발이 국가에 주는 이익이 크다는 신념아래 우주 발사체의 개발제한을 어떠한 형태로든지 해결하려는 노력 때문이었다.

MTCR 회원국이 된 우리나라는 우주 발사체나 인공위성의 개발에 필요한 부품이나 재료를 MTCR 회원국들로부터 좀더 쉽게 수입할 수 있기 때문에 국내의 우주 개발을 촉진시키는데는 획기적인 역할을 할 것으로 보인다. 그러나 우리나라가 MTCR 회원국이 되었다 하여도 우주 발사체나 첨단위성개발에 필요한 기술이나 핵심부품 MTCR 부속서의 카테고리 I의 범주에 속한 핵심기술이나 핵심부분품(Subsystem) 즉 로켓엔진, 유도제어시스템 등의 수입은 선진국의 대형로켓 기술 확산금지 정책과 맞물려 있기 때문에 쉽지만은 않을 전망이다.

특히 남아공화국은 1980년도 초부터 이스라엘의 기술 지원을 받아 RSA-3라는 우주 발사체 겸 ICBM을 개발하고 있었고 새로 건설한 OTB(Overberg Toetsbaan) 우주센터에서 발사시험도 몇 차례 실시하였다. 그러나 핵무기 개발 소문과 흑인차별문제 때문에 서방 선진국으로부터 각종 무역제재가 심화되었다. 이에 따라 남아공화국은 미국과 협상을 통해 MTCR 회원국이 되려고 노력했다. 당시 미국은 남아프리카공화국이 MTCR에 가입하는 조건으로 당시 남아프리카공화국이 강력하게 추진하고 있던 우주 발사체 개발 사업을 포기하도록 하였다. 결국 남아공은 1994년 가을 우주 발사체 개발 사업을 포기하면서, 1995년 MTCR 회원국이 된 예를 보더라도 우주 발사체를 새롭게 개발하여 보유하는 것이 얼마나 어려운 문제인가를 잘 말해주고 있다.

우리나라의 우주 발사체 개발 전략

우리나라는 국가의 장래를 위해서도 첨단기술과 산업적인 파급효과가 크며 국력의 상징이며 독립적인 우주 개발을 위하여 우주 발사체의 개발은 국가 우주 개발 중장기 계획처럼 반듯이 진행되어야 할 필요성이 있다. 그러나 외국의 기술을 도입하며 손쉽게 우주 발사체를 개발하려고 할 때는 선진국이나 주변 국가들로부터 많은 저항을 받을 수가 있다. 왜냐하면 우주 발사체와 같이 국제적으로 예민하고 위험한 기술이 우리나라로 들어오는 것을 긍정적으로 생각해주는 나라는 기술을 판매하려고 하는 나라 이외에는 없을 것이기 때문이다.

지금까지 자국의 우주 발사체로 인공위성을 발사한 8개국들을 살펴보아도 어떠한 형태로든 자국의 독자적인 기술로 첫 우주 발사체를 개발하였음을 알 수 있다. 따라서 우리나라도 그 바탕으로 이를 보완하고 성능을 개량하여 독자적으로 우주 발사체를 개발하는 것만이 국제적인 마찰 없이 안정적으로 가장 빨리 국산 우주 발사체를 확보할 수 있는 좋은 방법으로 생각된다.

기술적인 문제는 연구소와 산업체 그리고 학계의 과학기술자들이 힘을 합치어 열심히 노력하고 정부가 좀더 투자하면 해결할 수 있지만 국제정치, 외교문제는 정부차원에서도 해결하기가 쉽지 않은 부분이 많기 때문이다.

우주 발사체의 개발 및 제작에 관련된 모든 재료나 부품을 국산화한다는 것은 너무 많은 예산과 시간을 필요로 하기 때문에 무척 어려운 일이다. 그러나 다행스러운 것은 최근 우리나라가 MTCR의 회원국이 되어서 MTCR 부속서의 카테고리 II에 해당되는 우주 발사체의 부품이나 기술, 재료는 쉽게 얻을 수 있다는 점이다.

우주 발사체의 개발은 쉽지 않은 국가적인 대형 연구 개발사업이나 우주 발사체의 확보가 국가와 민족의 위상을 높이고 국가의 안보능력을 강화할 수 있으며 미래를 위한 최첨단 기술을 확보할 수 있으므로 국가적으로 아주 중요한 전략적인 사업이다.

이제 우리나라도 독자적인 우주 발사체의 개발, 우주센터의 건설, 통신 기상위성의 개발 등 본격적으로 우주 개발을 시작하였으므로 국민들의 좀 더 많은 관심과 따뜻한 지원이 필요한 때이다.

참고문헌

다찌바나 다가시, 이형우 역, 『우주비행사 그들의 이야기』 동암, 1991.
로버트 재스트로, 이상각 역, 『우주탐험의 미래』 을유문화사, 1990.
브라이안 몰레아리, 조경철 역, 『화성 1999』 경지사, 1990.
심숭택, 『달에서 만납시다』 정음사, 1969.
이승원, 『인공위성』 문운당, 1958.
인공위성연구센터, 『우리는 별을 쏘았다』 미학사, 1993.
『우주공간 관측 30년사』 우주과학연구소(동경, 일본), 1987.
『우주개발의 오늘과 내일』 한국과학기술진흥재단, 1994.
윌리 레이, 조순탁 역, 『인공위성과 우주』 탐구당, 1964.
윌리 레이, 김재권 역, 『우주과학』 을유문화사, 1972.
윌리암 L. 브라이언 2세, 김진경 역, 『달과 UFO』 경진사, 1986.
진봉천, 『달정복과 그 사람들』 노벨문화사, 1969.
윌리암 E. 호워드, 『목적지 : 달세계』 미국공보원, 1969.
존 딜, 최영복 역, 『우주의 신비를 헤치고』 어문각, 1963.
존 바우어, 경향신문사, 『인간, 달을 밟다』 경향신문사출판국, 1969.
줄 베른, 이병호 역, 『달나라 여행』 소년세계사, 1964.
제임즈 J. 해거티, 위상규 역, 『우주선』 탐구당, 1963.
『21세기에 도전하는 일본의 우주산업』 일간공업신문사(동경, 일본), 1986.
채연석, 『로켓과 우주여행』 범서출판사, 1972.
채연석, 『한국 초기 화기연구』 일지사, 1981.
채연석, 『우리로켓』 보림, 1995.
채연석, 『눈으로 보는 로켓이야기』 (주)나경문화, 1995.
채연석, 『눈으로 보는 우주개발이야기』 (주)나경문화, 1995.
채연석, 『우주탐험』 웅진, 1998.
채연석, 『우리의 로켓과 화약무기』 서해문집, 1998.
홍용식, 『우주를 향한 인간의 꿈』 동아일보사, 1991.
칼 세이건, 『창백한 푸른점』 민음사, 1996

Andrew G. Haley, Rocketry and Space Exploration, New York; D. van Nostrand Co., Inc., 1959.
Anthony Feldman, SPACE, New York; Facts On File, 1980.
Apollo 8 -Man Around The Moon-, NASA EP-66, NASA, 1968.
Apollo 11 -Lunar Landing Mission-, NASA, 1969.
Arthur C. Clarke, Man and Space, New York; Life Science Library, 1964.
Carl Sagon, COSMOS, New York; Random house, 1980.
Constantin Paul Lent, Rocket Research, New York; The Pen-Lnk Pub. Co., 1945.
David A. Anderton, Man In Space, NASA EP-48, NASA, 1968.
Deng Ligun, China Today Space Industry, Beijing;, Astronautic Publishing house, 1992.
Dennis R. Jenkins, Space Shuttle, Florida; Broadfield Publishing, 1993.
Dudley Pope, Guns - From the Invention of Gun Powder to the 20th Century -, New York; Delacorte Press, 1965.
Ernst Stuhlinger, Wernher von Braun, Malabar; Krieger Publishing Co., 1994.
Evgeny Riabchikov, Russians in Space, New York; Doubleday & Co, Inc, 1971.
Frank H. Winter, Prelude to the Space Age, Washington D.C;, Smithsonian Institution Press, 1983.
Frank H. Winter, Rockets into Space, Cambridge; Harvard Univ. Press, 1990.
Frank H. Winter, The First Golden Age of Rocketry, Washington D.C.; Smithsonian Institution Press, 1990.
Frank Ross Jr., Guided Missiles, New York; Lothrop Lee & Shepard, 1951.
Glovanni Caprara, Space Satellites, New York; portland house, 1986.
I.A. Slukhai, Russian Rocketry, NASA TTF-426.
In THIS DECADE... Mission TO the Moon, NASA EP-71, NASA, 1969.
James S. Trefil, Living in Space, New York; Charles Scribner's sons, 1981.
John R. London III, LEO ON THE CHEAP, AU-ARI-93-8, Air University Press, 1994.
John W. R. Taylor, Rockets and Missile, New York; Bantam Books, 1972.
Kenneth Gatland, Space Technology, 2nd ed.., New York; Salamander books Limited, 1989.
K. E. Tsiolkovskiy, Works on Rocket Technology, NASA TTF-243
Kerry Marks Joels, The Mars One Crew Manual, New York; Ballantine Books, 1985.
Krafft A. Ehricke, Exploring The Planets, Boston; Little, Brown and Co., 1969.
Marsha Freeman, How We Got to the Moon, Washington D.C.; 21st Century Sciency Associates, 1993.
Miller Ron, The Dream Machines, Krieger Publishing Co, Malaber, 1993.
Mitchell R. Sharpe, Satellites and Probes, New York; Doubleday & Company, 1970.
Michael J. Neufeld, The Rocket and the Reich, Cambridge; Harvard Univ. Press, 1995.
Michael Rycroft, The Cambridge Encyclopedia of Space, Cambridge; Cambridge Univ. Press, 1990.
Moments In Space, New York; Gallery Books, 1986.
Nicholas Booth, SPACE, London; Brian Trodd Pub. house Limited, 1990.
P. E. Cleator, An Introduction to Space Travel, New York; Pitman Publishing Co. 1961.
Pendray G. Edward, The Coming Age of Rocket Power, New York; Harper & Brothers Publishers, 1944.
Peter Bond, Reaching for the Stars, London; A cassell book, 1993.
Phillip Clark, The Soviet Manned Space Program, New York; Orion books, 1988.

Richard S. Lewis, Appointment On The Moon, New York; The Viking Press, 1968.
Robert Grant Mason, Life in Space, Boston, Toronto; Little, Brown & Co, 1983.
Salyut Takes Over, Moscow; Novosti Press Agency Publishing house, 1983.
SPACE : The New Frontier, NASA EP-6, NASA, 1966.
Steven J. Zaloga, Soviet Air Defence Missiles, Surrey; Jane's Information Group, 1989
The Kennedy Space Center Story, NASA, 1991.
This New Ocean-A history of Project Mercury-, NASA SP-4201, NASA, 1966.

V.N. Sokolskii, Russian Solid-Fuel Rockets, NASA TTF-415, 1967.
V.P. Glushko, Development of Rocketry and Space Technology in the USSR, Moscow; Novosti Press Agency Publishing house, 1973
V.P. Glushko, Rocket Engines, GDL-OKB, Moscow; Novosti Press Agency Publishing house, 1975.
V.P. Glushko, Soviet Cosmonautics, Moscow; Novosti Press Agency Publishing house, 1988.
Wayne R. Matson, COSMONAUTICS, Washington D.C.; Cosmos book, 1994.
Wayne R. Matson, The Soviet Reach for The Moon, Washington D.C.; cosmos book, 1994.
Wernher von Braun, The Mars Project, Urbana; Univ. of Illinois Press, 1962.
Wernher von Braun, Space Frontier, New York; Holt, Rinehart & Winston, 1967.
Wernher von Braun, & Frederick Ordway, History of Rocketry and Space Travel, New York; Crowell 1975.
Wernher von Braun, The Rocket's Red Glare, New York; Anchor Press, 1976.
William J. Walter, Space Age, New York; Ramdom house, 1992
William R. Corliss, Exploring The Moon and Plenets, NASA EP-48, NASA, 1968.
William Ried, ARMS-through the ages-, New York; Harper & Row Publishers, 1975.
William Ley, Rockets, Missiles and Space Travel, New York; The Viking Press, 1943~1968.
Yuri Shkolenko, The Space Age, Moscow; Progress Publishers, 1987.

찾아보기

ㄱ

가스역학연구그룹(GDL) 158
가압식 액체추진제 지대공 미사일 148
강윤문 16
거드-10호 158
거드-9호 158
「고려사」 23
고체추진제 49~97, 184~220, 23~271
과학 관측 로켓(sounding rocket)
165, 182~196, 223~263, 304~317
과학 실험용 로켓 49
광명성 1호 259, 289~292, 321
「굉장히 높은 공간에 도달하는 방법」 95
국방 과학 연구소 299, 301~315, 335
「국조오례서례」 29, 36, 41
귀도(Guido) 공학회 118
그르슈코(Glushko) 158, 164
극궤도 인공위성 발사체(PSLV) 251, 252, 255
글라브코스모스(Glovkosmos) 252
「금사」 20
기쿠 1호 위성 239
기쿠 2호 위성 239
기쿠 3호 기술시험 위성 239
9D21엔진 274

ㄴ

나로 우주센터(Naro Space Center)
341, 343
나이키 데콘(Nike-Deacon) 로켓
184, 185
나이키 카준(Nike-Cajun) 로켓
184, 185
나이키 어잭스 미사일 150
나이키 허큘리스 지대공미사일 301
난파선 구명용 로켓 60
노동 1호 275~277, 287~290
노오스 페어링(Nose Fairing) 284
노튼 사운드 호 192
뉴턴 56, 71
닐 암스트롱 81, 82

ㄷ

다이알(DIAL) 219, 220
달걀 로켓 엔진 107, 108
달세계의 소녀(Frau im Mond) 87
대륙간 탄도 유도탄
(ICBM: Intercontinental Ballistic Missile) 144, 287, 348
대주화 34
「대중천문학:Popular Astronomics〉 92
대포동 1호 259, 271~290
데이비드 O. 우드버리 188
독일 우주 여행협회(Verien fur Raumschiffahrt)
105, 122
동구릉 42, 243
드 와 이 트 W. 아 이 젠 하 워 (Dwight W. Eisenhawer) 194, 135
디아망 B 로켓 220
디아망 BP 로켓 220
디아망(Diamant) 216, 217
디지털 제어 시스템 262

■

라븐(Raven)모터 223
라인토흐터(Rhinetochter:라인의 딸) 149
라인메탈(Rhinemetall) 148
라인보테(Rhinebote: 라인의 사자使者) 148, 149
람다(Lamda) 로켓 231
람다-3형 로켓 231
람다-3H형 231
람다-4S 로켓 234
람다-4S-1 로켓 233
람다-4S-2, 3, 4호 233
랑뮤어 프로브(Langmuir probe) 317
레드스톤 로켓 201
레인징 시스템 (Tracking System) 331
레풀조(Repulsor) 114, 115
로버트 풀턴 91
로버트 허친스 고다드 89
로베르 에스놀 펠트리(Robert Esnault Pelterie) 213
로스웰(Roswell) 100
로케토(rocchetto) 15, 49
로켓어뢰 50
로켓열차-다단계 로켓 69
로히니 탐사로켓(Rohini Sounding Rocket : RSR) 248
로히니(Rohini) 과학위성 250
루돌프 네벨 106, 111
루비(Rubis) 216

■

마샬 우주센터 75
막스 팔리어 106
멕켄리(McHenry) 요새 60
모노코크 구조 330
모스거드(Mos GIRD) 156
모터 케이싱 기술 262
무경총요 16

무비지 20
무수단리 281, 283
무인 우주왕복선 288
무인 탐사선 82
문종화차 40, 41
미국 국방과학위원회 241
미국로켓협회(ARS) 194
미국 항공 우주국(NASA) 75, 106, 185
미라크(Mirak) 106
미사일 기술이전 통제체제(MTCR) 252
미사일 수출 통제 지침(Guidelines) 및 부속서 (Annex) 345
미카(MIKA) 위성 220
밀톤 W. 로젠 188

■

바론 폰 피르크펠(Baron von Pirgvel) 118
바써팔(Wasserfall) 150, 151
바이코누르 발사장 172
바이킹 로켓 182, 186~189, 192, 196
「바이킹 로켓 이야기」 188
바카(Baka) 229
반 알랜대 219, 231
「반작용 장치를 이용한 우주여행」 71
발사틀 39~41
발터 도른베르거 (Walter Dornberger) 117~119, 121~123, 133, 134, 178
발화통 23, 36~38, 43,
방파인 53
배플 327
백곰 미사일 301~303, 315
백두산 1호(대포동 1호) 278
뱅가드 로켓 186, 192, 193, 195~198, 200, 202, 203, 209
범퍼 와크(Bumper-Wac) 계획 181~183
「병기도설」 29, 35, 36, 41
「병기와 기마 전투에 대한 책」 49
베로니크(Veronique) 로켓 213~217

베르너 폰 브라운(Werner von Braun) 16, 75~78, 88, 106, 112, 116~122, 128, 130~134, 166, 171, 178, 198, 200, 202, 203, 208
베이비 로켓 230
불화살 16~18, 29, 31, 32, 111
블랙 나이트(Black Knight) 223, 225
블랙 애로우(Black Arrow) 223~227
블루 스트리크(Blue Streak) 223, 225
비대칭 2메틸 하이드라진(UDMH) 195, 196, 244
비례계수기(proportional counter) 317
비화창 15, 20, 21

ㅅ

사비트 우주로켓 257, 258
《사이언티픽 아메리칸》(Scientific American) 91
사피르(Saphir) 216
산화신기전 38
삼각 기둥식 로켓 109
새턴 로켓 16, 54, 71, 76, 121, 182
세계우주비행연맹 31
세링가파담 전투 58
세전 40
「세종실록」 33, 36
소발화 38, 39
소주화 34
소형 고체 로켓(satellite apogee motor) 279, 287
손다 로켓 260~262
수직상승 로켓 49
수평비행 로켓 49
순환 냉각식 로켓 엔진 156
순환 냉각식 추진기관 연구소(RNII) 160
스리하리코타 로켓 발사장 250, 255
스미소니언 연구소 95
스미소니언 항공우주박물관 81
스카우트(Scout) 250
스카이락(Skylark:종달새) 223, 226
스커드 미사일 150, 265, 267, 271~275, 278,

282, 286, 288, 290,
스푸트니크 1호 142, 170~173, 198, 202, 209
승자총 40
신기전 27, 30, 31, 36~42, 45

ㅇ

아가테(Agate) 216
아그레가트(Aggregat) 123
아리 로켓 57, 58
아리 왕 = 하이더 아리(Hyder Ali) 57, 58
아리안 로켓 220, 221
아마기르 우주센터 215, 219
아메리카 로켓 144, 181
아키다켄 230
아틀라스-D(Atlas-D) 로켓 147
아폴로 11호 75, 76, 78, 81, 88
안흥 시험장 303, 304, 308, 335
알타기아노프 교수 162
액체 TVC(추력벡터제어) 시스템 262
액체산소(liquid oxygen:LOX) 71~73, 80, 88, 94, 97, 107, 109~115, 130, 138, 189, 141, 157~159, 168, 170, 189, 190, 194~196, 203, 204, 239, 252, 254, 285, 286, 325, 326, 334, 336
액체추진제(liquid propellant) 65, 66, 72, 80, 87, 89, 92, 95~97, 99, 101, 102, 106~111, 115, 116, 144, 148, 150, 155, 158, 166, 181, 183, 186, 203, 213, 217, 225, 237, 239, 243, 244, 251, 267, 271, 272, 279, 285~287, 290, 318~325, 337, 341, 347
아소톤 53
에메로드(Emeraude) 213, 216, 217
에어로 제트 181, 183, 239
에어로비 로켓 182~185, 196
에어로비 하이(Aerobee-Hi) 로켓 184
엘프레데 마우엘(Alfred Maul) 62~64
연소불안정 326,327
연소하며 스스로 날아가는 달걀 48, 49

염초 25
오고타이 왕자 20
오를레앙 전투 51
오비트(Orbit)계획 201
오사비아킴(Osaviakhim) 156
오존탑재장치 307
오페크(Offeq) 위성 257, 258
와크 코퍼럴(Wac-Corporal) 로켓 181~183
왁씽(Waxing) 로켓 모타 227
외나로도 340, 341
요하네스 빙클러 84, 106
요하네스 폰타나 49
우메라 발사장 223, 225, 227
우박 제거용 로켓 62
우세돔(Usedom) 125
우주 반사경 계획 83~85
우주 정거장 74, 82
우주과학연구소(ISAS) 232
『우주로 가는 길』 188
우주선(宇宙線, Space Ray) 177, 193, 208
『우주의 행성으로 가는 로켓』 78
『우주전쟁』 89
우찌노무라 발사센터 231, 233
『우편용 로켓에 관한 책』 118
울위치(Woolwich) 병기창 61
원격 지령 시스템(Telecommand System) 331, 332
원격 측정 시스템(Telemetry System) 331, 332
원추형 노즐 로켓 엔진 110
웰헬비 64
위승 16
윌리 레이 84, 106, 114
윌리엄 콘그레브 38, 58, 61, 64
윌리엄 헤일 61
유럽우주 개발기구(EAS) 220
이도가와 교수 229, 233, 234
이동식 노즐(movable nozzle) 262
이리히 부름 105, 106
이사예프 스커드(Isayev Scud) 엔진 275

이사예프(Isayev) 엔진연구소 274, 290
이온 로켓(Ion Rocket) 92
이원(李元) 25
이즈헤비스코야(Izheviskoya) 69
이키 섬 24
익스플로러(Explorer : 탐험자) 1호 144, 203~208
인공위성 74, 78, 80, 81, 84, 92, 106, 128, 142, 144, 147, 165~167, 172, 173, 181, 193, 194, 196, 199, 201~209, 217, 219, 220, 225, 227, 228, 233, 234, 236, 237, 239, 243, 244, 250, 251, 255, 257, 259, 261~263, 265, 267, 271, 279~285, 290
인공위성 오수미 232, 233
인도 우주 연구기구(ISRO) 250
인하 우주과학 연구회 296~298
일본의 우주 개발사업단(NASDA) 232, 237
일본의 우주과학 연구소(ISAS) 232

ㅈ
『자연철학의 수학적 원리』 56
자외선 복사계(radiometer) 317
자유 7호 147
자이로 로켓 100
자이로 원동기 190
자이로=자이로스코프 92, 100, 124, 125, 137, 138, 188
『장거리 로켓의 이용』 163
『장군화통』 38
장정 로켓 142, 243~245, 247, 292
장쩌민 240
저온액체엔진 252, 254
저온추진제(cryogenic) 286
저장성추진제(storable) 285~287
적외선 유도장치 149
제노아 49
제리코(Jericho)-2 미사일 258
제트 엔진 연구반(TS GIRD) 156

제트 추진차 56
주천 발사장 244
주피터(Jupiter) 로켓 142, 144, 171, 200, 201, 203, 205, 209
주화 22, 27, 31~36, 43
줄 베르느 65, 78, 90, 119
중계기(Transponder) 332
중국 과학원 역학연구소 241
중신기전 30, 39
「지구로부터 달까지」 78, 90
「지구를 떠나서」 74
지대공(地對空) 미사일 149, 150, 301
지화 36, 38
질려포통 36

ㅊ

첸쉐썬 박사 240~247
「총통등록」 34, 36
최무선 22, 24, 25, 27, 28, 303, 133
추력 보강용 로켓(부스터) 148, 184, 233, 235, 237, 262
칭기즈칸 20, 21, 47

ㅋ

카이오쟈(Chiozza) 성 49
카파(Kapa) 로켓 231, 232
칼 베커(Karl Becker) 117, 118
케이프 케네디 우주센터 176, 182
케이프 커내버럴 182, 194, 198, 205
코롤레프(Sergei Pavlovich Korolev) 158, 160, 163, 165, 167, 168
코롤로프(Korolyov) 설계국 168, 272
코마라트 53
코스모스 로켓 250
코스미르츠 지미노비치 54
콘그레브 로켓 58~61, 64
콘라트 폰 아이히슈타트 49

콘스탄틴 에두아르도비치 지올코프스키 69
쿠머스도르프-베스트(Kummersdorf-West) 123
쿠우루(Kourou) 발사장 219
크리스토프 가이슬러 56
클라우스 리델 84, 88, 106, 108, 110, 111
키(Francis Scott Key) 60

ㅌ

탄세이 위성 236
텔레메트리(telemtery) 전파시험 316
토성화전(土星火箭) 16
토아 파뎅 53
토파즈(Topaze) 216, 217
티포 사이브 왕 58

ㅍ

팔마침(Palmachim) 공군 기지 258
펄스 코드(Pulse Code) 332
페네뮌데(Peenemuende) 125, 126, 128, 134, 142, 145, 148, 162, 178
페드로 파울레트(Pedro A. Paulet) 65
페서디너 제트 엔진 연구소(JPL) 241
페이퍼 클립 작전 177
펜슬로켓 229, 230
폰 프리츠(Von Fritsch) 장군 125
표구로프스키 163
프로그 미사일 271, 272, 330
프로스페로(Prospero) 위성 227, 228
프리드리히 A. 찬더(Fridrikh A. Tsander) 155
프리츠 랑(Fritz Lang) 87
플라잉 파이어(Flying Fire) 33

ㅎ

하드스타트 326
하인리히 쿠르트(Heinrich Kurt) 123
한국항공우주연구원(KARI) 304

핫산 알라마(Hasan al-Rammah) 49
「행성으로의 우주비행 가능성」 92
허선도 28
헌츠 빌(Huntsville) 200
헤르만 오베르트 75~77, 79, 81~84, 87, 88, 106, 107, 110, 111, 121
헤일 로켓 61, 62
헨리 아놀드 241
현무 지대지 미사일 301, 303
홍능 1호 로켓 301
화성 미사일 271, 272, 274, 275, 278, 282, 288
화이트 샌드(Whitesand) 177, 178, 180, 182, 189, 192, 200
화전(= 화약전) 15~20, 23, 25, 27~32, 36, 47, 57, 58, 111, 112
화차 35, 36, 39~42, 45
화통도감 22, 23, 25~27, 31, 33
「화포식언해」 36
흑색화약 15, 18, 25, 53, 115

A

A-1 로켓 123, 125
A-2 로켓 124, 125
A-3 로켓 128, 130, 131
A-4 로켓 130, 131, 133~136, 142, 145, 157
A-5 로켓 131, 142
A-6 로켓 142
A-7 로켓 142
A-8 로켓 144
A-9 로켓 144, 145, 147
A-10 로켓 144, 147
ASLV 251
AXR 로켓 299, 300, 301

D

D2-B 위성 220

H

H. G. 웰즈 89, 119
H-1 로켓 239
H-2 로켓 239

I

IGY(국제지구관측년) 184, 193, 194, 223, 231
IITA-4MR 로켓 297
IITO-로켓 296, 297
IITR-7CR 298, 299
IRFNA(Inhibited Red Fuming Nitric Acid) 286

K

KSLV(Korea Space Launch Vechicle) = 한국우주 발사체 334, 341, 342
KSR 로켓 304~309, 312, 315~318, 321~336, 341, 342

M

M(뮤)-4S 로켓 236
M. 게라시모프 163
M-3SⅡ 로켓 236
M-3S형 로켓 236
M-4S 로켓 236, 237
M-5 로켓 237
MAZ 543P 274

N

N.I. 티혼라보프 158
N-1 로켓 237
N-2 로켓 238, 239

O

O-9로켓 158

OR-1 155
OR-2 157
ORM-1 158
ORM-50 160
ORM-52 160
ORM-65 160, 161

R

R. 베아우르 62
R-11(8K11) 272
R-17(8A14) 274
R-17(8K14) 272
R-3 로켓 165
R-7 로켓 142, 165~168, 170~173
RD-100 156, 164
RD-101 164, 165
RD-102 164
RD-103 164, 165
RD-103M 엔진 165
RD-105엔진 167, 168
RD-107엔진 168, 169, 171
RD-108엔진 169, 171
RH-200 로켓 248, 249
RH-300 로켓 248~250
RH-560 로켓 248~250

S

S-310 로켓 232
S-520 로켓 232
Scud 미사일 250, 267, 272, 274, 275
SLV-3 250, 251, 253, 286
SS-N-4/R-13 미사일 275
SS-N-5/R-21 미사일 275

T

TR-1 232

U

V-2 101, 116, 117, 126, 128, 130, 131, 135~138, 140~143, 145~148, 155, 162~164, 166, 168, 177~181, 186, 195, 202, 203, 209, 25, 222, 223, 225, 228, 241, 242, 247, 250, 272
V-2A 과학 관측 로켓 165

Y

YF-2A 엔진 244, 245, 247